全国高职高专院校规划教材
农业部兽医局推荐精品教材

（动物医学 动物科学专业）

动物临床治疗技术

● 包玉清 于洪波 主编

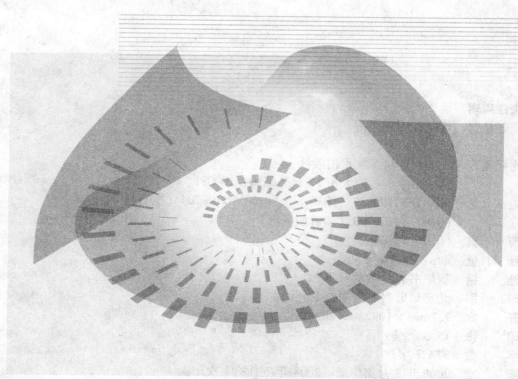

中国农业科学技术出版社

图书在版编目（CIP）数据

动物临床治疗技术/包玉清，于洪波主编．—北京：中国农业科学技术出版社，2008.8
全国高职高专院校规划教材、农业部兽医局推荐精品教材
ISBN 978-7-80233-554-7

Ⅰ．动…　Ⅱ．①包…②于…　Ⅲ．兽医学：治疗学　Ⅳ．S854.5

中国版本图书馆 CIP 数据核字（2008）第 085675 号

责任编辑	孟　磊
责任校对	贾晓红　康苗苗

出版发行	中国农业科学技术出版社
	北京市中关村南大街 12 号　邮编：100081
电　　话	（010）82106632（编辑室）（010）82109704（发行部）
	（010）82109703（读者服务部）
传　　真	（010）82106626
社 网 址	http://www.castp.cn
经　　销	新华书店北京发行所
印　　刷	北京华忠兴业印刷有限公司
开　　本	787 mm×1092 mm　1/16
印　　张	15.5
字　　数	372 千字
版　　次	2008 年 7 月第 1 版　2008 年 7 月第 1 次印刷
定　　价	36.00 元

内 容 简 介

　　本书共分四篇。第一篇治疗学概论，以辩证唯物主义观点为指导思想，阐述了动物的健康与疾病、疾病与病因、疾病发展过程的普遍规律及治疗的目的。科学地论述了疾病发生、发展的本质与治疗之间的相互关系；致病的内因与外因的相关因果关系；组织器官由正常到发病，从量变到质变以及辅之以人为的从异常转为康复的客观规律；从理论上对疾病进行了阐述。认识疾病贵在本质的识别，疗法得当才有祛病的可能，否则再好的疗法也难以奏效。第二篇治疗技术和第三篇治疗方法，分别叙述各种治疗方法的机理、适应症、禁忌症及其应用。既大量总结了好的治疗方法与经验，又合理引用了前人传统治疗方法与技术，应用于临床治疗以及新的手术中，如新兴的激光技术、电磁波技术、冷冻技术等。充实和丰富了临床治疗的方法。使读者掌握这一治疗方法的作用及用途，以达到行之有效的临床治疗的目的。第四篇临床治疗实训，结合高职高专的教学实验实训特点，阐明了动物医学专业、畜牧兽医专业学生应当掌握的临床治疗实训的技术与技能，并制定了考核的方法和标准。

　　本书在普通家畜临床治疗的基础上，还增加了犬猫等宠物的临床治疗内容。书中叙述的内容比较全面，取材新颖，既有深入的系统理论知识，又有实用价值较高的临床治疗新技术和新方法，是一本理论与实践并重的教材。本书的读者对象，除高等职业院校动物医学、宠物医学、畜牧兽医专业学生外，还可以供畜牧兽医临床工作者、科研人员、动物医学专业教师及宠物饲养管理人员学习参考。

序

中国是农业大国，同时又是畜牧业大国。改革开放以来，我国畜牧业取得了举世瞩目的成就，已连续 20 年以年均 9.9% 的速度增长，产值增长近 5 倍。特别是"十五"期间，我国畜牧业取得持续快速增长，畜产品质量逐步提升，畜牧业结构布局逐步优化，规模化水平显著提高。2005 年，我国肉、蛋产量分别占世界总量的 29.3% 和 44.5%，居世界第一位，奶产量占世界总量的 4.6%，居世界第五位。肉、蛋、奶人均占有量分别达到 59.2 千克、22 千克和 21.9 千克。畜牧业总产值突破 1.3 万亿元，占农业总产值的 33.7%，其带动的饲料工业、畜产品加工、兽药等相关产业产值超过 8 000 亿元。畜牧业已成为农牧民增收的重要来源，建设现代农业的重要内容，农村经济发展的重要支柱，成为我国国民经济和社会发展的基础产业。

当前，我国正处于从传统畜牧业向现代畜牧业转变的过程中，面临着政府重视畜牧业发展、畜产品消费需求空间巨大和畜牧行业生产经营积极性不断提高等有利条件，为畜牧业发展提供了良好的内、外部环境。但是，我国畜牧业发展也存在诸多不利因素。一是饲料原材料价格上涨和蛋白饲料短缺；二是畜牧业生产方式和生产水平落后；三是畜产品质量安全和卫生隐患严重；四是优良地方畜禽品种资源利用不合理；五是动物疫病防控形势严峻；六是环境与生态恶化对畜牧业发展的压力继续增加。

我国畜牧业发展要想改变以上不利条件，实现高产、优质、高效、生态、安全的可持续发展道路，必须全面落实科学发展观，加快畜牧业增长方式转变，优化结构，改善品质，提高效益，构建现代畜牧业产业体系，提高畜牧业综合生产能力，努力保障畜产品质量安全、公共卫生安全和生态环境安全。这不仅需要全国人民特别是广大畜牧科教工作者长期努力，不断加强科学研究与科技创新，不断提供强大的畜牧兽医理论与科技支撑，而且还需要培养一大批掌握新理论与新技术并不断将其推广应用的专业人才。

培养畜牧兽医专业人才需要一系列高质量的教材。作为高等教育学科建设的一项重要基础工作——教材的编写和出版,一直是教改的重点和热点之一。为了支持创新型国家建设,培养符合畜牧产业发展各个方面、各个层次所需的复合型人才,中国农业科学技术出版社积极组织全国范围内有较高学术水平和多年教学理论与实践经验的教师精心编写出版面向 21 世纪全国高等农林院校,反映现代畜牧兽医科技成就的畜牧兽医专业精品教材,并进行有益的探索和研究,其教材内容注重与时俱进,注重实际,注重创新,注重拾遗补缺,注重对学生能力、特别是农业职业技能的综合开发和培养,以满足其对知识学习和实践能力的迫切需要,以提高我国畜牧业从业人员的整体素质,切实改变畜牧业新技术难以顺利推广的现状。我衷心祝贺这些教材的出版发行,相信这些教材的出版,一定能够得到有关教育部门、农业院校领导、老师的肯定和学生的喜欢。也必将为提高我国畜牧业的自主创新能力和增强我国畜产品的国际竞争力做出积极有益的贡献。

国家首席兽医官
农业部兽医局局长

二〇〇七年六月八日

前　言

　　《动物临床治疗技术》是在《教育部关于加强高职高专教育人才培养工作的意见》、《关于加强高职高专教育教材建设的若干意见》、《关于全面提高高等职业教育教学质量的若干意见》等文件精神的指导下，由中国农业科学技术出版社组织国内有关高职高专院校和部分大学的教师以及有关院校实训基地的教师共同编写完成的教材。

　　在编写过程中突破了以往《家畜临床治疗学》教材的传统模式，以符合现代教学规律和教学目标的高职高专教材，充分考虑了教材与教学的紧密结合，重点针对高职高专动物医学专业的教学特点，在编写思路上有所创新，在编写内容上以应用技术为主，在编写结构上简略清晰，确保教材的前瞻性、创新性、实用性，新增加了宠物临床治疗及实训技能等内容，以满足高等职业院校宠物医学、动物医学、畜牧兽医专业学生及畜牧兽医临床工作人员的学习、参考的需要。

　　本书摄取各临床学科专著之精萃，广罗近代医学和兽医学的最新治疗技术，并总结了动物临床治疗技术的新经验和最新科研成果。对常见、多发的动物普通病，在重点扼要阐明病性和诊断要点的基础上，按疾病的发生发展的不同阶段，有针对性地指出有效的对症疗法，并纠正了滥施诊治的不良做法，以避免耽误良好治病时机，拖延病程。使可治之疾，转为不治之症，以致死亡。既浪费医药，又造成不应有的损失。

　　《动物临床治疗技术》，第一篇治疗学概论，以辩证唯物主义观点为指导思想，阐述了动物的健康与疾病、疾病与病因、疾病发展过程的普遍规律及治疗的目的。科学地论述了疾病发生、发展的本质与治疗之间的相互关系；致病的内因与外因的相关因果关系；组织器官由正常到发病，从量变到质变以及辅之以人为的从异常转为康复的客观规律；从理论上对疾病进行了阐述。认识疾病贵在本质的识别，疗法得当才有祛病的可能，否则再好的疗法也难以奏效。第二篇治疗技术和第三篇治疗方法，分别叙述各种治疗方法的机理、适应症、禁忌症及其应用。既大量总结了好的治疗方法与经验，又合理引用了前人传统治疗方法与技术，应用于临床治疗以及新的手术中，如新兴的激光技术、电磁波技术、冷冻技术等。充实和丰富了临床治疗的方法。使读者掌握这一治疗方法的作用及用途，以达到行之有效的临床治疗的目的。第四篇临床治疗实训，结合高职高专的教学实验实训特点，阐明了动物医学专业、畜牧兽医专业学生应当掌握的临床治疗实训的技术与技能，并制定了考核的方法和标准。

在本书的编写过程中，得到了东北农业大学徐世文教授的大力支持，承蒙黑龙江生物科技职业学院杜护华副教授、黑龙江兽药饲料监察所施建春研究员、黑龙江畜牧兽医职业学院李金岭教授的审定，参阅了国内外兽医界同仁的有关书籍和资料，在此一并致以衷心的感谢。

《动物临床治疗技术》的编者们虽经尽心竭力，书中缺点错误之处诚请广大读者批评指正，不吝赐教，是所感致。

编　者

2008 年 4 月 1 日

目 录

第一篇　治疗学概论

第二篇　治疗技术

第三篇　治疗方法

第四篇　动物临床治疗实验实训指导

第一篇

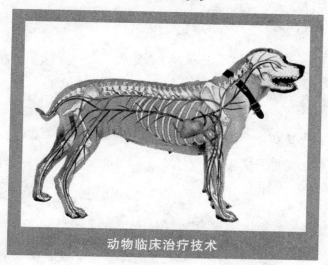

动物临床治疗技术

治疗学概论

第一章　疾病与疾病发展的一般规律

　　动物临床治疗技术是认识和防治动物疾病，保护动物健康的科学。其目的在于防治动物疾病，减少动物病、死所造成的经济损失，增强动物机体的抗病力，保护动物健康，提高其生产性能和价值，以促进农牧业生产的发展，增加经济效益，同时还可促进和谐社会的发展。

　　动物疾病的防治工作，要在采取预防措施的同时，积极合理地进行治疗，才有重要的实际意义。因为动物疾病不仅可导致生产性能及利用价值的降低，而且疾病的死亡转归，又可造成直接的经济损失。所以及时合理地治疗患病动物，既能防止疾病的发展、蔓延，又能使患病动物尽快地康复。

　　动物临床治疗技术就是研究动物疾病治疗方法的理论和实际应用的科学。

　　现代治疗学是以普通生物学、医用物理学、生理学及病理生理学等为基础，综合了药理学、一般治疗学、物理治疗学、外科手术学等有关理论与技术，在辩证唯物主义观点指导下而逐渐形成和发展起来的。它既与各临床专业学科有直接的联系，又与营养学、卫生学及环境科学等密切相关。医学治疗学对动物治疗学的发展，提供了许多重要借鉴。

第一节　疾病

一、健康与疾病

　　健康是指机体各器官系统机能的协调统一及机体与外界环境之间保持动态平衡。

　　疾病是机体与一定病因相互作用而发生的损伤与抗损伤的复杂斗争过程。在此过程中，机体的机能、代谢和形态结构发生异常，机体各器官系统之间以及机体与外界环境之间的协调平衡关系发生改变。从而表现出一系列的症状与体征。

二、疾病与病因

　　疾病是在一定条件下，一定病因作用于机体而发生的，是机体与病因相互作用的结果。病因是疾病发生的必要因素，没有病因就不会发生疾病，因此，没有病因的疾病是不存在的。尽管目前还有些病因不明的疾病，但是随着科学的进展和研究的深入，其致病原因迟早是会被认识的。

病因可分为外因和内因。此外，能促进疾病发生的条件称为诱因。病因和诱因是有区别的。二者不能混同，在研究病因时应予以分清。

（一）外因

1. 生物性致病因素

如各种病原微生物（细菌、支原体、立克次体、螺旋体、真菌、病毒等）和寄生虫（原虫、蠕虫等）。这些因素的致病作用与其致病力、数量及侵入机体的部位是否适宜有关。病原体侵入机体后，在一定部位生长繁殖，一方面造成机械损伤，另一方面通过其代谢产物干扰、破坏组织细胞的正常代谢，或引起变态反应，或造成生理功能障碍，或引起组织器官的损伤，并出现各种临床症状。生物性致病因素所引起的疾病，必须具备病原体、易感动物和造成感染的环境条件等三个基本因素。

2. 物理性致病因素

包括各种机械力（引起创伤、骨折、震荡等）、电离辐射（引起放射病）、高温与低温（引起烧伤或冻伤）、电流（引起电击伤）、大气压力改变和激光等。此类病因的作用特点是直接作用于组织、细胞而造成损害，起病急，但多不参与疾病的发展过程。而由其引起的损伤、组织水肿、断裂、出血、坏死等继续起致病作用。

3. 化学性致病因素

如强酸、强碱、一氧化碳、有机磷、生物性毒物等。这些因素的作用特点，往往在体内积累到一定量后才引起疾病，且或多或少在体内有残留而参与疾病的发展过程，常有选择地作用于一定部位。

4. 必需营养物质的不足或缺乏

如蛋白质、脂肪、糖类或维生素、矿物质、微量元素等的缺乏或不足，以及饲养、卫生、管理条件的失宜或错误等，这在动物的营养代谢疾病以及各器官系统疾病和中毒性疾病的病因上具有重要意义。

此外，在环境条件因素的致病作用中，近年来某些工业生产的"三废"污染了自然环境，使用不正当的农药、兽药化学肥料、添加剂有毒动、植物等，以及各种假冒伪劣产品，造成公害，严重威胁人和动物健康，已成为值得注意的外界致病因素。

（二）内因

1. 机体防御机能的降低

如皮肤、黏膜的屏障作用，吞噬细胞的吞噬、杀菌作用，肝脏的解毒机能，呼吸道、消化道及肾脏的排除机能等的降低。

2. 机体的反应性不同

如种属、品种及品系、年龄、性别等。

3. 机体免疫特性的改变

如免疫功能障碍或免疫反应异常等。

4. 机体遗传因素的改变

遗传物质的改变可以直接引起遗传病，也可使机体获得遗传易感性，即遗传因素。

一般而言，外因是疾病发生的重要因素，没有外因通常不能发生疾病，但外界致病因素作用于机体能否引起发病则在很大程度上取决于机体的内部因素，即外因通过内因而起作用。致病外因如何通过内因而起作用，问题甚为复杂，须做具体分析。当致病因素数量多、强度大，而机体的抵抗力衰弱时，机体不能或仅能部分地消除致病因子，机体内组织细胞不断遭到破坏而使功能障碍，从而表现出疾病的症状或体征，或当致病因素作用强，而机体的免疫反应也过于强烈时，也可导致组织的损伤而致病。所以，外因和内因之间的反应强度十分重要，不足或过度都会导致疾病。

就一般疾病而言，外界致病因子作用于机体时，首先引起机体局部的免疫反应或炎症反应，这是内因与外因间相互斗争的第一个表现，也可说是疾病的第一个阶段。而机体内部的状态，决定着疾病的发展和转归。当机体的修复和代偿能力超过了外界致病因子所致的损害时，疾病被消灭在萌芽状态，机体得到康复。如果机体的内在抗病能力不足，则疾病继续发展，同时病因与机体的斗争也在延续。

致病因子可能通过如下途径而引起机体的变化：对细胞的直接影响；通过体液成分的改变；通过神经反射。这些最终导致机体内体液的质和量的改变及细胞代谢的改变，从而引起一系列机能和形态结构的异常，因而促成了疾病的发生。

第二节　疾病发展过程的一般规律

疾病的种类繁多，每种疾病均有其各自的发展特点。但是，多种疾病又存在有共同的发展规律。

一、损伤与抗损伤的斗争

在疾病的发展过程中，致病因素引起各种病理性损伤同机体的抗损伤反应相互斗争，并贯穿疾病发展过程的始终。斗争双方的力量对比，决定疾病发展的方向和结局。如创伤性出血引起血压下降、缺氧、酸中毒等一系列损伤性病理变化。同时又激起机体的抗损伤性反应，表现为周围小动脉收缩，贮存在血库中的血液参与循环，心跳加快加强等。如果出血量少，机体通过上述抗损伤性反应，很快可以恢复。但如出血量大或持续出血，抗损伤性反应不足以代偿，就可导致休克、缺氧、酸中毒等一系列严重后果。再如，发生炎性疾病时，其主要病原是细菌侵入机体，引起组织细胞的破坏，即造成损伤。同时，在损伤的部位，局部血管扩张、血流量增多、血管内液体成分和细胞成分渗出。渗出的细胞（如白细胞）可吞噬病原体，渗出的液体还可以稀释毒素并带来抗体，而进一步对抗致病因素。再有巨噬细胞清除坏死组织，组织细胞增生以修复由于细胞被破坏而形成的组织缺损。所有这些都是机体、细胞与损伤斗争的抗损伤反应。炎性疾病的本质，就是由损伤与抗损伤的矛盾所决定的。

损伤与抗损伤斗争的发展，使疾病呈现一定的阶段性。然而，不同阶段中抗损伤性变化对机体的意义不同，损伤与抗损伤的矛盾双方在一定条件下又是可以相互转化的。如急性肠炎时，腹泻最初有助于排出肠道内的细菌和毒素，是机体的抗损伤性变化之一，但剧烈的腹泻可引起脱水和酸中毒，原来作为抗损伤性变化的腹泻又变为对机体不利的损伤性变化。

二、因果关系及其转化

原始病因作用于机体而引起发病，产生一定的病理变化，即为原始病因作用的结果。而这一结果又可引起新的变化，从而又成为新的病理变化的原因。如此因果的交替变化，形成一个连锁式发展过程。例如，机械损伤引起大失血，大失血使血容量减少，血容量减少导致心输出量减少及动脉血压下降，血压下降又反射地引起交感神经兴奋，进而皮肤及腹腔器官的微动脉及小静脉收缩，结果造成组织缺血、缺氧，继之毛细血管大量开放，多量血液淤积在毛细血管之中，从而回心血量及心输出量进一步减少，动脉血压愈加降低，微循环中血液淤积再增加，组织细胞缺血、缺氧更加严重而发生坏死，造成重要器官功能衰竭。如此，病程不断发展，病情不断变化，最终可导致死亡。这就是创伤性大失血病程中的因果转化及其所造成的恶性循环。

在病程发展连锁上的不同环节，其发病学的意义和作用也不同。其中，决定病程发展和影响疾病转归的主要变化为主导环节（创伤性大失血的主导环节是血容量减少）。病程发展的不同阶段，其主导环节也可能不同，随着病程的发展，主导环节也可能发生转化。

三、局部和整体

疾病过程中的病理变化，有时表现在某些局部组织器官，有时表现为全身性的。但是，首先应该明确，任何局部的病理变化都是整体疾病的组成部分，任何疾病都是完整统一机体的复杂反应，局部既受整体的影响，同时它又影响整体。例如：患大叶性肺炎时，病变虽主要表现在肺脏局部，但就其发生、发展又与动物整体不能分开。致病因素作用于肺脏，通过调节肺脏血管的神经功能改变，致使肺血管扩张、充血、渗出和血细胞游出，从而引起肺脏的炎症过程。而肺脏局部的炎症变化又引起机体的体温升高、食欲减退、精神沉郁等全身性反应。

疾病的局部病理变化，有时是整体疾病的重要标志或特征，有时局部的病理变化又成为整体疾病的主导环节。局部病变在一定条件下可以转变为全身性病理变化，如局部化脓性炎症，在机体的抗病力降低时，可发展成为脓毒败血症。总之，在认识和对待疾病时，既应从整体观念出发，又不能忽视局部的变化。

第三节　病因学及发病学与治疗

研究病因学与发病学，对指导临床防治工作有重要的实际意义。

病因学是疾病预防的理论基础，只有明确病因，才能采取各种措施防病于未然，在致病因素作用于机体之前将其消除，或阻止病因与机体相互作用，或提高机体的抗病力，以防止疾病的发生。

病因学从治疗的角度提示，治疗疾病首先必须针对疾病的原因进行对因治疗，采取病原疗法，才能达到根本的治疗目的。治病必求其本。在医疗实践中，对每个病例都应明确病因，通过有效的治疗方法和措施消除病因，并配合必要的其他疗法进行综合治疗，以使患病动物康复。

发病学中损伤与抗损伤的斗争规律告诉人们，临床工作中应该认识和辨别各种病变和症状的性质及其对机体的影响，哪些对机体有利，哪些对机体不利。治疗过程应采取适当的方法和手段，以促使对机体有利的抗损伤性变化向优势方面发展，加快患病动物的康复过程。掌握不同病程阶段损伤与抗损伤性病变的转化规律，以便能及时地消除不利于机体的损伤性病变。如急性肠炎的腹泻达到极其剧烈和频繁的程度，使机体发生严重脱水和酸中毒的危害时，则宜采取止泻疗法，以阻止病情恶化，同时进行消炎，补液等综合治疗，以使患病动物迅速康复。疾病发展过程的因果转化规律启示我们，临床实践中，要正确地掌握疾病发展中的因果关系，善于识别不同病程阶段的主导环节，及时地采取相应的治疗措施，切断恶性循环的连锁，防止病情恶化，以争取疾病的良好转归。如创伤性大失血的主导环节是血容量减少，对此，及时地采取输血、补液疗法，以达到扩容目的，病情将向良好转归方面发展，再综合运用其他必要治疗，患病动物将会转危为安。

疾病过程的局部与整体关系，为进行局部和全身的综合疗法，提供了理论根据。如患肺炎时既应治疗肺脏的局部炎症，又应配合全身疗法。

正确掌握发病学的治疗原则，出血时进行止血、输血，脱水时进行补液，肠阻塞（结症）时排除阻塞物（结块）等，在临床治疗中具有重要意义。

病因学和发病学的基本规律和基本观点，是指导临床治疗工作的重要理论基础。运用这些理论，对每个病例进行具体分析，可以为选用合理的治疗方法、制定正确的治疗方案、取得良好的治疗效果提供有益的线索与启示。

复习思考题

1. 疾病发展过程中有哪些规律？
2. 病因学与发病学，对指导宠物疾病临床防治工作有哪些重要的实际意义？

包玉清（黑龙江民族职业学院）

第二章　疾病与治疗

第一节　治疗的目的

治疗患病动物，其主要目的是采取各种治疗方法和措施，以消除致病原因，保护机体的生理功能并调整其他各种功能之间的协调平衡关系，增强机体的抗病力，以使之尽快地得到康复。

第二节　治疗的手段和方法

用作治疗的手段、方式、方法和措施十分复杂，按其不同内容大致归纳如下。

一、病因疗法

其目的主要是消除致病原因。如利用相应的药物和疗法对病原体的抑制或杀灭作用，以治疗某些生物性病原所引起的传染病等。病原体被消除，机体即可康复，患病动物得到痊愈。临床上可利用某些药物的对因治疗作用而实施病原疗法。

二、对症治疗

对症治疗的目的，主要是消除疾病的某个或某些个症状。如当疾病呈体温升高、腹痛、皮下浮肿等症状时，应用解热、镇痛、利尿等药物，以调节相应的机能，解除有关症状以使患病动物康复。

药物除可用以进行对因和对症治疗外，还可作为替代疗法、营养疗法、调节神经营养功能疗法或刺激疗法等。

为了收到药物治疗的预期效果，必须根据患病动物及疾病的具体情况，正确、合理地选择药物，应用适当的剂量、剂型及给药方法，并应按治疗计划完成规定的疗程。

三、化学疗法

化学疗法通常是指以化学物质治疗感染性疾病的一种疗法。其实质是一种特定（或特异）的药物疗法。所用的化学物质，称为化学治疗药。其特定的含意是指对病原体有高度选择性的毒性，能杀灭侵害机体的病原体，而对动物机体细胞并无明显的毒性。化疗药包括的范围很广，抗菌药、抗病毒药、抗霉菌药、抗原虫药、抗蠕虫药等均为化疗药物。过去化疗药物的概念，只看作是抗感染药，近年来将对恶性肿瘤有选择性抑制作用的化学物质也称为化疗药。因此，现在可将化学治疗广义地理解为用化学物质选择性地作用于病原体的一种病因疗法。20世纪以来，化学疗法的迅速发展，是现代医学和动物医学最为令人瞩目的一个方面。应用化学疗法，要严格掌握适应症，正确选药，应用适当剂量，规定恰当而足够的疗程，做到合理用药，并注意药物的副作用和不良反应的发生。

四、物理疗法

应用光、电、X射线、水、冷、热以及按摩等物理因子进行治疗疾病的方法，称为物理疗法。以医用物理学、动物生理学的现代理论知识为基础，结合临床治疗的应用，物理治疗学已成为治疗学中的一个重要分支学科。科学技术的进展，不断为物理治疗的临床应用和设计提供了日益增多的新的实用的医疗仪器。某些新技术的应用，如激光疗法、冷冻疗法等，为动物临床治疗学增添了新的内容。目前，物理疗法已较普遍地应用于动物普通病的治疗工作中，并且显示出重要的实际意义。

五、营养疗法

就是给予患病动物必要的营养物质或营养性药剂的治疗方法。营养是能量代谢的物质基础。必需的足量的营养，是保证机体健康和高度生产效能的基本条件。营养疗法能改善患病动物的营养条件、代谢状况、促进其生理功能的恢复，加快机体的康复过程。营养疗法在综合治疗中占有重要的地位。对于由某些营养物质缺乏或不足而引起的疾病（如维生素、矿物质、微量元素的缺乏症等），给予所需要的营养药剂（如维生素，必需的微量元素或磷、钙制剂等）或富含营养物质的饲料、饲料添加剂等，可起到防治的作用。从某种意义上来看，输血疗法、补液疗法、给氧疗法等也可属于广义的营养疗法。

特定的营养疗法，系指以治疗为目的，根据疾病的性质、情况、确定日粮标准及饲养制度，而专门对患病动物组织的治疗性饲养，即所谓食饵疗法。

治疗性饲养的基本原则是：

（1）要选择能满足患病动物机体需要和由于疾病而过度消耗的营养物质；

（2）用做饲喂的物质应是富含营养、适口性强、容易消化的物质；

（3）食饵疗法应符合动物种属的特点；

（4）营养物质一般应通过患病动物的自然采食而给予，必要时可辅以人工饲喂法；

（5）食饵疗法的选定，除应考虑机体的需要和具体病情外，还应注意其肝脏功能、排泄器官及肾脏的状态。应限制或停止饲用那些能使病理过程加剧的营养物质。

至于具体的饲养制度，应根据患病动物及疾病的具体情况而定，如保守疗法、半饥饿疗法或全饥饿疗法等。

六、外科手术疗法

即通过对患病动物施行外科手术以达到治疗目的的方法。兽医外科及实验外科学的进展，为很多疾病的治疗成功的研究出了有效的手术方法。化学疗法的应用，已能确切地防止术后感染及其某些并发症，为手术疗法的临床应用，提供了可靠的保证。尽管手术是一种创伤性的，但其临床意义却十分重要。手术疗法的应用十分广泛，在治疗学中占有重要地位。某些手术（如肿瘤异物的切除或器官变位的整复等）还起根治作用。许多其他手术治疗，也均有对症疗法或病理机制疗法意义。

七、针灸疗法

针灸疗法是祖国医学及中兽医学中一种独特的传统的治疗方法。由于它简便易行，治疗效果明显，所以一直传延至今并有一定的发展。针灸疗法包括针法和灸法。针法是用特制的针具，通过针刺动物体的特定部位（所谓穴位），给以机械的刺激，从而达到治疗目的的一种疗法。灸法是点燃艾绒或利用其他温热物体，通过对体表穴位或通过动物体的一定部位，给以温热刺激，从而达到治疗目的的一种疗法。

动物治疗学中针灸疗法的应用甚为广泛，根据所用针具及具体方法的不同，又分为白针（圆利针）疗法、血针疗法、水针疗法、新针疗法、电针疗法、激光针疗法及气针火针疗法、艾灸疗法、按摩疗法等。其中以圆利针在特定穴位针刺的所谓白针疗法，实际应用最多。针灸治疗的效果，与选穴是否恰当及定穴是否准确有直接关系。所以，依疾病的具体情况，并根据解剖部位准确地选取相应穴位。

八、免疫疗法

是通过合理使用药物和其他手段来调整机体免疫机能，治疗一些免疫功能异常性疾病的方法。

（一）脱敏疗法

把致敏原做成制剂，治疗疾病。包括特异性脱敏疗法和非特异性脱敏疗法。

（二）抗过敏疗法

用各种抗过敏药物治疗过敏反应性疾病的方法。

（三）免疫替代和重建疗法

是对免疫缺陷或免疫功能低下的患病动物给予免疫物质或功能替代或重建的治疗方

法。如给动物体注射免疫血清，借以杀死病原微生物。本法多用于传染病的治疗，主要用于炭疽、猪丹毒、马副伤寒、腺疫、破伤风、犬传染性肝炎、犬瘟热等的治疗。血清疗法是一种被动免疫，虽然有即可生效的优点，但也有免疫期短的缺点。免疫血清可用于紧急预防，但却得不到长期免疫效果。

（四）免疫抑制疗法

是对某些自体免疫疾病、免疫增殖疾病、变态反应性疾病以及组织器官移植后的排斥反应进行免疫功能抑制的治疗方法。常用药物有抗肿瘤药、糖皮质激素、特异性单克隆抗体等。

（五）免疫增强疗法

是采用抗原、药物或生物制剂来增强机体免疫功能的一种治疗方法。本法是通过给动物体注射疫（菌）苗等免疫增强物质，刺激机体产生免疫抗体，以达到预防感染的目的。由于疫苗是用于自动免疫，免疫抗体的产生需要一定时间，所以其效果的产生比免疫血清来的慢。但是一旦机体获得一次免疫，会持续较长时间，具有预防疾病的效果，因此多用于传染病的预防注射。

九、替代疗法

补足机体缺乏或损失的物质，以达到治疗目的的方法，称替代疗法。其中包括输血疗法、激素疗法、维生素疗法等。

（一）输血疗法

输血疗法在起补充、替代作用的同时，尚有刺激（加强代谢及造血）作用、止血（提高血液凝固性）作用及解毒作用。输血可用于急性大失血、休克及虚脱、中毒、烧伤、衰竭症等。单纯为了补充血容量或补给营养目的，也可采取输液疗法来代替。

（二）激素疗法

是用以治疗内分泌腺疾病或其功能减退时的一种替代疗法。

（三）维生素疗法

用于治疗原发或继发的维生素缺乏症或具有维生素缺乏症状的患病动物。根据患病动物的具体情况，可经口给予富含维生素的饲料或制剂，也可以从注射途径补给。

此外，按治疗作用的部位，可分为全身疗法及局部疗法；依治疗目的性而分为预防性疗法及诊断性疗法等。

第三节 治疗的基本原则

正确合理的治疗才能收到预期的良好效果。为了达到有效的治疗目的，必须根据患病动物的特点和疾病的具体情况，选择适当的治疗方法进行治疗。每种疾病都有不同的具体疗法，但是在治疗时则都应遵循一些共同的基本原则。

一、治病必求其本的治疗原则

任何疾病都必须明确致病原因，并且力求消除病因而采取对因治疗的方法。根据不同的致病原因，采取不同的病原疗法。如对某些传染病，应用特异性生物制剂，可收到特异性治疗效果；对各种微生物感染性疾病，应用抗生素或磺胺类药物进行化学治疗（也是特效疗法），效果较好；对各种原虫病、蠕虫病，应用抗原虫或抗蠕虫药，能确切地达到治疗目的；对一些营养代谢性疾病，给予所需要的营养物质或营养性药剂，实行替代疗法；对某些中毒性疾病，针对病原性事物进行解毒治疗；对某些适合于进行外科手术治疗的疾病，适时而果断地施行治本的手术疗法等。这些都是能取得根治效果的必要手段，因此病原疗法具有首要意义。

在进行病原疗法的同时，并不排斥配合必要的其他疗法。有些疾病的病因未明，显然无法对因治疗，有些疾病虽然病因明确，但缺乏对因治疗的有效药物，所以对症治疗仍为切实可行的办法。特别是当疾病过程中的矛盾转化，使某些症状成为致命的主要危险时，及时地对症治疗就更有必要。如牛的急性瘤胃臌气或马的急性肠臌气时，发展急速，腹压过高，可使患病动物窒息，发生严重的内中毒而使生命垂危，此时，及时地施行胃穿刺术或肠穿刺术放气，以缓解病情，赢得治疗时间，也可为探讨病因并进行对因治疗，或针对原发病再采取其他的治疗措施提供条件。对于有合并其他疾病或继发休克的病例，积极采取对症疗法、纠正休克，这无疑是临床当务之急。

二、主动积极的治疗原则

惟有主动积极的治疗，才能及时地发挥治疗作用，防止病情蔓延，阻断病程的发展，迅速而有效地消灭疾病，使患病动物恢复健康。

主动积极的治疗，要贯彻预防为主的方针，进行预防性治疗。针对畜群的具体情况（种属、品种、年龄等），结合当地疫情及检疫结果，制定常年的、定期的检疫、防疫制度及疾病防治办法。如采取定期的预防接种，使动物获得特异性免疫力，预防某些传染病的发生与流行，对畜群实行定期的驱虫措施，以防寄生虫病的侵袭；制定科学的饲养制度，合理地调配饲料日粮，组织全价饲养，以预防某些营养代谢疾病的发生。

治疗的主动性和积极性，还应体现为早期发现患病动物，及时采取治疗措施。做到早期发现，早期诊断，才能及时治疗，防止疾病发展和蔓延。无疑，根据疾病早期症状而进行及时治疗，可将疾病消灭在萌芽状态或初期阶段，从而收到主动的积极的治疗效果。为此，应经常监视动物群，随时发现疾病的信号或线索，制定动物群监护制度，定期检测某些疾病的亚临床指标，以作为早期发现、早期诊断的根据。

针对具体病情，采用特效疗法，应用首选药物，给予足够剂量（如磺胺药的首剂倍量）进行突击性治疗，以期最快、最彻底地消灭疾病，这也是主动积极治疗原则的一个内容。

完成规定疗程，坚持进行治疗，才能收到彻底的、稳定的预期疗效，这尤其是在应用磺胺类及抗生素类药物进行化学疗法时更是应该注意的。如病情稍见好转就中途停药，可因疗程未完而病情反复，甚至会引起抗药性等不良后果。

三、综合性的治疗原则

所谓综合疗法，是根据具体病例的实际情况，选取多种治疗手段和方法予以必要的配合与综合运用。每种治疗方法和手段都有其各自的特点，而每个具体病例又都千差万别，针对任何一个病例只采用单一的治疗方法，即使是特效疗法，有时也难于收到完全满意的效果。因此，必须根据疾病的实际情况，采取综合性治疗，发挥各种疗法相互配合的优势，以期相辅相成。临床兽医师的重要任务，就在于综合分析患病动物和疾病的具体情况，合理的选择各种必要的治疗方法，并进行具体的综合治疗。如对因治疗可配合必要的对症治疗、局部疗法，也应并用必要的全身疗法；手术治疗必须结合药物疗法、物理疗法、食饵疗法等综合性的术后措施。合理的治疗更应辅以周密的护理，才能取得满意的治疗效果。所以，综合性治疗是临床治疗学中一项重要的基本原则。

四、生理性的治疗原则

动物机体在进化过程中获得了很强的抗病力和自愈能力，包括适应环境能力，对病原体的免疫、防御能力，对损伤与破坏的代偿和修复能力等。生理性的治疗原则就是在治疗疾病时，必须注意保护机体的生理机能，增强机体的抗病力，促进机体的代偿、修复过程，扶持机体的抗损伤性变化，使病势向良好方向转化，以加速其康复过程。

疾病既然是抗病因素同致病因素相互斗争的结果，那么单纯使用药物消除外部致病因素的治疗是不够全面的。战胜疾病的更积极主动的手段是从根本上增强机体的免疫力，调动机体抗损伤性的代偿和修复能力。

生理性的治疗原则也是积极主动治疗原则的一种体现。

五、个体性的治疗原则

治疗的不是疾病而是患病的机体，治疗的对象是不同种属的动物。从这个意义上讲，兽医临床人员必须树立治疗的个体性原则。治疗时，应该考虑患病动物的种属特性，品种特点，以及不同年龄、性别条件等，掌握个体反应性，以进行个体性的治疗。对具体患病动物进行具体分析，是进行个体治疗的出发点。

六、局部治疗结合全身治疗的原则

疾病发展过程中，局部与全身是密切相关的。局部病变以全身的生理代谢状态为前提，并会影响到其他局部以至全身。治疗时应采取局部疗法与全身疗法相结合的原则，依具体病情也可酌情侧重。

所谓全身治疗是指所用药物作用于全身，或是改善全身各器官的功能和代谢，或是加强整个机体的抗病力。

所谓局部疗法，是指治疗措施仅仅作用于病灶局部。局部疗法虽然也对全身有影响，但一般说来仅是间接的。当然在某些情况下，局部治疗又可能成为当务之急，局部病痛被消除，全身状态可随之而恢复。

所以，治疗工作中应将局部疗法与全身疗法结合运用。基于以上各点，总的治疗原则是：在生理性、个体性治疗的前提下，应以病原疗法为基础，配合其他的必要疗法以进行综合性治疗。而一切治疗措施，又都必须遵循积极、主动性的基本原则。

第四节　有效治疗的前提和保证

一、诊断与治疗

诊断是对疾病本质的认识和判断。临床治疗工作中，只有经过一系列的诊查，对疾病的原因、性质、病情及其进展有了一定认识之后，才能提出恰当的治疗原则和合理的治疗方案。否则，治疗就会带有一定的盲目性。因此，正确的诊断是合理治疗的前提和依据。

诊断必须正确，因为误诊常可导致误治。诊断过程中，首先要求查明疾病的原因，作出病原学诊断。明确致病原因，才能有针对性的采取对因治疗。病原疗法乃是根本的治疗方法。

为作出病原诊断，在诊查过程中，应进行病史的详细调查了解，从中探讨特定的致病条件。临诊中要注意发现疾病的特征性症状，为病原诊断提出线索，还要配合进行病理材料的检验分析，掌握病原诊断的特异性材料和根据。必要时再通过实验诊断（实验动物接种或实验病理学的病例复制）以证实疾病的原因，通过这些为病原疗法提供基础和依据。

具体的诊断不能仅仅标明一个病名而已，诊断应反映病理解剖学特征，即疾病的基本性质和主要被侵害的器官、部位，还应分清症状的主次，明确主导的病理环节，明确疾病的类型、病期和程度等等，以作为制定具体治疗方案，采取对症治疗及其他综合措施的根据和参考。

对复杂病例，还要弄清原发病与继发病，主要疾病与并发病及其相互关系。完整的诊断还应包括对预后的判断。预后就是对疾病发展趋势和可能的结局、转归的估计与推断。科学的预后，常是制定合理的治疗方案和确定恰当的处理措施的必要条件。

主动积极的治疗原则，要求及时地作出早期诊断。任何诊断的拖延，都可导致治疗失去良机。根据及时的早期诊断，采取预防性的治疗，以获得积极的防治效果。

早期诊断须以经常巡视、检查动物群，及时发现病情线索和定期对动物群进行监测等综合性兽医防治制度为基础，而研究各种疾病的亚临床指标和早期诊断依据，则是兽医临床诊断工作的重要课题。

诊断是治疗的前提，而治疗又可验证诊断。对疾病的认识、判断是否符合实际，是否正确，还有待治疗实践的检验。

正确的诊断常被有效的治疗结果所验证。但也有某些例外，有时虽然诊断不够明确，治疗也未必完全恰当，而依机体的自愈能力使病情好转以至痊愈，有时尽管诊断正确，但因缺乏确切、特效的治疗方法，而结果治疗无效。但更多的实例证明，诊断结论同治疗结果是密切相关的。正确诊断是合理治疗的先导，误诊可以导致误治。而治疗效果又可为修正或完善诊断提示方向。

既然疾病是一个发展过程，那么诊断也应伴随病程进展而不断补充，修正并使之逐渐完善，直至病程结束而得出最后诊断结论。有时初步诊断只能提示大致的方向，最后诊断是在对病程的继续观察、检验及治疗结果的启示下逐渐形成的。如某些马骡疝痛病例，有时根据临床初步材料，只能提示可能是肠阻塞的疑似或初步诊断。在进一步的诊疗过程中，有时甚至是在剖腹探查手术中，或直肠检查中，根据找到具体的结粪块的局部变化而得到确诊，并经手术治疗而获得治愈。可见，治疗对验证和确定诊断确有重要的实际意义。

治疗与诊断在临床实践中是辩证统一和相辅相成的。诊断是治疗的前提和依据，治疗结果又可检验、纠正诊断，进一步的诊断又为下一步的治疗提出启示，如此反复直至最后诊断的确立和所治疗的患病动物得到康复。

二、治疗与护理

适宜的护理是取得有效治疗的重要保证。护理工作中首先要求给患病动物提供良好的环境条件，适宜的温度和光照，干燥、通风良好的畜舍，可加快患病动物的恢复。针对疾病特点，组织治疗性饲养（食饵疗法），更有重要的实际意义。

一般说来，易消化、富含营养物质且具适口性的饲料日粮，青饲料、良质干草以及其他良好的饲料，是胃肠病、反刍动物前胃病以及其他消化器官疾病、营养代谢疾病治疗的重要条件。口腔、食管尤其是咽病（如咽炎），一定期间的饥饿疗法是十分必要的。在绝饲期间，为了补充营养，可给予营养（非经口的）疗法。

马骡疝痛病、反刍动物前胃病以及某些疾病的手术治疗后，根据具体情况，宜给予适当的饥饿或半饥饿疗法。根据病情需要，应限制或停喂对病情不利的某些营养物质（如肾炎时的减盐疗法等）。可对患病动物做适宜的保定或吊起，或进行适当的牵遛运动。对长期躺卧的患病动物，每天应翻转躯体，以防褥疮发生。经常刷拭动物体，保持清洁，可以起到物理疗法作用。治疗方法恰当，护理周密、适宜，是取得良好治疗效果的两个基本条件。

三、治疗计划及具体方案的制定和执行

对每一个具体病例的治疗，都应根据患病动物具体情况，采取适当的综合疗法，并制定具体的治疗计划。为此，应将各种方法、手段，按照一定的组合、一定程序加以安排，并规定所用药剂的给药方法、剂量和疗程。

最初的治疗方案可能不够全面或不够完善，这就要在治疗实践中详细地观察病程经过，周密地注意患病动物反应、变化和治疗效果，而随时加以修改、补充。

根据治疗的反应或结果，或许可为诊断提示修改、补充线索或可对治疗方法的修正、

补充提出方向，如此边实践边改进，直到病程结束。

治疗计划与治疗方案制定后，应取得畜主同意和支持按计划执行，无特殊原因一般应按规定完成疗程计划，不宜中途废止。

一切治疗措施、方法、反应、变化、结果，均应详细地记录于病历中。每个病例治疗结束后，均应及时地作出总结以吸取经验教训。

复习思考题

1. 动物治疗的目的是什么？
2. 治疗动物疾病的方法及手段有哪些？
3. 简要回答动物疾病的治疗原则包括哪几个方面？

包玉清（黑龙江民族职业学院）

第二篇

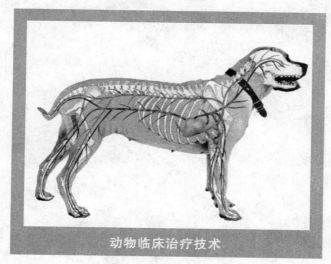

动物临床治疗技术

治疗技术

第三章　给药法

给药法是将药物投到患病动物胃内，以达到治疗疾病的目的。其方法主要根据药物的剂型、剂量、性状、动物种类及病情的不同，可分为经鼻给药法和经口给药法。

第一节　经鼻给药法

指用胃管经鼻腔插入食道，将药液注入胃内的方法。用于给各种动物灌服大量水剂、可溶于水的药物或有刺激性的药物。

一、准备

根据动物种类选用相应的口径及长度的橡胶管。牛、马可用特制的胃管，其一端钝圆，驹、猪、羊、犬可用大动物导尿管，漏斗或投药用唧筒（投药用加压泵）。

胃管用前应以温水清洗干净，排出管内残水，前端涂以润滑剂（如液状石蜡、凡士林等），尔后盘成数圈，涂油端向前，另端向后，用右手握好。

二、方法

（一）牛经鼻给药法

（1）将病牛妥善保定，畜主站在牛头左侧握住笼头，固定牛头不要过度前伸。

（2）术者站于牛头稍右前方，用左手无名指与小指伸入左侧上鼻翼的副鼻腔，中指、食指伸入鼻腔与鼻腔外侧的拇指固定内侧的鼻翼。

（3）右手持胃管将前端通过左手拇指与食指之间沿鼻中隔徐徐插入胃管，同时左手食指、中指与拇指将胃管固定在鼻翼边缘，以防病畜骚动时胃管滑出。

（4）当胃管前端抵达咽部后，随病畜咽下动作将胃管插入食道。有时病畜可能拒绝不咽，推送困难，此时不要勉强推送，应稍停或轻轻抽动胃管（或在咽喉外部进行按摩），诱发吞咽动作，视机将胃管插入食道。

（5）为了检查胃管是否正确进入食道内，可做充气检查。再将胃管前端推送到颈部下

1/3 处，在胃管另端连接漏斗，即可投药。也可连接投药唧筒，将药液压送入胃内。

（6）投药完了，再灌以少量清水，冲净胃管内残留药液，而后右手将胃管折曲一段，徐徐抽出，当胃管前端退至咽部时，以左手握住胃管与右手一同抽出。用毕胃管洗净后，放在2%煤酚皂溶液中泡浸消毒备用。

要注意给牛投胃管，当胃管达到咽部时，易使前端折回口腔，而被咬碎，故一般较少用。

（二）马属动物经鼻给药法

操作与牛基本相同。

（三）驹、羊经鼻给药法

操作与成牛相同，但胃管应细，一般使用大动物导尿管即可。

三、胃管插入食道时的判断

胃管投药时，必须正确判断是否插入食道，否则，会将药物误灌入气管和肺内，引起异物性肺炎，甚至造成死亡。因此，应按表3-1鉴别。

表3-1　胃管插入食道或气管的鉴别要点

鉴别方法	插入食道内	插入气管内
手感和观察反应	胃管前端到咽部时稍有抵抗感，易引起吞咽动作，随吞咽胃管进入食道，推送胃管稍有阻力感，发滞	无吞咽动作，无阻力，有时引起咳嗽，插入胃管不受阻
观察食道变化	胃管端在食道沟呈明显波浪式蠕动下移	无
向胃管内充气反应	随气流进入，颈沟部可见有明显波动。同时压挤橡胶球将气排空后，不再鼓起。进气停止而有一种回声	无波动，压橡胶球后立即鼓起。无回声
将胃管另端放耳边听诊	听到不规则的"咕噜"声或水泡音，无气流冲击耳边	随呼吸动作听到有节奏的呼出气流音，冲击耳边
将胃管另端侵入水盆内	水内无气泡	随呼吸动作水内出现气泡
触摸颈沟部	手摸颈沟区感到有一坚硬的索状物	无
鼻嗅胃管另端气味	有胃内酸臭味	无

四、注意事项

（1）插入或抽动胃管时要小心、缓慢，不要粗暴。

（2）当患病动物呼吸极度困难或有鼻炎、咽炎、喉炎、高温时，忌用胃管给药。

（3）牛插入胃管后，遇有气体排出，应鉴别是来自胃内，还是呼吸道。来自胃内气体有酸臭味，气味的发出与呼吸动作不一致。

（4）牛经鼻给药，当胃管进入咽部或上部食道时，有时发生呕吐，此时应放低牛头，以防呕吐物误咽入气管，如呕吐物很多，则应抽出胃管，待吐完后再投。牛的食道较马短而宽，故胃管通过食道的阻力甚小。

（5）当证实胃管插入食道深部后进行灌药。如灌药后引起咳嗽、气喘，应立即停灌。如灌药中因动物骚动使胃管移动脱出时，亦应停止灌药，待重新插入判断无误后再继续灌药。

（6）经鼻插入胃管，常因操作粗暴或反复投送、强烈抽动或管壁干燥等，刺激鼻咽黏膜，黏膜肿胀发炎，有时血管破裂引起鼻出血。在少量出血时，可将动物头部适当高抬或吊起，冷敷额部，并不断淋浇冷水。如出血过多冷敷无效时，可用1%鞣酸棉球塞于鼻腔中，或皮下注射0.1%盐酸肾上腺素5ml，或1%盐酸阿托品1～2ml。必要时可注射止血药。

五、药物误投入肺的表现及其抢救措施

药物误投入呼吸道后，动物立即表现不安，频繁咳嗽，呼吸急促，鼻翼开张或张口呼吸，继则可见肌肉震颤，出汗，黏膜发绀，心跳加快，心音增强，音界扩大，数小时后体温升高，肺部出现明显广范围的啰音，并进一步呈现异物性肺炎的症状。如灌入大量药液时，可造成动物的窒息或迅速死亡。

抢救措施：在灌药过程中，应密切注意患病动物表现，一旦发现异常，应立即停止并使动物低头，促进咳嗽，呛出药物，其次应用强心剂或给以少量阿托品兴奋呼吸系统，同时应大量注射抗生素制剂，直至恢复。严重者，可按异物性肺炎的疗法进行抢救。

第二节　经口给药法

主要用于少量的水剂药物或将粉剂、研碎的片剂，加适量的水而制成溶液、混悬液、糊剂。中药及其煎剂以及片剂、丸剂、舔剂等，各种动物均可应用。例如苦味健胃剂要经口给药。

一、准备

要准备好灌角、投药橡胶瓶、小勺、系上颌保定器、鼻钳子以及丸剂投药器等。

二、方法

具体方法依动物种类、药物剂型及用具不同而异。

（一）牛经口给药法

1. 经口胃管给药法

（1）患病动物于保定栏内站立保定，装着鼻钳或一手握住角根，另手握鼻中隔，使头

稍高抬，固定头部。而后装着横木开口器，系在两角根后部。

（2）术者取备好的胃管（与牛经鼻给药相同），从开口器中间的孔隙插入（图3-1），其前端抵达咽部时，轻轻抽动，以引起吞咽动作，随咽下动作将胃管插入食道。

（3）其他操作与马经鼻给药法相同。

（4）灌完后，慢慢抽出胃管，再解下开口器。

2. 经口瓶子给药法

（1）多用特制橡胶瓶，或用长颈玻璃瓶、竹筒代替，保定方法同上。

（2）术者站在斜前方，左手从牛的一侧口角处伸入口腔，并轻压舌头，右手持盛满药液的药瓶，自另侧口角伸入舌背部抬高瓶底，并轻轻震抖。如用橡胶瓶时可压挤瓶体促进药液流出，在配合吞咽动作中继续灌服，直至灌完。注意不要连续灌注，以免误咽。

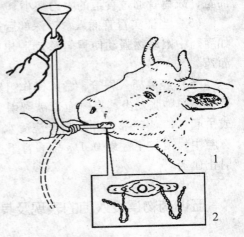

图3-1　牛经口胃管给药
1. 牛经口胃管给药　2. 横木开口器

（3）投给片剂、丸剂或舔剂时，术者用一手从一侧口角伸入拇指顶上颚打开口腔，另手持药片、药丸或用竹片刮取舔剂，自另侧口角送入舌根部，同时抽出另手使其闭口，并用右手托其下颌骨，使头稍高抬，待其自行咽下。投入丸剂时，可用丸剂投药器，先将药丸装入投药器内，术者持投药器自一侧口角送向舌根部，迅速将药丸打出，同时抽出投药器，使头稍高抬，即可咽下。

（二）马（骡、驴）经口给药法

（1）患病动物站立保定，用一条软细绳从柱栏横木铁环中穿过，一端制成圆套从笼头鼻梁下面穿过，套在上腭切齿后方，另端由助手或畜主拉紧将马头吊起，使口角与耳根平行，助手（畜主）的另手把住笼头。

（2）术者站在右或左前方，一手持药盆，另手持盛满药液的灌角，自一侧口角通过门、臼齿间的空隙插入口中送向舌根，翻转灌角并提高把柄，将药液灌入，取出灌角，待其咽下后再灌，直至灌完。

（3）片剂、丸剂及舔剂的给药法与牛同。

（三）猪经口给药法

（1）经口胃管给药时，一人抓住猪的两耳，将前驱挟于两腿之间。如大猪可用鼻端固定器固定，另人用木棒撬开口腔，并装着横木开口器，系于两耳后固定。术者取胃管（大动物的导尿管也可），从开口器中央的圆孔间，将胃管插入食道（图3-2）。其他的操作要领与牛的经口胃管给药法相同。

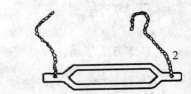

图3-2　猪鼻端固定及胃管给药
1. 鼻端固定及给药法　2. 横木开口器

（2）哺乳仔猪给药时，助手右手握两后肢，左手从耳后握住头部，并用拇指与食指压住两边口角，使猪呈腹部向前头在上的姿势，术者一手用小木棒将嘴撬开，另手用药勺或注射器自口角处，徐徐灌入药液。

（3）育成猪或后备猪给药时，助手握住两前肢，使腹部向前将猪提起，并将后驱挟于两腿间，或将猪仰卧在猪槽中。给药时可用小灌角、药勺灌服，方法同小仔猪。

（4）如系片剂、丸剂，可直接从口角送入舌背部，舐剂可用小勺或竹片送入。投入药后使患病动物闭嘴自行咽下。

（四）犊、羊经口给药法

一般采取经口给药，在保定后，按猪的经口给药法进行。

（五）犬经口给药法

1. 胃导管投药法

此法适用于投入大量水剂、油剂或可溶于水的流质药液。方法简单，安全可靠，不浪费药液。

投药时对犬施以坐姿保定。打开口腔，选择大小适合的胃导管，用胃导管测量犬鼻端到第八肋骨的距离后，做好记号。用润滑剂涂布胃导管前端，插入口腔从舌面上缓缓地向咽部推进，在犬出现吞咽动作时，顺势将胃导管推入食管直至胃内（判定插入胃内的标志：从胃管末端吸气呈负压，犬无咳嗽表现）。然后连接漏斗，将药液灌入。灌药完毕，除去漏斗，压扁导管末端，缓缓抽出胃导管。

2. 匙勺、洗耳球或注射器投药

适用于投服少量的水剂药物，粉剂或研碎的片剂加适量水而制成的溶液、混悬液，以及中药的煎剂等。投药时，对犬施以坐姿保定。助手使犬嘴处于闭合状态，犬头稍向上保持倾斜。操作者以左手食指插入嘴角边，并把嘴角向外拉，用中指将上唇稍向上推，使之形成兜状口。右手持勺、洗耳球或注射器将药灌入。注意一次灌入量不宜过多，每次灌入后，待药液完全咽下后再重复灌入，以防误咽。

三、注意事项

（1）每次灌入的药量不宜过多，不要太急，不能连续灌，以防误咽。
（2）头部吊起或仰起的高度，以口角与眼角呈水平线为准，不宜过高。
（3）灌药中，患病动物如发生强烈咳嗽时，应立即停止灌药，并使其头部低下，使药液咳出，安静后再灌。
（4）猪在嚎叫时喉门开张，应暂停灌服，停叫后再灌。
（5）当动物咀嚼、吞咽时，如有药液流出，应用药盆接取，以免流失。
（6）胃管给药时的判定与注意事项，同马的经鼻给药法。

复习思考题

1. 给药方法有哪几种？

2. 经鼻给药时的注意事项有哪些?

3. 如何判定胃导管是否插入食管内?

马勇 (黑龙江农业经济职业学院)

第四章　注射法

注射法是使用注射器将药液直接注入动物体内的给药方法。它具有药量小、奏效快、避免经口给药麻烦和降低药效的优点。

注射器械现在广泛应用的兽用注射器有玻璃、金属、尼龙、塑料等4种，按其容量有 1ml、2ml、5ml、10ml、20ml、30ml、50ml、100ml 等规格，大量输液时则有容量较大的输液瓶（吊瓶），此外还有装甲注射器、连续注射器、结核菌素注射器等。此外，近来国外生产一种无针注射器，不用注射针头可将药液注入皮下或肌肉内。还有注射枪，适用于野生动物饲养场、动物园或狩猎。

注射针头则根据其内径大小及长短而分为不同型号。使用时按动物种类、注射方法和剂量，选择适宜的注射器及针头，并应检查注射器有无破损，针筒和针筒活塞是否适合，金属注射器的橡胶垫是否老化，松紧度的调节是否适宜，针尖是否锐利、畅通，与注射器的连接是否严密。然后清洗干净煮沸或高压蒸汽灭菌备用。

注射部位的处理，剪毛涂擦 5% 碘酊消毒，再以 75% 酒精脱碘，也可使用 0.1% 新洁而灭消毒。注射完毕，对注射部位用酒精棉消毒。注射时必须严格执行无菌操作规程。

注射前先将药液抽入注射器内或放入输液瓶中，同时要注意认真检查药品的质量，有无变质、混浊、沉淀。如果混注两种以上药液时，应注意有无配伍禁忌。抽完药液后，一定要排出注射器内或输液胶管中的气泡。

第一节　注射原则

一、防感染

（一）严格遵守无菌操作原则

（1）注射前必须洗手，戴口罩，衣帽整洁。

（2）无菌注射器及针头必须用无菌镊子夹取，针筒内面、活塞、乳头及针梗与针尖均应保持无菌。

（二）严密消毒

注射部位皮肤用棉签蘸 5% 碘酊，以注射点为中心，由内向外呈螺旋形涂擦，直径应在 5cm 以上，待干后用 75% 酒精以同法脱碘，酒精干后，方可注射。

（三）勿于炎症部位进针

选择合适的注射部位，不能在有炎症、化脓感染或皮肤病的部位进针。

二、防差错

（1）认真执行"三查七对"制度，做到注射前、中、后三看标签，仔细查对，以免遗漏或错误。

（2）严格检查药物质量。严格检查药液有无变质、沉淀或混浊，药物是否已失效，安瓶或密封瓶有无裂痕等现象，有则不能应用。

（3）给药途径准确无误。注射用药可供皮下、肌内、静脉途径给药。注入体内吸收最快是静脉，次之是肌内及皮下，但必须严格按医嘱准确按时给药。注射药液应现用现配，无论是皮下、肌内、静脉注射，进针后注入药物前，都应抽动活塞，检查有无回血。皮下、肌肉注射不可将药液直接注入血管内，但静脉注射必须见回血后，方可注入药液。

（4）同时注射几种药时，应注意药物的配伍禁忌。

三、防意外

（一）防过敏

详细询问过敏史，尤其在做过敏试验时，要备有急救器材和药品，如氧气、盐酸肾上腺素、灭菌注射器等，以防万一。

（二）防空气栓塞

注射前必须排尽注射器内的空气，以免空气进入血管形成栓子。

（三）防断针

（1）注射前备有血管钳，以保证急用。

（2）注射器应完整无裂痕，空筒与活塞号码相一致，以防漏气、注射器乳头与针栓必须紧密衔接。

（3）针头大小合适，针尖锐利无弯曲（尤其注意针梗与针栓衔接处有无弯曲）。

（4）不宜在硬结和疤痕处进针。

（5）掌握正确的进针方法，如肌内注射时应以前臂带腕部力量垂直快速进针，并注意留针（针梗）于皮肤外 1/3。

（四）防损伤神经和血管

选择合适的注射部位，避免损伤神经和血管。

四、掌握无痛注射要点

（1）针尖必须锋利（无钩、无锈、无弯曲）。
（2）注射部位选择正确。
（3）肌肉必须松弛，注意说明解释，分散注意力，取得合作，使肌肉松弛，易于进针。
（4）掌握"二快一慢"（进针及拔针快、推药慢）的方法。
①注射时做到"二快一慢"，且注药速度应均匀。
②同时注射多种药物时，应先注射无刺激性的，再注射刺激性强的药物，并且选择针头宜粗长，进针要深，以减轻疼痛。

第二节　皮内注射

用于某些疾病的变态反应诊断如牛结核、牛肝蛭病、副结核分枝杆菌病、马鼻疽等，或做药物过敏试验及炭疽Ⅱ苗、绵羊痘等的预防接种。

一、准备

结核菌素注射器或1～2ml特制的注射器与短针头。炭疽Ⅱ苗预防接种的连续注射器以及应用药品等。

二、部位

根据不同动物可在颈侧中部或尾根内侧。

三、方法

左手拇指与食指将皮肤捏起皱襞，右手持注射器使针头尖与皮肤呈30°角刺入皮内约0.5cm，深达真皮层，即可注射规定量的药液。注毕，拔出针头，术部轻轻消毒，但应避免压挤。注射疫苗时应用碘仿火棉胶封闭针孔，预防药液流出或感染。

注射准确时，可见注射局部形成小豆大的隆起，并感到推药时有一定阻力，如误入皮下则无此现象。

四、注意事项

注射部位一定要认真判定准确无误，否则将影响诊断和预防接种的效果。

第三节　皮下注射

将药液注射于皮下结缔组织内，经毛细血管、淋巴管吸收进入血液，发挥药效作用，而达到防治疾病的目的。凡是易溶解、无强刺激性的药品及疫苗、菌苗等，均可作皮下注射。

一、准备

根据注射药量多少，可用 10～50ml 的注射器及针头。当吸引药液时，先将安瓶封口端用酒精棉消毒，并随时检查药品名称及质量，尔后打去顶端，再将连接针头的注射器、插入安瓶的药液中，慢慢抽出针筒活塞吸引药液到针筒中，吸完后排出气泡，用酒精棉包好针头。

二、部位

多选在皮肤较薄，富有皮下组织，松弛容易移动，活动性较小的部位。大动物多在颈部两侧，猪在耳根后或股内侧，羊在颈侧、肘后或股内侧，禽类在翼下，犬可在颈侧及股内侧。

三、方法

左手中指和拇指捏起注射部位的皮肤，同时以食指尖压皱褶向下陷呈窝，右手持连接针头的注射器，从皱褶基部的陷窝处刺入皮下 2～3cm，此时如感觉针头无抵抗，且能自由活动针头时，左手把持针头连接部，右手推压针筒活塞，即可注射药液。如需注射大量药液时，应分点注射。注完后，左手持酒精棉按住刺入点，右手拔出针头，局部消毒。必要时可对局部进行轻度按摩，促进吸收。

四、利弊

（1）皮下注射的药液，可通过皮下结缔组织中的广泛的毛细血管吸收而进入血液。

（2）药物的吸收比经口给药和直肠给药发挥药效快而确实。

（3）与血管内注射比较，没有危险性，操作容易，大量药液也可注射，而且药效作用持续时间较长。

（4）皮下注射时，根据药物的种类，有时引起注射局部的肿胀和疼痛。特别对局部刺激较强的钙制剂、砷制剂、水合氯醛及高渗溶液等，易诱发炎症，甚至组织坏死（应避免皮下注射）。

（5）因皮下有脂肪层，吸收较慢，一般经5～10min，才能呈现药效。

五、注意事项

刺激性强的药品不能做皮下注射。多量注射补液时，需将药液加温后分点注射。注后应轻度按摩或进行温敷，以促进吸收。

第四节　肌肉内注射

由于肌肉内血管丰富，药液注入肌肉内吸收较快。其次肌肉内的感觉神经较少，故疼痛轻微。所以一般刺激性较强和较难吸收的药液；进行血管内注射而有副作用的药液；油剂或乳剂而不能进行血管内注射的药液；为了缓慢吸收及持续发挥作用的药液等，均可应用肌肉内注射。

一、准备

同皮下注射。

二、部位

大动物与犊、驹、羊、犬等多在颈侧及臀部；猪在耳根后、臀部或股内侧；禽类在胸肌部。但应避开大血管及神经的经路。

三、方法

（1）左手的拇指与食指轻压注射局部，右手如执笔式持注射器，使针头与皮肤呈垂直，迅速刺入肌肉内。一般刺入2～4cm，而后用左手拇指与食指握住露出皮外的针头结合部分，以食指指节顶在皮上，再用右手抽动针筒活塞，确认无回血后，即可注入药液。注射完毕，用左手持酒精棉球压迫针孔部，迅速拔出针头。

（2）以左手拇指、食指捏住针体后部，右手持针筒部，两手握注射器，垂直迅速刺入肌肉内，而后按上述方法注入药液。

（3）左手持注射器，先以右手持注射针头刺入肌肉内，然后把注射器转给右手，左手把住针头（或连接的乳胶管），右手持的注射器与针头（或连接的乳胶管）接合好，再行注入药液。

四、利弊

（1）肌肉内注射由于吸收缓慢，能长时间保持药效、维持浓度。
（2）注射的药液虽然具有吸收较慢、感觉迟钝的优点，但不能注射大量药液。
（3）由于动物的骚动或操作不熟练，注射针头或注射器的接合头易折断。

五、注意事项

（1）针体刺入深度，一般只刺入 2/3，不宜全长刺入，以防针体折断。
（2）对强刺激性药物如水合氯醛、钙制剂、浓盐水等，不能肌肉内注射。
（3）注射针尖如接触神经时，则动物感觉疼痛不安，应变换方向，再注射药液。
（4）一旦针体折断，应立即拔出。如不能拔出时，先将患病动物保定好，防止骚动，行局部麻醉后迅速切开注射部位，用小镊子或钳子拔出折断的针体。

第五节　静脉内注射

静脉内注射主要应用于大量的输液、输血；以治疗为目的急需速效的药物（如急救、强心等）；注射刺激性较强的药物或皮下、肌肉不能注射的药物等。

一、准备

（1）根据注射用量可备 50～100ml 注射器及相应的注射针头（或连接乳胶管的针头）。大量输液时则应用输液瓶（500～1 000ml），并以乳胶管连接针头，在乳胶管中段装以滴注玻璃管或乳胶管夹子，以调节滴数，掌握其注入速度。
（2）注射药液的温度要接近于体温。
（3）动物站立保定，使头稍向前伸，并稍偏向对侧。小动物可行侧卧保定。

二、部位

牛、马、羊、骆驼、鹿、犬等均在颈静脉的上 1/3 与中 1/3 的交界处；猪在耳静脉或前腔静脉，禽类在翼下静脉，特殊情况，牛也可在胸外静脉及母牛的乳房静脉。

三、方法

（一）牛的静脉内注射

牛的皮肤较厚且敏感，一般应用突然刺针方法。即助手用牛鼻钳或一手握角、一手握鼻中隔，将牛头部安全固定。而后术者左手拇指压迫颈静脉的下方，或用一根细绳（或橡胶管）将颈部的中 1/3 下方缠紧，使静脉怒张，右手持针头，对准注射部位并与皮肤垂直，用腕的弹拨力迅速刺入血管，见有血液流出后，将针头再沿血管向前推送，连接注射器或输液瓶（或盐水瓶）的输液管，举起输液瓶则药液即可徐徐流入血管中。

（二）马的静脉内注射

（1）首先确定颈静脉经路，然后术者用左手拇指横压注射部位稍下方（近心端）的颈静脉沟上，使脉管充盈怒张。

（2）右手持连接针头的注射器，使针尖斜面向上，沿颈静脉经路，在压迫点前上方约 2cm 处，使针尖与皮肤成 30°～45°角，准确迅速地刺入静脉内，并感到空虚或听到清脆声，见有回血后，再沿脉管向前进针，松开左手，同时用拇指与食指固定针头的连接部，靠近皮肤，放低右手减少其间角度，此时即可推动针筒活塞，徐徐注入药液。

（3）可采取分解动作的注射方法，即按上述操作要领，先将针头（或连接输液管的针头）刺入静脉内，见有回血时，再继续向前进针，松开左手，连接注射器或输液瓶的输液管，即可徐徐注入药液。如为输液瓶时，应先放低输液瓶，验证有回血后，再将输液瓶提至与动物头同高，并用夹子将乳胶管近端固定于颈部皮肤上，药物则徐徐地流入静脉内。

（4）采用连接长乳胶管针头的一次注射法。先将连接长乳胶管的输液瓶或盐水瓶提高，流出药液，然后用右手将针头连接的输液管折叠捏紧，再按上述方法将针头刺入静脉内，输入药液。

（5）注射完毕，左手持酒精棉棒或棉球压紧针孔，右手迅速拔出针头，尔后涂 5% 碘酊消毒。

（三）羊的静脉内注射

与牛基本相同。

（四）猪的静脉内注射

1. 耳静脉注射法

将猪站立或侧卧保定，耳静脉局部剪毛、消毒。具体方法如下：

（1）一人用手捏住猪耳背面的耳根部的静脉管处，使静脉怒张，或用酒精棉反复涂擦，并用手指头弹扣，以引起血管充盈。

（2）术者用左手把持耳尖，并将其托平。

（3）右手持连接针头的注射器，沿静脉管的经路刺入血管内，轻轻抽引针筒活塞，见有回血后，再沿血管向前进针。

（4）松开压迫静脉的手指，术者用左手拇指压住注射针头，连同注射器固定在猪耳上，另手徐徐推进针筒活塞即可注入药液。

（5）注射完毕，左手拿酒精棉球紧压针孔处，右手迅速拔针。为了防止血肿或针孔出血，应压迫片刻，最后涂擦碘酊。

2. 前腔静脉注射法

用于大量输液或采血。前腔静脉是由左右两侧的颈静脉与腋静脉至第1对肋骨间的胸腔入口处时，于气管腹侧面汇合而成。注射部位在第1肋骨与肋骨柄结合处的前方。由于左侧靠近膈神经，而易损伤，故多于右侧进行注射。针头刺入方向，呈近似垂直并稍向中央及胸腔方向，刺入深度依猪体大小而定，一般深约2～6cm。为此，要选用适宜的16～20号针头。取站立或仰卧保定。其方法是：

（1）站立保定时的部位在右侧，于耳根至胸骨柄的连线上，距胸骨端约1～3cm处，术者拿连接针头的注射器，稍斜向中央并刺向第1肋、骨间胸腔入口处，边刺入边回血，见有回血时，即标志已刺入胸腔静脉内，可徐徐注入药液。

（2）取仰卧保定时，胸骨柄可向前突出，并于两侧第1肋骨结合处的前面，侧方呈两个明显的凹陷窝，用手指沿胸骨柄两侧触诊时更感明显，多在右侧凹陷窝处进行注射。先固定好猪两前肢及头部，消毒后，术者持连接针头的注射器，由右侧沿第1肋骨与胸骨结合部前侧方的凹陷窝处刺入，并稍偏斜刺向中央及胸腔方向，边刺边回血，见回血后，即可注入药液，注完后左手持酒精棉球紧压针孔，右手拔出针头，涂碘酊消毒。

（五）犬的静脉内注射

1. 前臂皮下静脉（也称桡静脉）注射法

此静脉位于前肢腕关节正前方稍偏内侧。犬可侧卧、伏卧或站立保定，助手或犬主人从犬的后侧握住肘部，使皮肤向上牵拉和静脉怒张，也可用止血带（乳胶管）结扎使静脉怒张。操作者位于犬的前面，注射针由近腕关节1/3处刺入静脉，当确定针头在血管内后，针头连接管处见到回血，再顺静脉管进针少许，以防犬骚动时针头滑出血管。松开止血带或乳胶管，即可注入药液，并调整输液速度。静脉输液时，可用胶布缠绕固定针头。此部位为犬最常用最方便的静脉注射部位。在输液过程中，必要时试抽回血，以检查针头是否在血管内。注射完毕，以干棉签或棉球按压穿刺点，迅速拔出针头，局部按压或嘱畜主按压片刻，防止出血。

2. 后肢外侧小隐静脉注射法

此静脉位于后肢胫部下1/3的外侧浅表皮下，由前斜向后上方，易于滑动。注射时，使犬侧卧保定，局部剪毛消毒。用乳胶带绑在犬股部，或由助手用手紧握股部，使静脉怒张。操作者位于犬的腹侧，左手从内侧握住下肢以固定静脉，右手持注射针由左手指端处刺入静脉。

3. 后肢内侧面大隐静脉注射法

此静脉在后肢膝部内侧浅表的皮下。助手将犬背卧后固定，伸展后肢向外拉直，暴露腹股沟，在腹股沟三角区附近，先用左手中指、食指探摸股动脉跳动部位，在其下方剪毛消毒；然后右手持针头，针头由跳动的股动脉下方直接刺入大隐静脉管内。注射方法同前述的后肢小隐静脉注射法。

四、利弊

（1）药液直接注入脉管内，随血液分布全身，药效快，作用强，注射部位疼痛反应较轻。但药物代谢较快，作用时间较短。

（2）患病动物能耐受刺激性较强的药液（如钙制剂、水合氯醛、九一四等）和容纳大量的输液和输血。

（3）当注射速度过快，药液温度过低，可能引起副作用，同时有些药物发生过敏现象。

五、注意事项

（1）严格遵守无菌操作常规，对所有注射用具，注射局部均应严密消毒。

（2）注射时要注意检查针头是否畅通，当反复刺入时常被组织块或血凝块堵塞，应随时更换针头。

（3）注射时要看清脉管经路，明确注射部位，准确一针见血，防止乱刺，以免引起局部血肿或静脉炎。

（4）刺针前应排净注射器或输液管中的气泡。

（5）混合注入多种药液时，应注意配伍禁忌，油类制剂不能做静脉内注射。

（6）大量输液时，注入速度不宜过快，以每分钟10～20ml为宜，药液最好加温至动物体相同温度，同时注意心脏功能。

（7）输液过程中，要经常注意动物表现，如有骚动、出汗、气喘、肌肉震颤等征象时，应及时停止注射。当发现输入液体突然过慢或停止以及注射局部明显肿胀时，应检查回血，放低输液瓶，或一手捏紧输液管上部，使药液停止下流，再用另手在输液管下部突然加压或拉长，并随即放开，利用产生的一时性负压，看其是否回血。另法也可用右手小指与手掌捏紧输液管，同时以拇指与食指捏紧远心端前段乳胶管拉长，造成空隙，随即放开，看其是否回血。如针头已滑出血管外，则应顺一顺针头或重新刺入。

六、静脉注射时药液外漏的处理

静脉内注射时，常由于未刺入血管或刺入后，因患病动物骚动而针头移位脱出血管外，致使药液漏于皮下。故当发现药液外漏时，应立即停止注射，根据不同的药液采取下列措施处理：

（1）立即用注射器抽出外漏的药液。

（2）如系等渗溶液（如生理盐水或等渗葡萄糖），一般很快自然吸收。

（3）如系高渗盐溶液，则应向肿胀局部及其周围注入适量的灭菌溜水，以稀释之。

（4）如系刺激性强或有腐蚀性的药液，则应向其周围组织内，注入生理盐水；如系氯化钙液，可注入10%硫酸钠或10%硫代硫酸钠10～20ml，使氯化钙变为无刺激性的硫酸钙和氯化钠。

（5）局部可用2%～5%硫酸镁进行温敷，以缓解疼痛。

（6）如系大量药液外漏，应做早期切开，并用高渗硫酸镁溶液引流。

第六节　动脉内注射

主要用于肢蹄、乳房及头颈部的急性炎症或化脓性炎症疾病的治疗。一般使用普鲁卡因青霉素或其他抗生素及磺胺类药物注射。

一、准备

与一般注射的准备相同，保定宜确实安全，消毒要彻底。

二、部位

（一）肢蹄注射的部位

1. **正中动脉注射部位**

前臂部上 1/3 的内侧面（肘关节下方 2～3cm 处），桡骨内侧嵴的后方。

2. **掌骨大动脉（指总动脉）注射部位**

掌骨内侧面上 1/3 和中 1/3 交界处，此处动脉较浅，在屈指深肌的前缘，即可触摸到该动脉的搏动。

3. **跖骨外侧动脉注射部位**

跖骨外侧上 1/3 处的大跖骨和小跖骨之间的沟中。

（二）会阴动脉注射部位

在乳房后正中提韧带附着部的上方 2～3 指处，可触知会阴体表的会阴静脉，于会阴静脉侧方附近，与会阴静脉平行即为会阴动脉。

（三）颈动脉注射的部位

约在颈部的上 1/3 部，即颈静脉上缘的假想平行线与第 6 颈椎横突起的中央，向下引垂线，其交点即为注射部位（图 4-1）。

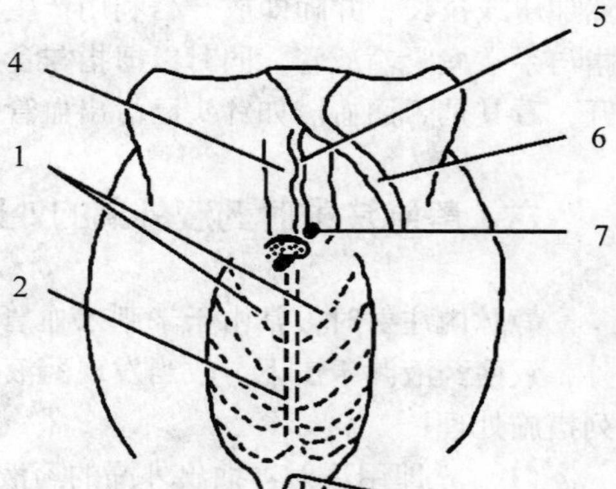

图 4-1　会阴动脉注射部位
1. 外侧提韧带　2. 正中提韧带　3. 乳房间沟
4. 乳镜　5. 会阴静脉　6. 尾　7. 注射部位

三、方法

（一）正中动脉注射法

患病动物侧卧保定，注射肢前方转位，然后用左手食指压迫动脉，用右手持连接乳胶管的针头，在压迫部位上方 0.5cm 处刺针。刺入皮肤后，取 40°～60°角将针头由上向下接近血管，当感到动脉搏动时以迅速的弹力刺入动脉内。如血液呈鲜红色脉搏样涌出时，即为正确。此时立刻连接注射器，注入药液。之后，左手持酒精棉球压迫注射部位，拔出针头，停留片刻压迫血管，而后用 5% 碘酊消毒。

（二）掌骨大动脉（指总动脉）内注射法

将前肢前方转位，保持伸展状态，左手拇指压迫掌骨大动脉，右手持针头对皮肤呈 45°角的方向，向下刺入动脉内，注入药液。

（三）跖背外侧动脉内注射法

确定部位后，术者左手指在刺入部位下方，压迫沟内的动脉血管，右手持针头于压迫部的上方 0.5～1cm 处，取 35°～45°角向内方刺入，即可刺入该动脉内。

（四）会阴动脉内注射法

先以左手触摸到会阴静脉，在其附近，右手用针先刺入 4～6cm 深，此时稍有弹力性的抵抗感，再刺入即可进入动脉内，并见有搏动样的鲜红色血液涌出，立即连接注射器，徐徐注入药液。

（五）颈动脉内注射法

在病灶的内侧，注射部位消毒后，一手握住注射部位下方，另手持连接针头的注射器与皮肤呈直角刺入 4cm 左右，刺入过程同样有动脉搏动感，流出鲜红色血液，即可注入药液。

四、利弊

（1）动脉内注射抗生素药物，直接作用于局部，发挥药效快，作用强。特别治疗乳房炎，经会阴动脉内注射药液，可直接分布于乳腺的毛细血管内，迅速奏效。

（2）动脉内注射药液有局限性，不适合全身性治疗。注射技术要求高，不如静脉内注射易掌握和应用广泛。

五、注意事项

（1）保定确实，操作要准确，严防意外。

（2）当刺入动脉之后，应迅速连接注射器，防止流血过多，污染术部，影响操作。操作熟练者最好 1 次注入，以免出血。

（3）注射药液时，要握紧针筒活塞，防止由于血压力量，而顶出针筒活塞。

第七节　气管内注射

是指将药液注入气管内。用于治疗肺脏与气管疾病及肺脏的驱虫。

一、准备

患病动物站立保定，抬高头部，术部剪毛消毒。

二、部位

根据动物种类及注射目的而注射部位不同。一般在颈上部，腹侧面正中，两个气管轮软骨环之间进行注射。

三、方法

术者持连接针头的注射器，另手握住气管，于两个气管轮软骨环之间，垂直刺入气管内，此时摆动针头，感觉前端空虚，再缓缓滴入药液。注完后拔出针头，涂擦碘酊消毒。

四、注意事项

（1）注射前宜将药液加温至动物体同温，以减轻刺激。

（2）注射过程如遇动物咳嗽时，应暂停，待安静后再注入。

（3）注射速度不宜过快，最好一滴一滴地注入，以免刺激气管黏膜，咳出药液。

（4）如患病动物咳嗽剧烈，或为了防止注射诱发咳嗽，可先注射2%盐酸普鲁卡因溶液2～5ml（大动物）。降低气管的敏感反应，再注入药液。

第八节　心脏内注射

当患病动物心脏功能急剧衰竭，静脉注射急救无效时，可将强心剂直接注入心脏内，恢复心功能抢救患病动物。此外，还应用于家兔、豚鼠等实验动物的心脏直接采血。

一、准备

大动物用15～20cm长的针头，小动物用一般注射针头。注射药液多为盐酸肾上腺素。

二、部位

牛在左侧肩端水平线下，第4～5肋间；马在左侧肩端水平线的稍下方，第5～6肋间；猪在左侧肩端水平线下第4肋间。

三、方法

以左手稍移动注射部位的皮肤然后压住，右手持连接针头的注射器，垂直刺入心外膜，再进针3～4cm可达心肌。当针头刺入心肌时有心搏动感，注射器摆动，继续刺针可达左心室内，此时感到阻力消失。拉引针筒活塞时回流暗红色血液，然后徐徐注入药液，很快进入冠状动脉，迅速作用于心肌，恢复心脏机能。注射完毕，拔出针头，术部涂碘酊。用碘仿火棉胶封闭针孔。

四、注意事项

（1）动物确实保定，操作要认真，刺入部位要准确，以防损伤心肌。

（2）为了确实注入药液，可配合人工呼吸，防止由于缺氧引起呼吸困难而带来危险。

（3）心脏内注射时，由于刺入的部位不同，可引起各种危险，应严格掌握操作常规，以防意外。

①当注入心房壁时，因心房壁薄，伴随搏动而有出血的危险。此乃注射部位不当，应改换位置，重新刺入。

②在心搏动中如将药液注入心内膜时，有引起心动停搏的危险。这主要是注射前判定不准确，并未回血所造成。

③当针刺入心肌，注入药液时，也易发生各种危险。此乃深度不够所致，应继续刺入至心室内经回血后再注入。

④心室内注射容易，效果确实，但注入过急，可引起心肌的持续性收缩，易诱发急性心搏动停止。因此，必需缓慢注入药液。

（4）心脏内注射不得反复应用，此种刺激可引起传导系统发生障碍。

第九节　腹腔内注射

腹腔内注射与胸腔内注射一样，也是利用药物的局部作用和腹膜的吸收作用，将药液注入腹腔内的一种注射方法。当静脉管不宜输液时可用本法。腹腔内注射在大动物较少应用，而对小动物的治疗经常采用。在犬、猫也可注入麻醉剂。本法还可用于腹水的治疗，利用穿刺排出腹腔内的积液，借以冲洗、治疗腹膜炎。

一、部位

牛在右侧肷窝部；马在右侧肷窝部；犬、猪、猫则宜在两侧后腹部。猪在第5、6乳头之间，腹下静脉和乳腺中间也可进行。

二、方法

（1）单纯为了注射药物，牛、马可选择肷部中央。如有其他目的依据腹腔穿刺法进行。

（2）给犬、猪、猫注射时先将两后肢提起，做倒立保定；局部剪毛消毒。

（3）术者一手把握腹侧壁，另一手持连接针头的注射器在距耻骨前缘3～5cm处的中线旁，垂直刺入。刺入腹腔后，摇动针头有空虚感，即可注射。

（4）注入药物后，局部消毒处理。

三、特点

腹膜具有强大的吸收功能，药物吸收快，注射方便。

四、注意事项

（1）腹腔内有各种内脏器官，在注射或穿刺时，容易受损伤，所以要特别注意。

（2）小动物腹腔内注射宜在空腹时进行，防止腹压过大，而误伤其他脏器。

第十节　瓣胃内注射

将药液直接注入于瓣胃中，使其内容物软化通畅。主要用于治疗瓣胃阻塞。

一、准备

用15cm长的［4×（16～18）号］针头，100ml注射器。注射用药品有液状石蜡、25%硫酸镁、生理盐水、植物油等。

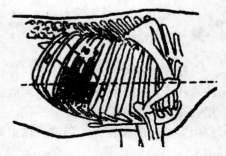

二、部位

瓣胃位于右侧第7～10肋间，其注射部位在右侧第9肋间与肩关节水平线相交点的下方2cm处（图4-2）。

图4-2　牛的瓣胃注射部位示意图

三、方法

术者左手稍移动皮肤，右手持针头垂直刺入皮肤后，使针头转向左侧肘头左前下方，刺入深度约 8～10cm，先有阻力感，当刺入瓣胃内则阻力减小，并有沙沙感。此时注入 20～50cm 生理盐水，再回抽如混有食糜或被食糜污染的液体时，即为正确。可开始注入所需药物（如 25%～30% 硫酸镁 200～500ml；生理盐水 2 000ml；液状石蜡 500ml），注射完毕，迅速拔出针头，术部涂碘酊，以碘仿火棉胶封闭针孔。

四、注意事项

（1）操作过程中宜将患病动物确实保定，注意安全，以防意外。

（2）注射中患病动物骚动时，要确实判定针头是否在瓣胃内，而后再行注入药物。

（3）在针头刺入瓣胃后，回抽注射器，如有血液或胆汁，是误刺入肝脏或胆囊，表明位置过高或针头偏向上方的结果。这时应拔出针头，另行移向下方刺入。

（4）注射 1 次无效时，可每日注射 1 次，连注 2～3 次。必要时，为兴奋瓣胃机能，可应用吐酒石 5.0～8.0g，加入水适量注入瓣胃内。

第十一节　乳房内注入法

将药液通过导乳管注入乳池内，主要用于治疗奶牛、奶山羊的乳房炎。或通过导乳管送入空气，治疗奶牛生产瘫痪。

一、准备

导乳管（或尖端磨得光滑钝圆的针头），50～100ml 注射器或输液瓶、乳房送风器及药品。动物站立保定。挤净乳汁，清洗乳房并拭干，用 70% 酒精消毒乳头。

二、方法

（1）以左手将乳头握于掌内，轻轻向下拉，右手持消毒的导乳管，自乳头口徐徐导入。

（2）再以左手把握乳头及导乳管，右手持注射器与导乳管结合（或将输液瓶的乳胶管与导乳管结合（或将输液瓶的乳胶管与导乳管连接），然后徐徐注入药液。

（3）注射完毕，拔出导乳管，以左手拇指与食指捏闭乳头开口，防止药液外流。右手按摩乳房，促进药液充分扩散。

（4）如为治疗某些疾病需要送风时，可使用乳房送风器（或 100ml 注射器）。送风之前，在金属滤过筒内，放置灭菌纱布，滤过空气，防止感染。先将乳房送风器与导乳管连接（或 100ml 注射器接合端垫 2 层灭菌纱布与导乳管连接）。4 个乳头分别充满空气，充气量的标准，以乳房的皮肤紧张、乳腺基部的边缘清楚变厚、轻敲乳房发出鼓音为度。充气后，可用手指轻轻捻转乳头肌，并结系 1 条纱布条，防止空气溢出，经 1h 后解除。

（5）如为了洗涤乳房注入药液时，将洗涤药剂注入后，随后即可挤出，反复数次，直至挤出液透明为止，最后注入抗生素溶液。

三、注意事项

（1）导乳管前端在用前，须涂消毒的润滑油。如使用针头时，尖端一定要磨光滑，防止损伤乳头管黏膜。

（2）送风时要遵守无菌操作，以防感染，特别使用注射器送风时更应注意。

（3）注入药液一般以抗生素溶液为主，洗涤药液多用 0.1% 雷佛奴尔溶液、生理盐水及低浓度青霉素溶液等。

复习思考题

1. 试比较皮内注射与皮下注射的差异。
2. 静脉注射有哪些注意事项？
3. 熟练掌握气管注射和瘤胃注射的部位及方法。

王强（黑龙江生物科技职业学院）

第五章　穿刺法

穿刺术是使用特制的穿刺器具（如套管针、肝脏穿刺器，骨髓穿刺器等），刺入患病动物体腔、脏器或髓腔内，排除内容物或气体，或注入药液以达治疗目的。也可通过穿刺采取患病动物体某一特定器官或组织的病理材料，提供实验室可检病料，有助于确诊。但是，穿刺术在实施中有损伤组织，并有引起局部感染的可能，故应用时必须慎重。

应用穿刺器具均应严密消毒，干燥备用。在操作中要严格遵守无菌操作和安全措施，才能取得良好的结果。

手术动物一般行站立保定，必要时，中小动物可行侧卧保定。手术部位剪毛、消毒。

第一节　喉囊穿刺

当喉囊内蓄积炎性渗出物，而发生咽下及呼吸困难时，应用本穿刺术排出炎性渗出物和洗涤喉囊进行治疗。

一、准备

喉囊穿刺器或普通的套管针、注射针，外用消毒药等。大动物于柱栏内站立保定，头部用扁绳确实保定，呈自然下垂伸展至能采食地上草料为宜。并将头部缰绳结系于保定栏的前柱，另一助手与动物头部取同一方向，用手固定动物头部。必要时可行局部麻醉。犬实行站立保定，扎嘴或嘴套保定犬头部并固定头部，必要时可行局部麻醉。

二、部位

在第 1 颈椎横突中央向前 1 指宽处（图 5-1）。

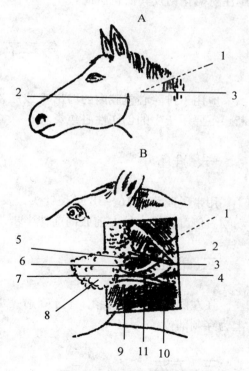

图 5-1　喉囊穿刺部位

A　术部：1. 术部　2. 下颌骨后缘　3. 环椎翼
　　B　术部局部解剖：1. 术部　2. 环椎翼
　　3. 颌内静脉　4. 颈动脉　5. 喉囊
　　6. 舌咽神经　7. 下颌腺　8. 腮腺
9. 胸骨甲状舌骨肌　10. 胸头肌　11. 颌外静脉

三、方法

左手压住术部，右手持穿刺针垂直穿过皮肤后，针尖转向对侧外眼角的方向缓慢进针。当针通过肌肉时稍有抵抗感，达喉囊后抵抗立即消减，拔出套管内针芯，然后连接洗涤器送入空气，如空气自鼻孔逆出而发生特有的音响时，则除去洗涤器，再连接注射器，吸出喉囊内的炎性渗出物或脓液。以治疗为目的，可在排脓冲洗后，注入治疗药液，如0.1%雷佛奴尔溶液等。喉囊洗涤后，再注入汞溴红溶液，经喉囊自鼻孔流出后，拔去套管，术后局部涂碘酊，再用碘仿火棉胶封闭穿刺孔。

四、注意事项

（1）患病动物头部须确实保定，并使其充分垂向前下方，以防误咽药物、脓液入胃内或气管内。

（2）在穿刺过程中，须防止损伤腮腺。如有出血时，可抬高头部，若大量出血，可静脉注射氯化钙及其他止血剂。

第二节　心包腔穿刺

应用于排除心包腔内的渗出液或脓液，并进行冲洗和治疗。或采取心包液供鉴别诊断。主要用于牛的创伤性心包炎。

一、准备

用带乳胶管的16～18号长针头，及小动物用的一般注射针头。动物站立保定，中小动物右侧卧保定，使左前肢向前伸半步，充分暴露心区。

二、部位

在左侧第6肋骨前缘，牛于在肘突水平线上为穿刺部位，犬于胸廓下1/3中央水平线上为穿刺部位。

三、方法

左手将术部皮肤稍向前移动，右手持针头沿肋骨前缘垂直刺入2～4cm（犬为1～2cm），然后连接注射器边进针边抽吸，直至抽出心包液为止。如为脓液需冲洗时，可注入防腐剂，反复洗净为止。术后拔出针头，严密消毒。

四、注意事项

（1）操作妥善、细致、认真，防止粗暴，否则易造成死亡。
（2）必要时可进行全身性麻醉，确保安全。
（3）进针时、要防止针头晃动或过深而刺伤心脏。
（4）为防止发生气胸，应将附在针头的胶管折曲压紧，闭合管腔。

第三节　骨髓穿刺

采取骨髓液用于焦虫病、锥虫病、马传染性贫血及白血病等的诊断。有时用于骨髓的骨髓细胞学、生化学的研究和诊断。

一、准备

骨髓穿刺针或带芯的普通针头、注射器等。小动物行俯卧保定或侧卧保定，全身麻醉。

二、部位

牛是由第 3 肋骨后缘向下引一垂线，与胸骨正中线相交，在交点前方 1.5～2cm。

马是由鬐甲顶点向胸骨引一垂线，与胸骨中央隆起线相交，在交点侧方 1cm 处的胸骨上（左、右侧均可）。

小动物可在髂骨翼、股骨近端、肋骨、臂骨近端以及坐骨结节或胸骨。

三、方法

（一）牛、马穿刺方法

左手确定术部，右手将针微向内上方倾斜，穿透皮肤及胸肌，抵于骨面时须用力向骨内刺入。

成年牛、马约刺入 1cm，幼畜约 0.5cm，当针尖阻力变小，即为刺入骨髓。这时可拔出针芯，接上注射器，徐徐吸引，即可抽出骨髓液。穿刺完毕，插入针芯，拔出穿刺针，术部严密消毒，涂碘仿火棉胶封闭穿刺孔。

（二）小动物穿刺方法

术部剪毛消毒，在皮肤做一小切口。将带有探针头的针由切口插入，旋转针头将针头刺入骨内。阻挡力下降说明针头已经穿透骨外层进入骨髓腔。取走探针，接上注射器。抽吸时动物有疼痛症状说明针头在骨髓腔内。抽取完毕，拔出针头，皮肤切口可缝合也可任其自愈。

四、注意事项

（1）骨髓穿刺时，如针有强力抵抗不易刺入，或已刺入而无骨髓液吸出时，可改换位置重新穿刺。

（2）不要过分抽取骨髓，否则会导致混有外周血液。

（3）本手术常因手术错误，而误刺入胸腔内损伤心脏，故宜特别谨慎。

（4）骨髓液比较富有脂肪，不能均匀涂于载玻片上，而血液则相反。

第四节　胸腔穿刺

主要用于排出胸腔的积液、血液，或洗涤胸腔及注入药液，进行治疗。也可用于检查胸腔有无积液，并采取胸腔积液，从而鉴别其性质，有助于诊断。

一、准备

套管针或 16～18 号长针头。胸腔洗涤剂，如 0.1% 雷佛奴尔溶液，0.1% 高锰酸钾溶液，生理盐水（加热至体温程度）等。还需用输液瓶。

二、部位

牛、羊、马在右侧第 6 肋间，左侧第 7 肋间；猪、犬在右侧第 7 肋间。具体位置在与肩关节引水平线相交点的下方约 2～3cm 处，胸外，静脉上方约 2cm 处。

三、方法

左手将术部皮肤稍向上方移动 1～2cm，右手持套管针用指头控制 3～5cm 处，在靠近肋骨前缘垂直刺入。穿刺肋间肌时有阻力感，当阻力消失而有空虚时，表明已刺入胸腔内，左手把持套管，右手拔去内针，即可流出积液或血液，放液时不宜过急，应用拇指不断堵住套管口，作间断地放出积液，预防胸腔减压过急，影响心肺功能。如针孔堵塞不流时，可用内针疏通，直至放完为止。

有时放完积液之后，需要洗涤胸腔时，可将装有消毒药的输液瓶的橡胶管或注射器连接在套管口上（或注射针），高举输液瓶，药液即可流入胸腔，然后将其放出。如此反复冲洗 2～3 次，最后注入治疗性药物。操作完毕，插入内针，拔出套管针（或针头），使局部皮肤复位，术部涂碘酊，以碘仿火棉胶封闭穿刺孔。

四、注意事项

（1）穿刺或排液过程中，应注意防止空气进入胸腔内。
（2）排出积液和注入洗涤剂时应缓慢进行，同时注意观察患病动物有无异常表现。
（3）穿刺时须注意防止损伤肋间血管与神经。
（4）刺入时，应以手指控制套管针的刺入深度，以防过深刺伤心肺。
（5）穿刺过程遇有出血时，应充分止血，改变位置再行穿刺。

第五节　腹腔穿刺

用于排出腹腔的积液和洗涤腹腔及注入药液进行治疗。或采取腹腔积液，以助于胃肠破裂、肠变位、内脏出血、腹膜炎等疾病的鉴别诊断。

一、准备

同胸腔穿刺。

二、部位

牛、羊在脐与膝关节连线的中点；马在剑状，软骨突起后 10～15cm，白线两侧 2～3cm 处为穿刺点；犬在脐至耻骨前缘的，连线上中央，白线旁两侧。

三、方法

术者蹲下，左手稍移动皮肤，右手控制套管针（或针头）的深度，由下向上垂直刺入 3～4cm。其余的操作方法同胸腔穿刺。

当洗涤腹腔时，牛、鹿在右侧肷窝中央，马属动物在左侧肷窝中央，小动物在肷窝或两侧后腹部。右手持针头垂直刺入腹腔，连接输液瓶胶管或注射器，注入药液，再由穿刺部排出，如此反复冲洗 2～3 次。

四、注意事项

（1）刺入深度不宜过深，以防刺伤肠管。
（2）穿刺位置应准确，保定要安全。
（3）其他参照胸腔穿刺的注意事项。

第六节　瘤胃穿刺

用于瘤胃急性臌气时的急救排气和向瘤胃内注入药液。

一、准备

大套管针或盐水针头，羊可用一般静脉注射针头。外科刀与缝合器材等。

二、部位

在左侧肷窝部，由髋结节向最后肋骨所引水平线的中点，距腰椎横突 10～12cm 处。也可选在瘤胃隆起最高点穿刺。

三、方法

先在穿刺点旁 1cm 作一小的皮肤切口（有时也可不切口。羊一般不切），术者再以左手将皮肤切口移向穿刺点，右手持套管针将针尖置于皮肤切口内，向对侧肘头方向迅速刺入 10～12cm，左手固定套管，拔出内针，用手指不断堵住管口，间歇放气，使瘤胃内的气体间断排出。若套管堵塞，可插入内针疏通。气体排出后，为防止复发，可经套管向瘤胃内注入止酵剂，如牛可注入：1%～2.5% 福尔马林溶液 300～500ml，或 5% 克辽林溶液 200ml，或乳酸、松节油 20～30ml 等。注完药液插入内针，同时用力压住皮肤切口，拔出套管针，消毒创口，对皮肤切口行 1 针结节缝合，涂碘酊，以碘仿火棉胶封闭穿刺孔。

在紧急情况下，无套管针或盐水针头时，可就地取材如竹管、鹅翎或静脉注射针头等进行穿刺，以挽救患病动物生命，然后再采取抗感染措施。

四、注意事项

（1）放气速度不宜过快，防止发生急性脑贫血，造成休克，乃至死亡。同时注意观察患病动物的表现。

（2）根据病情，为了防止臌气继续发展，避免重复穿刺，可将套管针固定，留置一定时间后再拔出。

（3）穿刺和放气时，应注意防止针孔局部感染。因放气后期往往伴有泡沫样内容物流出，污染套管口周围并易流进腹腔而继发腹膜炎。

（4）经套管注入药液时，注药前一定要确切判定套管仍在瘤胃中后，方能注入。

第七节　肠穿刺

常用于盲肠或结肠内积气的紧急排气治疗，也可用于向肠腔内注入药液。

一、准备

同瘤胃穿刺。结肠穿刺时宜用较细的套管针。

二、部位

（1）马盲肠穿刺部位在右侧肷窝的中心，即距腰椎横突约1掌处。或选在肷窝最明显的突起点。

（2）马结肠穿刺部位在左侧腹部膨胀最明显处。

三、方法

操作要领同瘤胃穿刺。盲肠穿刺时，可向对侧肘头方向刺入6～10cm结肠穿刺时，可向腹壁垂直刺入3～4cm。其他按瘤胃穿刺要领进行。

四、注意事项

参照瘤胃穿刺。

第八节　膀胱穿刺

当尿道完全阻塞发生尿闭时，为防止膀胱破裂或尿中毒，进行膀胱穿刺排出膀胱内的尿液，进行急救治疗。

一、准备

需用连有长橡胶管的针头。大动物站立保定，中小动物侧卧保定，并须进行灌肠排除积粪。

二、部位

大动物可通过直肠穿刺膀胱。中小动物在后腹部耻骨前缘，触摸有膨满弹性感，即为术部。

三、方法

（一）大动物施术法

术者将连有长橡胶管的针头握于手掌中，手呈锥形缓缓伸入直肠，首先确认膀胱位置，在膀胱充满的最高处，将针头向前下方刺入。然后，固定好针头，尿液即可经橡胶管排出。直至尿液排完后，再将针头拔出，同样握于掌中，带出肛门。

如需洗涤膀胱时，可经橡胶管另端注入防腐剂或抗生素水溶液，然后再排出，直至透明为止。

（二）中、小动物施术法

侧卧保定，将左或右后肢向后牵引转位，充分暴露术部，于耻骨前缘触摸膨满波动最明显处，左手压迫，右手持针头向后下方刺入，并固定好针头，待排完尿液，拔出针头。术部消毒，涂火棉胶。

四、注意事项

（1）经直肠穿刺膀胱时，应充分灌肠排出宿粪。

（2）针刺入膀胱后，应很好握住针头，防止滑脱。

（3）若进行多次穿刺时，易引起腹膜炎和膀胱炎，宜慎重。

（4）大动物努责严重时，不能强行从直肠内进行膀胱穿刺。必要时给以镇静剂后再行穿刺。

第九节　静脉泻血法

泻血是从动物体内暂时放出多量的血液，用于降低脑压或血压以及排除体内的有毒成分，而达到治疗的目的。主要用于蹄叶炎、日射病、热射病、脑疾病（脑充血及脑炎的初期）、肺充血、肺水肿、中毒及尿毒症等的治疗。

一、准备

刺络针、刺络槌、小套管针、注射针、量杯、帽头针及缝线。其他同静脉注射用的器械。

二、部位

按动物种类各有不同，而使用的器械及泻血量也有所差异，见表5-1。

表 5－1 泻血部位，器械及泻血量

畜 种	部 位	器 械	泻血量（ml）
牛，马	颈静脉上 1/3 部位	刺络针、套管针、注射针	2 000～4 000
羊，山羊	颈静脉、隐静脉	套管针、注射针	100～200
猪	前腔静脉、耳静脉	注射针	200～500
犬	颈静脉、隐静脉	注射针	100

三、方法

（一）牛、马的泻血

1. 刺络法

用左手拇指与食指持刺络针的轴心与针鞘成直角或水平状，手心向上，以另外 3 个指头压迫颈静脉，使之充分怒张，沿管壁纵径将针尖抵于颈静脉怒张处，右手持刺络槌，猛击刺络针背，即可刺破脉管射出血液，用量杯接取，待达到放血量后，用右手拇指从上方压迫刺络针孔的上部血管，放下刺络针，再用左手换下右手，然后右手用两个帽头针分别刺入刺络针创口，用缝线作"8"字形缠绕，密闭创口，涂碘酊和碘仿火棉胶封闭刺络针孔。

2. 套管针法

用套管针按颈静脉注射方法刺入静脉内，抽出内针即可放出血液，放血后用止血钳钳压刺口，防止出血。

（二）其他动物的泻血

羊、山羊及犬可使用注射针或套管针按颈静脉注射方法进行泻血。猪可在前腔静脉注射部位泻血。

四、注意事项

（1）患病动物泻血后，需按泻血量的 1/2 量进行输液，一般应用生理盐水，林格尔氏液，等渗糖溶液等。

（2）泻血是辅助疗法，所以对病性必须有确诊充分把握之后，方可进行。否则对患病动物是有害的。

（3）大量泻血过程中，如发现患病动物不安、战栗、出汗、痉挛、呼吸急促等，应立即停止泻血。

（4）泻血完了，可能有局部出血，皮下血肿或静脉炎等并发症。所以操作要熟练，消毒要严密。

（5）表 5－1 中的泻血量只供治疗中参考，应根据动物的种类、大小、年龄、营养及病性、病名、病程等不同而决定泻血量。

复习思考题

1. 各种动物常用的胸穿、腹穿、骨穿穿刺点各选在何处？
2. 心包腔穿刺在临床上有何意义？如何确定部位？
3. 牛的腹腔穿刺部位如何确定？
4. 骨髓穿刺在临床上有何意义？如何确定穿刺部位？
5. 膀胱穿刺有哪些注意事项？

毕聪明　王坤（辽宁医学院动物医学院）

第六章　冲洗法与涂擦及涂布法

第一节　冲洗法

冲洗法是用药液洗去黏膜上的渗出物，分泌物和污物，以促进组织的修复。

一、洗眼法与点眼法

主要用于各种眼病，特别是结膜与角膜炎症的治疗。

（一）准备

1. 洗眼用器械

冲洗器、洗眼瓶、代胶帽吸管等，也可用 20ml 注射器代用。洗眼药通常用：2%～4%硼酸溶液、0.01%～0.03%高锰酸钾溶液、0.1%雷佛奴尔溶液及生理盐水等。

2. 常备点眼药

0.5%硫酸锌溶液、3.5%盐酸可卡因溶液、0.5%阿托品溶液、0.1%盐酸肾上腺素溶液、0.5%锥虫黄甘油、2%～4%硼酸溶液、1%～3%蛋白银溶液等。还有抗生素配制的点眼药，或抗生素眼膏和其他药物配制的眼膏，如红霉素、四环素眼膏等。

（二）方法

动物于柱栏内站立保定，先确实固定头部，用一手拇指与食指翻开上下眼睑，另手持冲洗器（洗眼瓶，注射器等），使其前端斜向内眼角，徐徐向结膜上灌注药液冲洗眼内分泌物。或用细胶管由鼻孔插入鼻泪管内，从胶管游离端注入洗眼药液，更有利于洗去眼内的分泌物和异物。如冲洗不彻底时，可用硼酸棉球轻拭结膜囊。洗净之后，左手食指向上推上眼睑，以拇指与中指捏住下眼睑缘向外下方牵引，使下眼睑呈一囊状，右手拿点眼药瓶，靠在外眼角眶上，斜向内眼角，将药液滴入眼内，闭合眼睑，用手轻轻按摩 1～2 下，以防药液流出，并促进药液在眼内扩散。如用眼膏时，可用玻璃棒一端蘸眼膏，横放在上下眼睑之间，闭合眼睑，抽去玻璃棒，眼膏即可留在眼内，用手轻轻按摩 1～2 下，以防流出。或直接将眼膏挤入结膜囊内。

（三）注意事项

（1）操作中防止动物骚动，点药瓶或洗眼器与病眼不能接触，与眼球不能成垂直方向，以防感染和损伤角膜。

（2）点眼药或眼膏应准确点入眼内，防止流出。

二、呼吸器官的冲洗

（一）鼻腔的冲洗

主要用于鼻炎，特别是慢性鼻炎的治疗。

1. 准备

大动物于柱栏内站立保定，使患病动物头部下垂确实固定。中、小动物侧卧保定，使头部处于低位。

大动物用橡胶管连接漏斗或注射器连接橡胶管。小动物可用吸管或水节。冲洗剂选择具有杀菌、消毒、收敛等作用的药物。一般常用生理盐水，2%硼酸溶液，0.1%高锰酸钾溶液及0.1%雷佛奴尔溶液等。

2. 方法

一手固定鼻翼，另手持漏斗（或注射器）连接的橡胶管，插入鼻腔20cm左右，缓慢注入药液，冲洗数次。

3. 注意事项

（1）冲洗时须使头部低下，确实固定。不要加压冲洗，以防误咽。

（2）禁用强刺激性或腐蚀性的药液冲洗。

（二）窦腔的冲洗

主要用于额窦炎及上下颌窦炎圆锯术的治疗性冲洗。

1. 准备

同鼻腔的冲洗。冲洗剂还可应用抗生素或磺胺类药物水溶液。

2. 方法

将冲洗器胶管或水节放入圆锯孔内，缓慢注入药液，由鼻孔流出，反复冲洗，洗净窦内分泌物。

3. 注意事项

同鼻腔的冲洗。

三、消化器官的冲洗

（一）口腔的冲洗

主要用于口炎，舌及牙齿疾病的治疗，有时也用于洗出口腔的不洁物。

1. 准备

与鼻腔冲洗基本相同，但冲洗用具不同，流量要大。冲洗剂可用自来水或收敛剂与低浓度防腐消毒药等。

2. 方法

一手持橡胶管一端从口角伸入口腔，并用于固定在口角上，另一手将装冲洗药液的漏斗（小吊桶可挂在柱栏上）举起，药液即可流入口腔，连续冲洗。也可用水节进行冲洗。

3. 注意事项

（1）冲洗药液根据需要可稍加温防止过凉。

（2）插进口腔内的胶管，不宜过深，以防误咽和咬碎。

（二）导胃与洗胃

导胃与洗胃主要用于胃扩张与积食时排除胃内容物，以及排除胃内毒物，或用于胃炎的治疗和吸取胃液，供实验室检查等。

1. 准备

大动物于柱栏内站立保定，小动物可在手术台上侧卧保定。导胃用具同牛、马胃管给药，但牛的导胃管较粗，内径应为2cm。洗胃应用39～40℃温水，根据需要也可用2%～3%碳酸氢钠溶液、1%～2%盐水、0.1%高锰酸钾溶液等。此外还应准备吸引器。

2. 方法

先用胃管测量到目的长度，并做好标记。牛是从唇至倒数第5肋骨；马是从鼻端到第14肋骨；羊是从唇至倒数第2肋骨。尔后装着横木开口器，固定好头部，从口腔徐徐插入胃管，到胸腔入口及贲门处时阻力较大，应缓慢插入，以免损伤食管黏膜。必要时灌入少量温水，待贲门弛缓后，再向前推送入胃，胃管前端经贲门到达胃内后，阻力突然消失，此时可有酸臭气体或食糜排出，如不能顺利排出胃内容物时，可装上漏斗灌入温水或药液，将头部低下，利用虹吸原理或用吸引器抽出胃内容物，如此反复多次，逐渐排出胃内大部分内容物，直至病情好转为止。

治疗胃炎时导出胃内容物后，要灌入防腐消毒药。冲洗完了，缓慢抽出胃管，解除保定。

3. 注意事项

（1）操作中动物易骚扰，要注意安全。

（2）根据不同动物的种类，应选择适宜的长度和粗度的胃管。

（3）马胃扩张时，开始灌入温水（食糜膨胀）不宜过多，以防胃破裂。瘤胃积食宜反复灌入大量温水，方能洗出胃内容物。

四、泌尿器官及生殖器官的冲洗

（一）尿道及膀胱的冲洗

主要用于尿道炎及膀胱炎的治疗。目的为了排除炎性渗出物，促进炎症的治愈。也可用于导尿或采取尿液供化验诊断。

1. 准备

根据动物种类备用不同类型的导尿管，用前将导尿管放在 0.1% 高锰酸钾溶液或温水中浸泡 5～10min，前端蘸液状石蜡，冲洗药液宜选择刺激或腐蚀性小的消毒、收敛剂，常用的有生理盐水、2% 硼酸、0.1%～0.5% 高锰酸钾、1%～2% 石碳酸、0.2%～0.5% 单宁酸、0.1%～0.2% 雷佛奴尔等溶液，也常用抗生素及磺胺制剂的溶液（冲洗药液要与体温相等）；注射器与洗涤器，术者手与外阴部及公畜阴茎、尿道口要清洗消毒。

2. 方法

助手将畜尾拉向一侧或吊起，术者将导尿管握于掌心，前端与食指同长，呈圆锥形伸入阴道（大动物约 15～20cm），先用手指触摸尿道口，轻轻刺激或扩张尿道口，视机插入导尿管，徐徐推进，当进入膀胱后，导尿管另端连接洗涤器或注射器，注入冲洗药液，反复冲洗，直至排出药液呈透明状为止。

当识别尿道口有困难时，可用开膣器开张阴道，即可看到尿道口。

公马冲洗膀胱时，先于柱栏内固定好两后肢，术者蹲于马的一侧，将阴茎拉出，左手握住阴茎前部，右手持导尿管，插入尿口徐徐推进，当到达坐骨弓附近则有阻力，推进困难，此时助手在肛门下方可触摸到导尿管前端，轻轻按压辅助向上转弯，术者与此同时继续推送导尿管，即可进入膀胱。冲洗方法与母畜相同。

公犬膀胱冲洗时，术者左手抓住阴茎，右手将导尿管经尿道外口徐徐插入尿道，并慢慢向膀胱推进，导尿管通过坐骨弓处的尿道弯曲时常发生困难，可用手指隔着皮肤向深部压迫，迫使导尿管末端进入膀胱，一旦进入膀胱内，尿液即从导尿管流出。冲洗方法与母畜相同。

3. 注意事项

（1）插入导尿管时前端宜涂润滑剂，以防损伤尿道黏膜。

（2）防止粗暴操作，以免损伤尿道及膀胱壁。

（3）公马冲洗膀胱时，要注意人畜安全。

（二）阴道及子宫的冲洗

阴道冲洗主要为了排出炎性分泌物，用于阴道炎的治疗。子宫冲洗用于治疗子宫内膜炎，排出子宫内的分泌物及脓液，促进黏膜修复，尽快恢复生殖功能。

1. 准备

根据动物种类准备无菌的各型开膣器，颈管钳子、颈管扩张棒、子宫冲洗管、洗涤器及橡胶管等。

冲洗药液有微温生理盐水、5%～10% 葡萄糖、0.1% 雷佛奴尔及 0.1%～0.5% 高锰酸钾等溶液，还可用抗生素及磺胺类制剂。

2. 方法

先充分洗净外阴部，而后插入开膣器开张阴道，即可用洗涤器冲洗阴道。如冲洗子宫时，先用颈管钳子钳住子宫外口左侧下壁，拉向阴唇附近。然后依次应用由细到粗的颈管扩张棒，插入颈管使之扩张，再插入子宫冲洗管。通过直肠检查确认冲洗管已插入子宫角内之后，用手固定好颈管钳子与冲洗管。然后将洗涤器的胶管连接在冲洗管上，可将药液注入子宫内，边注入边排除（另侧子宫角也同样冲洗），直至排除液透明为止。

3. 注意事项

（1）操作过程要认真，防止粗暴，特别是在冲洗管插入子宫内时，须谨慎预防子宫壁穿孔。

（2）不得应用强刺激性或腐蚀性的药液冲洗。量不宜过大，一般500～1 000ml即可。

第二节　涂擦及涂布法

涂擦水溶性药剂、酊剂，擦剂、流膏及软膏等，主要用于皮肤或黏膜疾病的治疗。

一、准备

软膏箆、刷子、棉棒（细竹签或细木棒一端缠上棉花）及敷料等。患部剪毛、清洗、拭干。

二、方法

水溶剂、酊剂、擦剂用毛刷，流膏与膏剂用手指或软膏箆，竹片、木板等充分涂擦在皮肤面上，要求涂附均匀。涂布就是用棉棒浸上鲁格尔氏液、碘甘油等药液，涂在黏膜面。

犬、猫因真菌感染或体表寄生虫感染而需要体外用药时，应先将患部体表被毛剪去，并向外扩大2～3cm。洗净后，用热毛巾热敷数分钟后，再涂擦所需的软膏或其他制剂。涂擦时，在局部皮肤上反复按摩，加强局部皮肤的血液循环，有助于药物的吸收。

三、注意事项

（1）水溶擦剂要求反复用毛刷涂擦。对有毒性药物，不宜连续应用。

（2）涂擦膏剂时，除毛后均匀涂在皮肤上，不得涂在被毛上。强刺激剂、毒剂勿用手指涂擦。

（3）为了防止动物舔食擦剂，引起中毒，在可能的患部用绷带包扎，必要时可带口笼。

复习思考题

1. 不同器官冲洗的主要适应症是什么？
2. 膀胱冲洗应注意哪些问题？

罗国琦（河南省周口职业技术学院）

第七章　直肠检查与治疗

第一节　灌肠法

灌肠是向直肠内注入大量的药液、营养溶液或温水，直接作用于肠黏膜，使药液、营养液被吸收或排出宿粪，以及除去肠内分解产物与炎性渗出物，达到疾病治疗的目的。

一、准备

（1）大动物于柱栏内站立保定，用绳子吊起尾巴。中、小动物于手术台上侧卧保定。

（2）灌肠器、塞肠器（分木质塞肠器与球胆塞肠器）、投药唧筒及吊桶等。

①木质塞肠器：呈圆锥形，长 15cm，中间有直径 2cm 的小孔，前端钝圆，直径 6～8cm，后端呈平面，直径 10cm，后端两边附着两个铁环，塞入直肠后，将两个铁环拴上绳子，系在笼头或颈部套包上。

②球胆塞肠器：在排球胆上剪两个相对的孔，中间插入 1 根直径 1～2cm 的胶管，然后用胶密闭剪孔，胶管两端各露出 10～20cm。塞入直肠后，向球胆内打气，胀大的球胆堵住直肠膨大部，即自行固定。

（3）灌肠溶液一般用微温水、微温肥皂水、1% 温盐水或甘油（小动物用）。消毒、收敛用溶液有：3%～5% 单宁酸溶液、0.1% 高锰酸钾溶液、2% 硼酸溶液等。治疗用溶液根据病情而定。营养溶液可备葡萄糖溶液、淀粉浆等。

二、方法

（一）大动物

1. 一般方法

将灌肠液或注入液盛于漏斗（吊桶）内，将漏斗举起或将吊桶挂在保定栏柱上。术者将灌肠器的胶管另端，缓缓插入肛门直肠深部，溶液即可徐徐注入直肠内，边流边向漏斗（吊桶）内倾注溶液，直至灌完，并随时用手指刺激肛门周围，使肛门紧缩，防止注入的溶液流出，灌完后拉出胶管，放下尾巴。

2. 大量压力深部灌肠

主要应用于马的肠结石、毛球及其他异物性大肠阻塞、重危的大肠便秘等。

灌肠之前，先用 1%～2% 盐酸普鲁卡因溶液 10～20ml 进行后海穴封闭（用 10cm、20cm 长的封闭针头，与脊柱平行地刺入该穴约 10cm 深），使肛门与直肠弛缓之后，将塞肠器插入肛门固定。然后将灌肠器的胶管插入木质塞肠器的小孔到直肠内（或与球胆塞肠器的胶管连接），高举漏斗或吊桶，溶液即可注入深部直肠内，也可用压力唧筒注入溶液。

一次平均可注入 10～30L 溶液。小结肠便秘可灌入 10L，胃状膨大部，左下大结肠及骨盆曲便秘可灌入 10～20L；盲肠便秘可灌入 20～30L。灌水后，为防止注入溶液逆流，可将塞肠器保留 15～20min 后再取出。

（二）中、小动物

使用小动物灌肠器，将橡胶管一端插入直肠，另端连接漏斗，溶液倒入漏斗内，即可流入直肠。也可使用 100ml 注射器注入溶液。

三、注意事项

（1）直肠内存有宿粪时，按直肠检查要领取出宿粪，再进行灌肠。

（2）防止粗暴操作，以免损伤肠黏膜或造成肠穿孔。

（3）溶液注入后由于排泄反射，易被排出。为防止排出，用手压迫尾根肛门，或于注入溶液的同时，以手指刺激肛门周围，也可按摩腹部。最好的办法是用塞肠器压定肛门。

第二节 直肠检查与治疗

直肠检查是术者将手伸入直肠内，隔着肠壁触诊腹腔后部脏器及盆腔器官，探查其位置、状态和有无异常的内诊方法。不仅是一种诊断方法，而且对某些疾病具有重要的治疗作用。

（1）直肠检查用于马属动物腹痛病的诊断及某些疾病的治疗（如捶结术）。

（2）用于泌尿器官（肾脏、膀胱等）、母畜生殖器官疾病（卵巢、输卵管、子宫等）的诊断及妊娠诊断。

（3）对牛的肠阻塞、肠绞窄、肠套叠及真胃扭转等疾病的诊断也具有一定价值。

（4）用于肝、脾、腹膜、腹股沟管、盆骨及盆腔大血管等的检查，对某些疾病的诊断具有一定作用。

一、准备

（一）动物准备

牛的保定可由助手捉住牛角或以鼻钳固定或装着防踢器，或在柱栏内站立保定。

马属动物于柱栏内站立保定，为防止卧下及跳跃，可加腹下吊带与肩部压绳，并吊起尾巴。野外可于车辕内保定，必要时可侧卧保定。

犬猫采用站立或斜卧姿势，检查人员在用戴手套的手检查动物直肠部位时，应用另一手轻轻捧着动物尾侧腹部以支撑动物。助手在保定动物时应将其头部和胸部抱于两臂中。

先用温肥皂水灌肠，腹痛剧烈的患病动物，应给予镇静剂（可静脉注射 5% 水合氯醛酒精溶液 100～300ml）。对肠管积气腹围膨大的患病动物应先穿肠放气，以利检查。

（二）术者准备

剪短指甲磨光，充分露出手臂，穿好胶靴与操作服，并穿上胶围裙，清洗手臂涂上润滑剂，必要时宜着用长臂胶手套。给犬、猫检查时，可将戴手套的食指和中指涂上润滑剂。

二、方法

（一）操作要领

1. 牛、马直肠检查

站立保定时，术者站在患病动物左后方（或右后方），左手（或右手）放于髋结节作支点，以防马踢，一般用右手（或左手）检查。侧卧保定时，右侧卧用右手，左侧卧用左手，术者取伏卧姿势。检查时术者五指并拢呈锥形，缓缓通过肛门，伸入直肠，如膀胱过度充满，障碍检查时，用检手轻压按摩膀胱促使排尿，遇到粪球则慢慢取出。当患病动物骚动不安或高度努责时，检手可暂停前伸或随之后退，待安静后继续伸入。如遇肠管高度紧张难于伸入时，可用 2% 盐酸普鲁卡因溶液 10～20ml 进行后海穴封闭。当检手抵达直肠狭窄部时，入手要小心谨慎，先用指端探索肠腔的方向，检手呈圆锥形缓慢通过的同时，用胳膊轻压肛门，诱发患病动物排粪反应，使狭窄部套在手腕上。一旦检手通过狭窄部，即可较自由的向各个方向探查。检查时要用指腹轻轻触摸，严防张开手指，用指端锥刺或牵拉或盲目触压和探索。

检查过程应仔细判断脏器位置。大小、形状、硬度、有无纵带、移动性及肠系膜状态等。从而判定病变脏器的性质和程度。检查完毕退出检手时，要缓慢拉出，过快易使黏附在手腕部的肠黏膜发生撕裂。

2. 犬、猫直肠检查

轻柔地将手指尽可能地伸进动物直肠（图 7-1），小犬、小猫用食指，其他用中指，如直肠内有许多粪便，应在做直肠检查前先掏出。从颅侧到尾侧系统地触摸骨盆沟和会阴处，食指在直肠黏膜上轻轻滑动以触摸整个内壁，分别触摸相应结构的位置、大

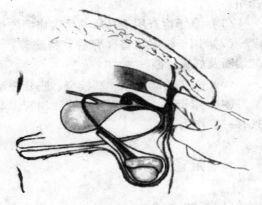

图 7-1 将戴上手套的润滑过的手指放在直肠内以做骨盆和会阴部器官的触摸检查

小、坚固性和形状。

手指从直肠内取出后，用眼睛检查黏膜。检查手套上的血迹、黏膜、异物或寄生虫。

（二）检查顺序

一般临床习惯检查顺序是：

牛：肛门→直肠→膀胱→骨盆→耻骨前缘→子宫→卵巢→瘤胃→盲肠→结肠襻→左肾→输尿管→腹主动脉→子宫中动脉→腹壁。

马：肛门→直肠→膀胱→骨盆→耻骨前缘→小结肠→左腹壁及腹股沟管内环→左侧大结肠→左肾→脾脏→腹主动脉→前肠系膜根→十二指肠→胃→右肾→胃状膨大部→盲肠→右腹壁。

犬、猫：骶骨腹侧→右髂骨→右髋骨→耻骨→前列腺或阴道壁背侧→左髂骨→左髋骨→直肠黏膜→尾椎骨腹面→右会阴筋膜→前列腺或背侧阴道壁→坐骨背面→尿道→左会阴筋膜→肛门括约肌→肛门腺。

也可根据临床的需要，为了判断某一器官的状态，而灵活的掌握其顺序及内容。

（三）直检可摸到的主要脏器的位置、特征及临床诊断意义

1. 牛直肠检查

牛的直肠检查常用于妊娠及卵巢和子宫疾病的诊断。在消化器官疾病中对肠阻塞，肠绞窄、肠套叠及真胃扭转等疾病的诊断，有一定价值。此外还用于膀胱、肾脏及尿路等的检查。

牛直肠黏膜滑泽，直肠内充满泥状粪便，检查时不需灌肠，手入直肠后以水平方向渐次缓慢前进，达盆腔前口上界时，手向右前下方伸入结肠乙形弯曲部，此部移动性较大，手可自由活动，触摸各部脏器。

（1）检手进入直肠膨大部后，注意检查黏膜状态、内容及骨盆腔内脏器官情况；如直肠内热感温度升高，多见于直肠炎；如检手附有血液，并发现黏膜有裂孔，表明直肠破裂。骨盆骨折可触知骨折部位，敏感、热痛。膀胱位于盆腔底部，空虚无尿时，呈拳大梨状，尿液充满时呈囊状，触摸有波动。压迫膀胱敏感、疼痛，则表示膀胱有炎性病变，当触压发现有硬固块状物时，可疑为膀胱结石，膀胱充满尿液，高度膨大时，可提示为膀胱括约肌痉挛、膀胱麻痹或尿道结石等症。注意触诊子宫及卵巢的大小、性状和形态的变化，对子宫及卵巢疾病与妊娠诊断，很有意义。

（2）瘤胃在耻骨前缘左侧可摸到一大囊状体，占满腹腔左半部，表面光滑，内容物呈面团样，同时可触知瘤胃的蠕动波。当瘤胃积食时，其内容物充实而硬。

（3）肠管牛的肠管完全位于腹腔的右半部，盲肠位于盆腔前口的前方，其尖部抵，达盆腔内，触之感有少量气体或软的内容物。结肠襻位于右膁窝的上部，可摸到肠襻排列。空肠及回肠位于结肠襻及盲肠的下方。在正常状态下，很难区分。直检时若触摸到结肠襻呈异常充满而有硬块感觉，多为肠阻塞。若在耻骨前缘右侧摸到异常坚硬肠段，呈长圆柱状，并能向各方移动，牵扯或压迫时，动物表现剧痛不安，则多疑为肠套叠或肠变位。

（4）真胃及瓣胃正常情况是不能摸到的，如右侧腹腔异常空虚，多疑为真胃左侧变位。当真胃幽门部阻塞或真胃扭转继发真胃扩张，或瓣胃阻塞抵至肋弓后缘时，有时于盆

腔入口的前下方，可摸到其后缘。根据其内容物性状可进行区别诊断。

2. 马属动物直肠检查

检查要领与牛基本相同，只是腹腔脏器位置及大小等有所差异。

（1）肛门及直肠注意肛门周围是否有异常污染粪汁、血液、寄生虫（蛲虫、马胃蝇幼虫等）等。肛门括约肌紧张度增强者，见于各类型肠梗阻；紧张力减弱，见于衰老动物、长期下痢及脊髓麻痹等。

（2）骨盆腔器官检查与牛基本相同。但要注意，如直肠内空虚，并有大量黏液存在，表明内容物后送停止，见于肠便秘中、后期或肠变位等症；如在膨大部或狭窄部附近有大量顽固的粪块阻塞，见于直肠便秘。在第六腰椎下方左右，前后，注意动脉搏动，如触知膨胀和缺乏搏动，则为髂内（外）动脉；股动脉拴塞症。

（3）小结肠呈半游离状大部位于左髂部及盆腔前方，小部分位于体中线右侧，正常状态下，内有鸡蛋大粪球，呈长串状排列。但侧卧保定时，位置可能发生改变、宜注意。当小结肠便秘时，可摸到拳头大或两倍拳头大的圆形或椭圆形的硬结粪块，严重病例呈链珠状或香肠样硬结粪块，有较大的移动性，触压结粪块时动物敏感骚动不安。但在继发肠臌气时，可被挤压到左肾下方或沉于腹腔底部，需仔细寻找。

（4）左腹壁及腹股沟管内环正常腹膜面光滑指压无痛，检查时按上方、侧方、下方的顺序进行触摸。腹股沟管内环位于耻骨前缘下方3～4cm，体中线左右两侧距白线约11～14cm处，正常可插入1～2指；检查时可由脊椎下顺次到侧腹壁进行触摸。如腹膜粗糙不平，压迫有痛感，则为腹膜炎的征象。然后向下再检查腹股沟管内环，如能插入3指以上，公马不宜做去势手术，如内环口触摸有疼痛并感有软体物阻塞时，则为腹股沟疝或阴囊疝的症候。

（5）左侧大结肠位于腹腔左侧紧贴腹壁，耻骨水平面下方，其下部为左下结肠较粗且有纵带及肠袋，后伸达盆腔前口时，突然向上向前弯曲折回肠管变细，重叠于左下大结肠上部与之平行，向前伸延至膈为左上大结肠无肠袋。弯曲折回部位称为骨盆曲部，较细而光滑，呈一游离的盲端，位于盆腔入口前方左侧或体中线处。直肠检查时，在腹腔左侧盆腔前下方，摸到呈弧形或长椭圆形2倍拳头大或小儿头大结粪块阻塞肠管，表面光滑，无肠袋，仅能左右移动，质硬，左下大结肠伴有大量积粪，为骨盆曲便秘，是马属动物便秘多发部位。如触摸左下大结肠变粗，内容充满质稍硬，肠袋明显，并呈疼痛反应，则为左下大结肠便秘。

（6）左肾在腹主动脉左侧，第2～3腰椎横突下面，可摸到呈半圆形较坚实的物体，即左肾后缘。正常时无疼痛反应，如感觉肿胀，体积增大，触压肾区敏感，患病动物表现不安，多属肾炎或肾盂炎。如在肾盂或输尿管内摸到坚硬石状物体，为肾或输尿管结石。

（7）脾脏位于左肾前下方，检查时术者手由左肾下面紧贴左腹壁滑动，至最后肋骨部可摸到扁平呈镰形的脾脏后缘。胃扩张时脾脏明显后移，传染性疾病时出现脾肿大。

（8）腹主动脉及前肠系膜根腹主动脉位于腹腔上部椎体下方稍偏左侧，可感知具有明显搏动的管状物。沿腹主动脉向前，在第一腰椎下方以指尖可触知下垂的前肠系膜动脉根，呈扇状柔软而有弹力的条索状物，有明显波动。有动脉瘤时可摸到蚕豆大至鸽卵大的硬固物，紧张而有疼痛反应，并随动脉搏动。

（9）十二指肠在前肠系膜根的后方，上距腹主动脉10～15cm，从右向左横行，呈扁平带状。当十二指肠便秘时，可摸到如香肠样或鸭蛋大的圆柱状肠管，移动性较小，表面光滑，压之敏感。

（10）空肠与回肠多与小结肠在一起，位于左腹盆腔前口处。空肠便秘较少见，但易发生扭转、缠结、嵌闭或套叠，此时检查，可感到局部肠管臌气，触之敏感。回肠发生便秘时，于耻骨前缘可摸到由左肾后方斜向右后方，左端游离右端固定，表面光滑，结粪如香肠样的物体。

（11）胃位于腹腔左前方，后缘可达第16肋骨，紧贴脾脏，正常情况下触摸困难。当患胃扩张时，其体积增大后移，容易摸到光滑而膨大的胃后壁，并伴随呼吸而前后移动，食滞性胃扩张时，内容物充实，硬度如面团样，压之成坑，而气胀性胃扩张时，胃壁紧张而有弹性。

（12）盲肠位于腹腔右髁部，可摸到盲肠底及盲肠体，呈膨大的囊状，并有从后上方走向前下方的盲肠后纵带，有少量气体，触之有轻微弹性，气体少时盲肠柔软。检查时，如在右髁窝部摸到如冬瓜样或排球状阻塞的粗大肠管，呈面团样或有坚实感，为盲肠便秘厂如肠壁紧张而有明显弹性，则为盲肠臌气，此时，外部视诊腹围明显增大。

（13）胃状膨大部位于盲肠底前下方，膨大呈囊状，如摸到有坚实内容物的半球形物体，并能随呼吸运动而前后移动，则为胃状膨大部便秘。

（14）其他方面检查，检查时感觉腹内压增高，肠管膨大而有弹性，检手活动与前进均感困难，则为肠臌气征象，如感到肠管位置不正常或有扭转。缠结、套叠等样变化，并多呈剧烈性疼痛反应，可疑为肠机械性变位或阻塞。

三、直肠检查的治疗

直肠检查不但用于诊断，而且很有成效地用于肠便秘的治疗，即所谓隔肠破结法。主要是术者将手伸入直肠内，先找到结粪块，再根据结粪所在部位及程度，分别采取按压、切压、挤压、捶打和直接取出等方法，使结粪块变形、破碎，以达到治疗的目的。这种方法对直肠便秘、小结肠便秘、骨盆曲便秘、小肠便秘等，均能收到满意的效果。此外对盲肠便秘、胃状膨大部便秘等，配合泻剂，也能收到一定疗效。临床上可根据病情及结粪部位、性状，采取不同手法和灵活应用。

（一）骨盆曲及小结肠便秘

此处结粪具有小而坚实、活动性较大的特点，一般采取捶打法，必要时也可使用挤压和握压法。

当检手触摸到结粪块时，拇指屈于掌内，其余四指并拢，将结粪块纳入掌心，牵引到腹腔的左肷部，使结粪块紧贴于腹壁固定，术者用另一手在腹壁外侧用拳头或酒瓶捶击，也可由其他人按术者指定点捶击、压挤，把结粪块打碎。捶击时先轻后重，术者妥善固定，手臂要伸直，防止结粪块滑脱或造成肠道损伤。结粪块打开后，即可感到有气体通过，患病动物接连放屁，腹痛减轻或停止。

如结粪块不能牵引到腹壁时，可采用握压法，即拇指压于掌内，其余四指并拢握住结粪块，以拇指为支点，另四指反复作握捏动作，将结粪块握碎或压出沟。另外也可将结粪块引到耻骨前缘，以耻骨为支点，术者手弯曲拉住结粪块进行挤压，使结粪块挤碎或变形。

（二）小肠便秘（包括十二指肠和回肠便秘）

一般采用握压法，将结粪块压开即可。

（三）粗大肠管便秘（包括盲肠、左下大结肠、胃状膨大部）

根据粗大肠管的体积较大、结粪不太硬的特点，可采用切压和顶压法。

（1）盲肠和左下大结肠便秘：多用切压法。即将检手拇指屈于掌心，其余四指并拢，用指肚或侧面有次序地把结粪切压成沟或分段破碎。

（2）胃状膨大部便秘：可用顶压法。即将检手拇指屈于掌心，其余4指并拢屈曲，从结粪的后方进行顶压，将结粪顶压成沟或松散。

（四）直肠及狭窄部前方便秘

一般可采用直取法，将结粪取出。方法是先用温水灌肠或灌入植物油，使局部润滑，再以检手二指或三指缓慢地将结粪一点一点地夹出。

四、注意事项

（1）术者要熟练掌握腹腔、盆腔各器官的部位及其生理状态，以利判断病理的异常变化。

（2）直检与直检治疗某些疾病，均为隔着直肠壁间接地进行触诊或压结。因此，必须严格遵守常规的方法与操作要领。防止粗暴大意，造成直肠壁穿孔，导致不良后果。

（3）直肠检查是兽医临床较为客观和准确的辅助检查法，但必须与一般临床检查结合，加以综合分析，才能得出合理正确的诊断。

复习思考题

1. 给动物灌肠时应注意哪些事项？
2. 试述直肠检查的操作要领。

王珅（辽宁医学院动物医学学院）

第八章 常用手术

第一节 头部手术

一、圆锯术

主要用于额窦、上颌窦化脓性炎症的诊断与治疗，或除去窦内的寄生虫、异物及骨碎片，拔出牙齿，取骨片做组织学诊断等。

（一）准备

器械有圆锯、骨膜剥离器、骨螺子、球头刀、圆刃手术刀、创钩、止血钳、镊子、持针器、缝针、缝线、5～10ml 注射器、洗涤器。药品与敷料有 70% 酒精、5% 碘酊、3% 盐酸普鲁卡因溶液、水合氯醛、盐酸氯丙嗪、窦腔洗涤液、灭菌纱布、脱脂棉等。

（二）保定

一般采用站立保定，用扁绳固定好头部。

（三）麻醉

局部作菱形浸润麻醉。对烈性动物，内服镇静剂量的水合氯醛，或肌肉注射盐酸氯丙嗪，亦可肌肉注射静松灵。

（四）术部

1. 牛圆锯术常用的部位

额窦项盲囊：由角根中部与中线作一垂线，此垂线的中点即为额窦项盲囊圆锯部位。

额窦眶后盲囊：靠近眶上孔外侧，圆锯孔前缘不超过眶上孔的后缘，即为额窦眶后盲囊圆锯部位。

额窦前端小室：在两侧眼眶中部连一横线，由眶上孔向前与此线作一垂线，此垂线与横线的交点处上方为圆锯部位。

牛多头蚴孢囊摘除术圆锯孔部位，是根据牛颅腔的解剖界线和患病动物临床表现而确定的。

牛颅腔的解剖界线：前界在两眶上突后缘连线；后界为枕骨枕脊，侧界为眶上孔内侧缘向枕脊所引与正中线平行线，手术区域即在前述解剖界线的4边形中。在确定颅腔的解剖界线之后，并结合患病动物临床表现相继确诊额叶、颞顶叶及枕叶多头蚴孢囊寄生部位，最后确定圆锯部位。

2. 马圆锯术常用的部位

额窦后部：在左右眼眶上缘之间连线，此连线与正中线相交，在交点左右侧方2cm处即为圆锯部位。体格小的马应在上述圆锯孔中心点的下方1～2cm处，以防损伤颅腔。

额窦中部：两侧眼内角，连线，眼内角至正中线的中点为团锯中心。

额窦前部：两内眼角连线和两侧面脊前端连线之间的中点向后，离中线2～2.5cm向外作圆锯孔。

上颌窦：由跟内角引一与面脊平行线，白面脊前端向头正中线作二垂线与前线相交。这两条假想线与眼眶前缘和面脊构成一长方形，在此长方形内作两条对角线，将长方形划分为4个三角形，靠近眼眶的三角形为后窦的圆锯位置，最远的三角形为前窦圆锯位置。

（五）术式

在预定的部位作直线形或"U"字形切开皮肤，钝性剥离皮下组织及肌肉，直至骨膜，暴露的骨膜要大于圆锯孔，经彻底止血后，在圆锯中心部位用外科刀"十"字形切开骨膜，用骨膜剥离器械或刀柄把骨膜推向四周，然后，将圆锯锥尖垂直刺入预做圆锯孔的中心点，使全部锯齿紧贴骨面。用力均匀徐徐向一侧方向转动把手，旋转要先慢、中间快、后慢，待将要锯透骨板之前，彻底除去骨屑，用骨螺子拧入中央孔，取出骨片（无骨螺子时，可用镊子或止血钳取出骨片），除去黏膜，用球头刀整理骨创缘，然后进行窦内检查或除去肿瘤，异物或冲洗窦腔等。

当做牛多头蚴孢囊摘除术时，如果病牛年龄较大，额骨发育完善，在取下外骨板层后，再以同样的方法取内骨板层，打开手术通路。然后进行窦内检查或除去异物、肿瘤、寄生虫等。

对化脓性炎症，应用0.1%雷佛奴尔溶液或青霉素生理盐水，充分洗涤窦腔，如窦内脓性渗出物已干固成干酪样，可用胶管接于自来水管上借水压冲洗。洗后尽量排除洗液，可用灭菌纱布作引流。皮肤一般不缝合或假缝合，外施以绷带。若以诊断为目的，术后将骨膜进行整理，皮肤作结节缝合，外用结系绷带。

（六）护理

术后无需特殊护理，最初每日用消毒剂洗涤1次，以后每隔1～2d或更长时间冲洗窦腔1次，直至渗出停止。为了加快治愈过程，可配合青霉素或磺胺疗法。

二、犬眼睑内翻矫正术

（一）适应症

眼睑内翻是犬常见的一种眼病，多发生于面部皮肤皱褶的犬种。由于眼睑内翻，睫毛或眼睑毛刺激角膜、结膜，引起角膜或结膜炎症，严重影响视力。其病因有先天性、痉挛性和后天性三种。对于先天性需采用眼睑内翻矫正术加以治疗。

（二）局部解剖

眼睑从外科角度分前、后两层，前层为皮肤、眼轮匝肌，后层为睑板、睑结膜。犬仅上眼睑有睫毛，猫无真正的睫毛。眼睑皮肤疏松、移动性大。眼轮匝肌为平滑肌，起闭合眼裂作用。其感觉受三叉神经支配，运动受面神经支配。

上睑提肌功能为提起上睑，受动眼神经支配。米勒（Muiler）氏肌是一层平滑肌，加强上睑提肌的作用。内眦提肌为一小的肌肉，也有提内侧上睑的作用，受面神经支配。

睑板为一层纤维板，与眶隔相连附着于眶缘骨膜。每个睑板有20～40个睑板腺，其导管沿皮纹沟分布，在睑缘形成一"灰线"。其他眼睑腺包括皮脂腺、汗腺和副泪腺等。睑结膜薄而松弛，含有杯状细胞、副泪腺、淋巴滤泡等。

（三）麻醉与保定

全身麻醉或镇静剂配合局部麻醉。手术台侧卧保定，患眼在上。

（四）术式

局部剃毛、消毒。常用改良霍尔茨－塞勒斯（Holtz－Colus）氏手术。术者距下眼睑缘2～4mm用镊子提起皮肤，并用一把或两把直止血钳夹住。夹持皮肤的多少，视内翻严重程度而定。用力钳夹皮肤30s后松开止血钳。镊子提起皱起的皮肤，再用手术剪沿皮肤皱褶的基部将其剪除。切除后的皮肤创口呈半月形。最后用4号丝线结节缝合，闭合创口。缝合要紧密，针距为2mm。

（五）术后护理

一般术后前几天因肿胀，眼睑似乎矫正过度，以后则会恢复正常。术后患眼用抗生素眼膏或抗生素眼药水，3～4次/d。颈部安装颈圈，防止自我损伤患眼。术后10～14d拆除缝线。

三、犬眼球脱出复位术

眼球脱出是指整个眼球或大半个眼球脱出眼眶的一种外伤性眼病。临床上以短头品种犬多发，其中以北京犬发生率最高。动物之间咬斗或遭受车辆冲撞，特别是头部或颞窝部受剧烈震荡后容易导致眼球脱出。本病多发生于北京犬等短头品种犬，与其眼眶偏浅和眼球显露过多（大眼睛）有关。

（一）适应症

眼球突出是眼球突出于眼眶外，呈半球状，由于发生嵌闭而固定不动，眼球表面被覆血凝块，结膜充血严重，角膜很快干燥、浑浊无光。手术不适用于严重的眼球脱出、眼内肿瘤、难以治愈的青光眼及全眼球炎等。

（二）麻醉与保定

846 麻醉注射液进行全身麻醉，患眼用 1.5% 盐酸丁卡因进行表面麻醉，手术台侧卧保定，患眼在上位。

（三）手术方法

眼球脱出后应尽快施行手术复位。据有关资料，眼球突出后 3h 内整复，视力可望不受影响；若超过 3h 则预后谨慎，若眼球脱出则预后不良。用含有适量氨苄青霉素或庆大霉素的灭菌生理盐水清洗眼球，再用浸湿的纱布块托住眼球，将突出的眼球向眼眶内按压使其复位。若复位困难，做上、下眼睑牵引线以拉开睑裂或切开外眼角皮肤，均有助于眼球复位。为润滑角膜和结膜并预防感染，在结膜囊内涂以四环素或红霉素眼膏，然后对上、下眼睑行结节或纽扣状缝合并保留 1 周左右，以防眼球再次脱出。对脱出时久已干燥坏死的眼球，将其切除后在眼眶内填塞灭菌纱布条，睑缘做暂时缝合。术后 12～24h 除去填塞的纱布，每天通过眼角用适宜消毒液对眼眶冲洗。术后还可配合应用消炎、消肿药物，促使球后炎性产物的吸收。

四、犬第三眼腺切除术

第三眼睑腺脱出是指因腺体肥大越过第三眼睑游离级而脱出于眼球表面。又称樱桃眼，多发生于北京犬、西施犬、比格犬等小型犬。多为单眼发病，有的双眼发病。开始小块粉红色软组织从眼内眦脱出，并逐渐增大。长期暴露在外，腺体充血、肿胀、流泪。动物不安，常用前爪搔抓患眼。严重者，脱出物呈暗红色、破溃，经久不治可引起角膜炎和结膜炎。

（一）适应症

第三眼睑腺脱出又称"樱桃眼"，是某些品种犬常见的一种眼病。对于脱出物严重充血、肿胀，甚或破溃者，可采用第三眼睑腺脱出切除术。

（二）局部解剖

第三眼睑又称瞬膜，为一变体的结膜皱褶，位于眼内眦。第三眼睑随眼球而曲行，故其球面凹，睑面凸。第三眼睑前缘有色素沉着。

第三眼睑腺位于瞬膜前下方，如一扁平的"T"字形玻璃样软骨支撑，其臂与瞬膜前缘平行，而其杆则包埋在第三眼睑腺的基部。第三眼睑腺被覆脂肪组织。其腺体组织呈浆液黏液样（犬）或浆液样（猫）。分泌的液体经多个导管抵至球结膜表面，提供大约 30% 的水性泪膜。第三眼睑腺与眶周组织间的纤维样附着部限制腺体的活动，防止其脱出。

第三眼睑的血液供给来自眼动脉分支，其感觉受交感神经纤维支配。

第三眼睑的运动大都是被动的，当眼球受眼球牵引肌（外展神经支配）牵引时而引起第三眼睑的移动。

第三眼睑具有保护角膜、除去角膜上异物、分泌和驱散角膜泪膜及免疫等功能。有作者认为不宜切除第三眼睑腺（除非组织学证实为恶性肿瘤或严重损伤），否则易引起角膜结膜炎和干性角膜结膜炎。

（三）麻醉与保定

利用846合剂麻醉注射液进行全身麻醉，1.5%盐酸丁卡因滴入患眼结膜囊内进行表面麻醉。手术台健侧卧保定，如果双眼都患本病，则进行俯卧保定。用无菌隔离巾隔离术野。

（四）手术方法

用生理盐水冲洗患眼，以清除眼内的眼屎及其他分泌物。左手用消毒的有齿镊子夹持脱出物（腺体）向眼外轻轻牵引，右手将弯止血钳夹持脱出物的根蒂部，停留数分钟后用消毒的手术剪将脱出物沿根蒂部剪除，如有出血，用干棉球压迫眼内角止血，将手术刀柄于酒精灯火焰灼烧至微红，在第三眼睑使脱出物切面上进行烧烙至结痂，松开止血钳，滴入3%眼药水于患眼结膜囊内松解保定。

也可用双钳捻转法进行手术切除治疗脱出物。具体方法是左手持有齿镊提起腺体后，先用一把止血钳尽量向下夹住腺体基部，再用另一把止血钳反方向同样夹持腺体基部，然后固定下方止血钳，顺时针转动上方止血钳，约10s左右腺体自然脱落。此法几乎达到滴血不出的效果，即使少量出血，用干棉球压迫也能迅速奏效。

（五）术后护理

术后3d内应用3%氯霉素眼药水滴眼，3~4次/d，可有效地预防感染。

五、犬猫眼球摘除术

眼球脱出多因挫伤引起。犬、猫均可发生，其中短头品种犬常发。眼球脱出会出现以下严重病理变化：因涡静脉和睫状静脉被眼睑闭塞，引起静脉瘀滞和充血性青光眼；严重的暴露性角膜炎和角膜坏死；引起虹膜炎、脉络膜视网膜炎、视网膜脱离、晶体脱位及视神经撕脱等。

多数急性眼球脱出可以通过手术复位的，但眼球脱出过久、眼内容物已挤出，内容物严重破坏，不宜做手术复位，需作眼球摘除。

（一）适应症

严重眼穿孔、严重眼突出、眼内肿瘤、难以治愈的青光眼、眼内炎及全眼球炎等适宜作眼球摘除术。

（二）局部解剖

眼球似球形，由眼球、保护装置、运动器官及视神经组成。眼球位于眼眶的前部和眼睑的后侧，在其后方填满肌肉（眼球直肌、眼球斜肌、眼球退缩肌），神经和脂肪的间隙称眼球后间隙。眼球借助视神经通过视神经孔与大脑相连接。

眼睑的内面被覆眼睑结膜，翻转到眼球上的称为眼球结膜，翻转处称之为眼球穹窿。

（三）保定与麻醉

利用846合剂麻醉注射液进行全身麻醉，患眼用1.5%盐酸利多卡因进行表面麻醉。进行侧卧保定，患眼在上位。

（四）术式

可分经眼睑和经结膜两种眼球摘除方法。前者当全眼球化脓和眶内肿瘤已蔓延到眼睑时最为适用。

1. 经眼睑眼球摘除术

手术时，先作连续缝合，将上、下眼睑缝合一起，环绕眼睑缘作一椭圆形切口。在犬，此椭圆形切口可远离眼睑缘。切开皮肤、眼轮匝肌至睑结膜（不要切开睑结膜）后，一边牵拉眼球，一边分离球后组织，并紧贴眼球壁切断眼外肌，以显露眼缩肌。用弯止血钳伸入眼窝底连同眼缩肌及其周围的动、静脉和神经一起钳住，再用手术刀或者弯剪沿止血钳上缘将其切断，取出眼球。于止血钳下面结扎动静脉，控制出血。移走止血钳，再将球后组织连同眼外肌一并结扎，堵塞眶内死腔。此法既可止血，又可替代纱布填塞死腔。最后结节缝合皮肤切口，并行结系绷带或装置眼绷带以保护创口。

2. 经结膜眼球摘除术

用眼睑开张器张开眼睑。为扩大眼裂，先在眼外眦切开皮肤1～2cm。用组织镊夹持角膜缘，并在其缘外侧的球结膜上作环形切开。用弯剪顺巩膜面向眼球赤道方向分离筋膜囊，暴露四条直肌和上、下斜肌的止端，再用手术剪挑起，尽可能靠近巩膜将其剪断。

眼外肌剪断后，术者一手用止血钳夹持眼球直肌残端，一手持弯剪紧贴巩膜，利用其开闭向深处分离眼球周围组织至眼球后部。用止血钳夹持眼球壁作旋转运动，眼球可随意转动，证明各眼肌已断离，仅遗留退缩肌及视神经束。将眼球继续前提，弯剪继续深入球后剪断退缩肌和视神经束。

眼球摘除后，立即用温生理盐水纱布填塞眼眶，压迫止血。出血停止，取出纱布块，再用生理盐水清洗创腔。将各条眼外肌和眶筋膜对应靠拢缝合。也可先在眶内放置球形填充物，再将眼外肌覆盖于其上面缝合，可减少眼眶内腔隙。将球结膜和筋膜创缘行间断缝合，最后闭合上下眼睑。

（五）术后护理

术后可能因眶内出血使术部肿胀，且从创口处或鼻孔流出血清色液体。术后3～4d渗出物可逐渐减少。局部温敷可减轻肿胀，缓解疼痛。对感染的外伤眼，应全身应用抗生素。术后7～10d拆除眼睑缝线。

六、犬眼丝虫取出术

眼虫病是由结膜吸吮线虫，寄生于犬结膜囊和瞬膜下，有的也出现在泪管内，引起的以急、慢性结膜炎和角膜炎为主要特征的疾病，病犬痛痒难忍，不时用指爪蹭眼面部和反复摩擦头额部，严重的引起角膜穿孔及失明。

（一）适应症

在结膜囊特别是瞬膜下，滴加眼科用 3% 利多卡因 2～3 滴，按摩眼睑 5～10s 后，用动脉钳翻转瞬膜可见到乳白色不活动的细线头样蛇形眼虫虫体者。

（二）保定与麻醉

站立或手术台侧卧保定病犬，进行眼部表面麻醉或全身麻醉。

（三）手术方法

用注射器抽取 5% 盐酸左旋咪唑注射液 1～2ml，由眼角缓缓滴入眼内，用手揉搓 1～2min，翻开上下眼睑，用眼科球头镊子夹持灭菌湿纱布或棉球轻轻擦拭黏附其上的虫体，直至全部清除，再用生理盐水反复冲洗患眼，药棉拭干，涂布四环素或红霉素眼膏。有角膜炎、角膜溃疡的情况可按有关治疗方法处理。

七、犬猫浅层角膜切除术

（一）适应症

在宠物尤其是犬猫等眼病中，角膜最多发生损伤和感染，常见的有角膜浅表性创伤、角膜溃疡、角膜全层透创和角膜穿孔。由于宠物自身特点和临床用药的局限性，常规药物往往疗效不佳，而且症状容易恶化，以至最终失明。若在用药同时配合简单手术，即通过结膜瓣或瞬膜瓣遮盖术则可大大提高治疗角膜损伤的疗效。

（二）保定及麻醉

手术台侧卧保定，患眼在上，施行 846 合剂全身麻醉并配合患眼表面麻醉。

（三）手术方法

1. 瞬膜瓣遮盖术

上眼睑外侧皮肤剪毛，常规消毒。用 0.05%～0.1% 新洁尔灭溶液清洗结膜囊及眼球表面，用无齿镊夹持第三眼睑（瞬膜）并向外提起，在距离瞬膜 2～3mm 处由瞬膜内侧（球面）进针，于外侧（睑面）出针后做纽扣状缝合，即再由睑面进针，由球面出针。然后将两线末端分别经上眼睑外侧结膜囊穹隆处穿出皮肤，并按实际针距在一根缝线上套上等长的灭菌细胶管，收紧缝线打结，从而使瓣膜完全遮盖在眼球表面。

2. 部分结膜瓣遮盖术

适用于边缘性角膜损伤、角膜溃疡或角膜穿孔的病例。用开睑器撑开上下眼睑，同时常规洗眼，做上下直肌牵引线固定眼球，以保持施术时眼球固定。在靠近角膜病灶侧角膜缘的球结膜上做一弧形切口，用钝头手术剪在结膜切口下向穹隆方向分离，使分离的结膜瓣向角膜中央牵拉能够完全覆盖角膜病灶，然后用带有 5/0～9/0 缝线的眼科铲形针将其缝合固定在角膜缘旁的浅层巩膜及角膜上（深度应达到角膜厚度的 2/3～3/4）。最后患眼涂布抗生素软膏，另行眼睑缝合，并保留 7～10d。

3. 全部结膜瓣遮盖术

适用于大面积或全角膜损伤或溃疡的病例。常规开睑和做上下直肌牵引线，常规洗眼。在环绕角膜缘的球结膜上距角膜缘 0.5～1.0cm 处做 360°环行切口，或用钝头手术剪沿角膜缘将球结膜环行切开，钝性分离结膜与下方巩膜之间的联系，牵拉上下结膜瓣使其能够对合并覆盖住角膜中央病灶，然后将已对合的结膜瓣用 5/0 缝线行结节缝合。最后患眼涂布抗生素软膏，另行眼睑缝合，缝线一般需保留 2～3 周。

八、犬猫耳血肿手术

（一）适应症

动物之间玩耍、撕咬，或因耳内瘙痒而剧烈甩头和摩擦耳部，结果造成耳廓内血管破裂而形成肿胀。血肿形成后，耳廓显著增厚并下垂，按压有波动感和疼痛反应。穿刺放血后往往复发。若反复穿刺且未严格执行无菌操作，容易感染化脓。

（二）保定与麻醉

宠物实施侧卧保定，患耳于上方，实施全身麻醉配合耳部局部浸润麻醉。

（三）手术方法

患部局部剃毛、消毒，用棉球塞入外耳道入口，较大的耳血肿可在穿刺放血后，装加压耳绷带，并保留 7～10d。若保守疗法无效，可将耳廓两侧被毛除去并消毒，在血肿一侧行 1～1.5cm 长纵向切口，排出积血及凝血块，进行全面止血，然后行若干散在的平行于切口的耳廓全层结节缝合，缝合时从耳廓凸面进针，穿过全层至凹面，再从凹面进针穿出凸面，并在凸面打结。针距为 5～10mm，每排间隔 5～10mm。以消除血肿腔。术后可装置耳绷带，以适当施压制止出血和渗出。耳部保持安静，必要时使用止血剂。

（四）术后护理

患耳用绷带包扎，3～5d 拆除更换。宠物不安，甩耳或抓耳，可适当给予安定镇静药，以防血肿再发生。术后第 10d 拆除缝线。

九、犬耳的整容成形术

为使犬耳直立，使犬的外貌更加好看，以提高犬的经济价值，可行犬耳的整容成形术。为了提高手术成功率，应尽早施术，表 8－1 列举了不同品种犬耳的整容成形术的年龄和耳的长度标准。犬耳测量的部位是耳翼的中央与头的连接处。耳的长度与施术犬年龄的关系，一般来说，年龄小的，截得可稍长些。公犬的耳朵应比母犬长些。整容后的耳应当近似喇叭形。

表 8-1　犬耳整容术中耳的长度与年龄的关系

品　　种	年　　龄	犬耳长度（cm）
小型史纳沙犬	10～12 周龄	5～7
拳击师犬	9～10 周龄	6.3
大型史纳沙犬	9～10 周龄	6.3
杜伯文犬	7～8 周龄	6.9
大丹犬	7 周龄	8.3
波士顿犬	任何年龄	尽可能长

（一）适应症

犬竖耳的目的是，常因耳廓软骨发育异常，引起"断耳"，使耳下垂，影响美观。手术目的是切除部分软骨，恢复耳廓正常竖耳姿势。手术适宜时间至少在 6 月龄以上，否则软骨过软而难以缝合。

（二）局部解剖

耳廓内凹外凸，卷曲呈锥形，以软骨作为支架。它由耳廓软骨和盾软骨组成。耳廓软骨在其凹面有耳轮、对耳轮、耳屏、对耳屏、舟状窝和耳甲腔等组成。

耳轮为耳廓软骨周缘；舟状窝占据耳廓凹面大部分；对耳轮位于耳廓凹面直外耳道入口的内缘；耳屏构成直外耳道的外缘，与对耳轮相对应，两者被耳屏耳轮切迹隔开；对耳屏位于耳屏的后方；耳甲腔呈漏斗状，构成直外耳道，并与耳屏、对耳屏和对耳轮缘一起组成外耳道口。盾软骨呈靴筒状，位于耳廓软骨和耳肌的内侧，协助耳廓软骨附着于头部。耳廓内外被覆皮肤，其背面皮肤较松弛，被毛致密，凹面皮肤紧贴软骨，被毛纤细、疏薄。

外耳血液由耳大动脉供给。它是颈外动脉的分支，在耳基部分为内、外 3 支行走于耳背面，并绕过耳轮缘或直接穿过舟状窝供应耳廓内面的皮肤。耳基皮肤则由耳前动脉供给，后者是颞浅动脉的分支。静脉与动脉伴行。

耳大神经是第二颈神经的分支，支配耳甲基部、耳廓背面皮肤。耳后神经和耳颞神经为面神经的分支，支配耳廓内外面皮肤。外耳的感觉则由迷走神经的耳支所支配。

（三）保定与麻醉

麻醉前用阿托品 0.05mg/kg 体重，皮下注射。8～10min 后，肌肉注射速眠新 0.1～0.15mg/kg 体重。

麻醉后的动物进行手术台伏卧保定，犬的下颌和颈下部垫上小枕头以抬高动物头部。

（四）手术方法

两耳剃毛、清洗、常规消毒。除头部外，犬体用灭菌单隔离。头部不覆盖隔离单，以利最大限度地明视手术区域，与对侧的耳朵进行对照比较。将下垂的耳尖向头顶方向拉紧伸展，用尺子测量所需耳的长度。测量是从耳廓与头部皮肤折转点到耳前缘边缘处，留下耳的长度用细针在耳缘处标记下来，将对侧的耳朵向头顶方向拉紧伸展，将二耳尖对合，用一细针穿过两耳，以确实保证在两耳的同样位置上作标记，然后用剪子在针标记的稍上方剪一缺口，作为手术切除的标记。

一对稍弯曲的断耳夹子分别装置在每个耳上。装置位置是在标记点到耳屏间肌切迹之间，并尽可能闭合耳屏。每个耳夹子的凸面朝向耳前缘，两耳夹装好后两耳形态应该一致。牵拉耳尖处可使耳变薄些，牵拉耳后缘则可使每个耳保留的更少些。耳夹子固定的耳外侧部分，可以全部切除，并缝合耳周围边缘，而仅保留完整的喇叭形耳。

当犬的两耳已经对称并符合施术犬的头形、品种和性别时，在耳夹子腹面耳的标记处，用锐利外科刀以拉锯样动作切除耳夹的腹侧耳部分，使切口平滑整齐。除去耳夹子，对出血点进行止血，特别要制止耳后缘耳动脉分枝区域的出血。该血管位于切口末端的1/3区域内。

止血后，用剪子剪开耳屏间切迹的封闭着的软骨，这样可使切口的腹面平整匀称。

用直针进行单纯连续缝合，从距耳尖0.75cm处软骨前面皮肤上进针，通过软骨于对面皮肤上出针，缝线在软骨两边形成一直线。耳尖处缝线不要拉得太紧，否则会导致耳尖腹侧面歪斜或缝合处软骨坏死。缝合线要均匀，力量要适中，防止耳后缘皮肤折叠和缝线过紧导致耳腹面屈折。

（五）术后护理

大多数犬耳术后不用绷带包扎，待动物清醒后解除保定。丹麦大猎犬和杜伯文犬，耳朵整容成形后可能发生突然下垂，对此，可用绷带在耳的基部包扎，以促使耳直立。术后第7d可以拆除缝线。拆线后如果犬耳突然下垂，可用脱脂棉球塞于犬耳道内，并用绷带在耳基部包扎，包扎5d后解除绷带，若仍不能直立，再包扎绷带。直至使耳直立为止。

第二节　颈部手术

一、犬声带切除术

犬常因吠叫，影响周围住户的休息。可施消声术（又称声带切除术）以消除犬的吠叫。

犬消声术有口腔内喉室声带切除术和腹侧喉室声带切除术两种。前者适应于短期犬的消声，后者可长期消声。

（一）局部解剖

声带位于喉腔内，由声带韧带和声带肌组成。两侧声带之间称声门裂。声带（声褶）上端始于杓状软骨的最下部（声带突），下端终于甲状软骨腹内侧面中部，并在此与对侧声带相遇。这是由于杓状软骨向腹内侧扭转，使声带内收，改变声门裂形状，由宽变狭，似菱形或"V"字形。

犬杓状软骨背侧有一小角突，在其前方有一楔状突，声带（室褶）附着于楔状突的腹侧部，并构成喉室的前界。室带类似于声带，但比声带小。两室带间称前庭裂，比声门裂宽。

喉室黏膜有黏液腺体，分泌黏液以润滑声带。喉室又分室凹陷和室小囊两个部分，前者位于声带内侧，后者位于室带外侧。室凹陷深，为吠叫提供声带振动的空间。由于解剖上的原因，有些犬声带切除后会出现吠声变低或沙哑现象。

（二）保定及麻醉

麻醉前给药硫酸阿托品 0.1mg/kg 肌肉注射，10min 后肌肉注射速眠新 0.1～0.15ml/kg，使犬进入全身麻醉状态。如经口腔做声带切除，动物应做胸卧位保定，用开口器打开口腔；经腹侧喉室声带切除时，动物应仰卧位保定，头颈伸直。

（三）手术方法

1. 口腔内喉室声带切除术

口腔打开后，舌拉出口腔外，并用喉镜镜片压住舌根和会厌软骨尖端，暴露喉室内两条声带，呈"V"字形。用一长柄鳄鱼式组织钳（其钳头具有切割功能）作为声带切除的器械。将组织钳伸入喉腔，抵于一侧声带的背侧顶端。活动钳头伸向声带喉室侧，非活动钳头位于声带喉腔侧。握紧钳柄、钳压、切割。依次从声带背侧向下切除至其腹侧 1/4 处。尽可能多地切除声带组织，包括声韧带和声带肌。切除过少，其缺损很快被瘢痕组织填充。但腹侧 1/4 声带不宜切除，因为两声带在此处联合，切除后瘢痕组织增生，越过声门形成纤维性物，引起喉口结构机能性变化。如果没有鳄鱼式组织钳，也可先用一般长柄组织钳依次从声带背侧钳压，再用长的弯手术剪剪除钳压过的声带。另一侧声带用同样方法切除。

止血可用电灼止血或用小的纱布块压迫止血。为防止血液吸入气管，在手术期间或手术结束后，将头放低，吸出气管内的血液，并在手术结束后，安插气管插管。密切监护，待动物苏醒后，拔除气管插管。

2. 腹侧喉室声带切除术

在舌骨、喉及气管处正中切开皮肤及皮下组织，分离两胸骨舌骨肌，暴露气管、环甲软骨韧带和喉甲状软骨。在环甲软骨韧带中线纵向切开，并向前延伸至 1/2 甲状软骨。用小拉钩或在甲状软骨创缘放置预置线将创缘拉开，暴露喉室和声带。左手持有齿镊子夹住声带基部，向外牵拉，右手持手术剪将其剪除。再以同样方法剪除另一侧声带。经电灼、钳压或结扎止血后，清除气管内的血液。用金属丝或丝线结节缝合甲状软骨。也可用吸收缝线结节闭合环甲软骨韧带。所有缝线不要穿过喉黏膜。最后，常规缝合胸骨舌骨肌和皮下组织及皮肤。动物清醒后，拔除气管插管。

（四）术后护理

颈部包扎绷带。动物单独放置安静的环境中，以免诱发吠叫，影响创口愈合。为减少声带切除后瘢痕组织的增生，术后可用强的松龙 2mg/(kg·d)，连用 2 周。然后剂量减少至 1mg/(kg·d)，连用 2～3 周。术后用抗生素 3～5d，以防感染。

二、气管切开术

当动物患鼻骨骨折、喉水肿、双侧返神经麻痹以及喉、气管的新生物等，致使上呼吸道发生完全或不完全闭塞，而具有窒息危险时，施行气管切开术。

（一）准备

除一般软组织切开器械外，尚需有气管切开刀及气管导管，常规药品及敷料。

（二）保定

大动物于柱栏内站立保定，抬高头部进行固定。犬猫等小动物在手术台仰卧保定。

（三）麻醉

切口部位作菱形浸润麻醉。

（四）术部

在颈腹侧中线上 1/3 与中 1/3 交界处。成年牛可在同部位的颈腹皱褶的一侧。

（五）术式

术部消毒麻醉后，术者站在患病动物的右前方，助手站在左前方，术者左手与助手右手同时捏起术部皮肤，术者沿颈腹侧正中线做 5～7cm 长皮肤切口，随即切开浅筋膜及颈皮肌，用创钩拉开创口，充分止血。在左右胸骨舌骨肌之间的白线上，用刀柄作钝性分离。然后，再切开深层气管筋膜，充分暴露气管轮，彻底止血。根据手术当时的具体情况，气管切开可选用下列方法：

（1）在相邻的两个气管软骨环上，各做 1 个半圆形切口，切除软骨环时必须用有齿镊子夹住，避免落入气管内，然后插入气导管，用绷带固定于颈部。

（2）在没有气导管的条件下，可切除气管软骨环的一部分，取直径 2～2.5cm，粗 8～10cm 长的软胶管 1 条，一端涂布抗生素软膏，插入气管内 4～5cm；另端切成两半，每侧做一小孔栓上布带，固定于颈部。

（六）注意事项

（1）切开气管软骨环时，要一次切透，勿使气管黏膜剥离，否则装着气导管时易插入剥离的黏膜之间而引起并发症，并影响气管软骨的再生。

（2）采用第一种方法时，每个气管软骨环需保留 1/2，可防止气管软骨瘢痕挛缩，引起气管狭窄后遗症。在使用刀片切割气管软骨环时，应防止刀片尖端折断落于气管内。

（3）气管的切口应与气导管大小一致，过紧会压迫组织，过松容易脱落。

（七）护理

看护好患病动物头部，防止摩擦，看护人员注意气导管气流声音的变化，如有异常应及时处理。装着气导管后，不要牵出放牧。

术后前几日，有大量的黏液性分泌物时，应每日或隔日取下气导管清洗消毒，并要注意原发病的治疗，当炎症平息后，清理气导管的时间可延长。气导管装着的时间可根据病情而定，如上呼吸道障碍已消除，即可取下。创口一般行开放疗法，直至痊愈。如气管切开术安放气导管的时间短，呼吸道已畅通时，在造成新创面后，也可严密分层缝合肌肉和皮肤，以期达到第一期愈合。

三、食道切开术

当食道发生阻塞，经按摩、推下、掏出无效时，或食道憩室，肿瘤等疾病，可施行食道切开术。

犬、猫如果误食鱼刺、缝针、鱼钩等异物一般不会引起食道阻塞，但易发生食道穿孔。经保守疗法不成功或食道已穿孔者，即需施手术疗法。

（一）准备

器械有电动剪毛推子、剪毛剪刀、剃刀、圆刃手术刀、尖刃手术刀、创钩、普通镊子、有齿镊子、止血钳、持针器、缝针、缝线、有沟探子、手术剪、橡胶手套等。药品与敷料有 3% 盐酸普鲁卡因溶液、静松灵、青霉素、碘酊、煤酚皂、纱布、脱脂棉、创巾等。

（二）保定

对患病动物一般采用手术台侧卧保定，大动物亦可柱栏内站立保定。

（三）麻醉

大动物于切口部位作菱形或扇形浸润麻醉，必要时配合注射静松灵。小动物用 846 合剂全身麻醉配合局部浸润麻醉。

（四）术部及术式

1. 牛食道切开术

当瘤胃继发臌气时，先用套管针进行瘤胃穿刺排气。食道切口可选在异物（或病变）部位，一般分为上切口与下切口。

上切口是在颈静脉沟的上缘，颈静脉与臂头肌之间当食道受损较轻，术后须严密闭合时采用。若食道损伤严重，术后不便于缝合，则采用下切口，位置在颈静脉下方，沿胸头肌上缘与颈静脉平行切开，术后能使创液顺利排出。

不论那种方法，都必须沿颈静脉纵向切开皮肤、皮下筋膜及皮肌 12～15cm，用创钩扩大切口，彻底止血。再继续切开颈静脉之上的（臂头肌）或之下的（胸头肌）薄的腱膜，此时要严加注意勿损伤颈静脉。切口在颈部上 1/3 与中 1/3 交界处时，钝性分离肩胛舌骨肌后再切开深筋膜，若在颈下 1/3 时剪开肩胛舌骨肌筋膜及深层筋膜。彻底止血，清洁创面，用创钩扩大切口，充分暴露术野。根据食道内阻塞物及解剖位置找到食道，然后用止血钳分离其背面与腹面的结缔组织（尽量避免与周围组织脱离），小心将食道拉出，用灭菌创巾或纱布使食道与其他部分隔离。在食道上幽缘作一纵的切口,切口的大小以能取出阻塞物为原则。切开时需用剪刀或手术刀一次剪断(切开)食道壁的全层。如果食道发生憩室时(肌肉层破裂、黏膜突出),则可将一部分黏膜切去,用异物钳子或手指将阻塞物取出,同时用纱布吸净唾液及分泌物,以免流入切口内。然后用0.1%新洁而灭溶液或青霉素生理盐水清拭食道切口,用铬制肠线紧密连续缝合食道黏膜,再用丝线采用连续垂直钮孔内翻缝合法缝合肌层及外膜。缝合完毕,清拭创面,取出衬垫的纱布,食道复位,用上述消毒液清拭伤口,撒布青霉素粉,连续缝合食道周围结缔组织及颈部肌肉,皮肤做结节缝合装以结系绷带。如食道壁遭受严重损伤,发生坏死时,食道可不缝合,只将肌肉、皮肤做部分缝合,用浸有消毒液的纱布填塞。

2. 犬猫食道切开术

根据阻塞部位,可采用颈部、胸部食道切开手术。

(1)颈部食道切开术 动物全身麻醉,仰卧保定。从下额后方至胸骨前部剃毛、消毒。颈腹侧纵形切开皮肤4~5cm,分离皮下组织和胸骨舌骨肌,暴露气管。气管向左牵引,显露阻塞部,吸除聚积的唾液,以减少术野的污染。靠近或位于异物处纵形切开食道。用器械小心地将异物去除后,用生理盐水清洗食道,除去坏死组织。食道壁做两层缝合。先结节缝合黏膜和黏膜下层,再结节缝合肌层。如食道阻塞部缺血性坏死或穿孔,应将其切除,做食道补丁修补术,即用邻近组织覆盖在缺陷的食道上。在颈部常用胸骨舌骨肌或胸骨甲状肌作为补丁移植物。

(2)胸部食道切开术 根据胸部X线检查食道阻塞部位,选择适宜的肋间开胸术径路。食道异物位于胸腔前段或后段时,左侧或右侧胸壁切开均可,但中段食道因被主动脉弓移向右侧,故该段食道异物需经右侧胸壁手术径路。胸部食道切开、异物去除及食道缝合与颈部相同,但其手术难度较大。为防止术后食道感染和创口裂开,可经胃切开插管或空肠插管提供食物和水分。

(五)护理

牛术后1~2d内不饮水、不喂饲以减少对食道的刺激,在禁饲期间,可静脉注射25%葡萄糖溶液1 000~2 000ml或5%葡萄糖氯化钠溶液2 000~3 000ml,1~2次/d。同时可营养灌肠。3d后给予稀粥或饮水,以后逐渐给予柔软的饲料。术后10~20d内禁用胃管。注意患病动物的全身及局部变化,同时应用抗生素或磺胺类药物以防感染。如发现切口感染,应及时拆除皮肤,肌肉缝线,行开放疗法。

犬猫根据食道损伤程度,采用不同的护理方法。损伤轻微,可按食道炎治疗。停止饮食1~2d。2~3d后,无临床症状表现,可饲喂流质食物。应静脉补充电解质溶液,直到动物能饮食,维持其水化作用为止。如食道广泛性损伤或施食道手术,更应加强术后护理。上述治疗方法可持续3~7d,如禁食超过3d,可采用另一种饮食法,即经胃切开插管或空肠插管供饮食。皮肤创口15d后拆线。

四、颈静脉切除术

当颈静脉发生化脓性、血栓性静脉炎或外伤性破裂时,应用本手术。

（一）准备

参照食道切开术。

（二）保定

柱栏内站立保定，对烈性患病动物可采取侧卧保定。

（三）麻醉

应用局部浸润麻醉，必要时给与镇静剂或全身麻醉。

（四）术部

依颈静脉病变部位而定，但一般常在颈上 1/3 和中 1/3 交界处。

（五）术式

　　沿胸头肌上缘，在预定手术部位皱襞切开皮肤、浅筋膜、皮肌、彻底止血。切口的长度以能在健康部位进行结扎为宜。然后，将胸头肌与臂头肌之间的筋膜做成皱襞，用外科剪剪开，以避免损伤颈静脉，再用钝性分离法分离包在颈静脉外面的深筋膜。在分离时，在颈静脉上留一层结缔组织，它具有加固静脉管壁的作用，防止结扎引起血管破裂。在分离颈静脉时，凡与颈静脉相连的小血管，均要做双重结扎，而后剪断，然后用青霉素生理盐水彻底清拭创口。

　　当进行颈静脉切除时，先用有柄缝针将结扎线引导到血管下面或对侧，在距离患病部位 3～4cm 的远心端和近心端无病理变化的静脉壁上，各作双重结扎。为了避免静脉内容物污染创口，在预定切除的静脉两端，距前道结扎线各 2～3cm 处再进行一次结扎，在双重结扎和最后的一次结扎中间剪断静脉，断端涂碘酊。随后用青霉素生理盐水清拭创口，筋膜做连续缝合，皮肤做结节缝合，放置纱布引流以排出创液。

（六）护理

　　术后使患病动物保持安静，适当限制颈部活动，防止颈部摩擦，最好 2～3d 内喂以流质饲料，术后数日内应用抗生素或磺胺类药物治疗，经 24h 取下纱布，7～8d 可拆除缝线。

第三节　牛心包切开术

　　为了早期治疗创伤性浆液纤维素性心包炎或化脓性心包炎，减少渗出，除去异物，可实施本手术。

一、准备

　　除一般软组织切开器械外，尚须有骨膜剥离器、肋骨钳、线锯、骨锉及引流管等。药品、敷料应备：3%盐酸普鲁卡因溶液、静松灵、碘酊、酒精、洗涤剂、缝线、纱布、脱脂棉等。

二、保定

采取手术台侧卧保定，将手术侧前肢向前牵引。也可于柱栏内站立保定。

三、麻醉

使用静松灵作肌松镇痛，配合局部浸润麻醉或肋间神经传导麻醉。

四、术部

在左侧臂三头肌后缘，切口上端位于肩关节水平线，切口下端为肋骨与肋软骨交界处，沿第五肋骨纵轴中央进行切口。

五、术式

术部按常规处理后，切开皮肤、皮下组织、皮肌、胸下锯肌、直达肋骨，其切口长度为20～25cm，要注意彻底止血。然后沿肋骨长轴作"工"字形切开骨膜，用骨膜剥离器剥离骨膜至切口两端，再用肋骨钳剪断肋骨15～20cm（或用线锯锯断）并锉平断端。纵行切开内骨膜和胸膜壁层，为防止切开胸膜时误伤粘连的心包，术者用手指或剪刀分离粘连部位而扩大胸膜切口达预定长度，显露心包。如心包液过多，可用吸引器连接胶管的针头刺入心包腔中排出液体，并用温青霉素生理盐水反复洗涤吸净。切开心包前，可将心包与胸膜做一连续缝合，以防切开心包时和切开后冲洗时污染胸腔，然后在心包上做长10cm的切口，彻底止血，并将心包创缘连续缝合在切口的皮下组织上，用纱布保护创缘，再用创钩扩大创口，术者伸入手指（更换灭菌手套）检查心包壁层与脏层有否粘连，心包腔内有无纤维素块及金属异物。如有粘连可用手指剥离，将纤维素块尽量取出。但要注意在剥离心包脏层上的纤维性粘连时，一定要细心操作避免损伤冠状血管与心肌。当心包脏层膈面如有金属异物，根据其位置、方向谨慎取出。

然后将橡皮管插入心包的尖部，用温青霉素生理盐水反复冲洗，洗至心包液透明为止，除去器械、纱布，拆除固定心包缝线，用青霉素生理盐水清拭心包切口，心包内撒布青霉素粉。心包用铬制肠线连续缝合，闭合前在心包腔内的心尖部，装着多孔的引流细胶管，引流胶管外端缝合在创缘的皮肤上固定。胸膜、肌肉用丝线连续缝合，皮肤做结节缝合，术部装着保护绷带。

六、护理

术后保持动物安静，每日用吸引器经心包引流管吸出渗出液，必要时用温的青霉素生理盐水冲洗，直至冲洗的液体透明为止，随着炎症的逐渐消退可适当减少冲洗次数。待心包炎症状完全消退，则应停止冲洗并拔出引流管。同时每日输入适量的葡萄糖溶液，并用抗生素和磺胺类药物治疗。为了消除机体水肿，术后可给与利尿剂。食欲废绝时，可灌服豆汁或粥食以维持机体的营养状态。

第四节　腹腔手术

一、开腹术

主要为了腹腔及盆腔器官疾病的治疗，打开手术通路实行本手术。如：开腹压结、肠变位整复、肠管手术、取出顽固性结粪及肠内沙石、直肠破裂缝合、瘤胃切开术、网胃切开术、皱胃变位整复及切开术、牛卵巢摘除术、隐睾手术、剖腹取胎、犬猫胃切开术、膀胱切开术、母犬和母猫的卵巢和子宫切除术等。有时也为了剖腹检查腹腔脏器变位、肿瘤以及病变部位等。

（一）准备

器械有电动剪毛推子、剪毛剪子，剃刀，手术刀（圆刃、尖刃）、手术剪（直刃、弯刃）、止血钳、镊子、有沟探子、创钩、创巾，橡胶手套，缝合器材及注射器等。药品、敷料有3%盐酸普鲁卡因溶液、水合氯醛硫酸镁注射液，静松灵、碘酊、酒精、煤酚皂、青霉素、新洁而灭，创巾及纱布棉花等。

（二）保定

根据动物种类及手术目的，可采取站立保定、侧卧保定或仰卧保定。

（三）麻醉

站立保定手术时，一般采用腰旁神经干传导麻醉，配合局部浸润麻醉。手术台侧卧保定时，应用静松灵或水合氯醛麻醉或用氦氖激光照射马的胫神经麻醉。犬猫用全身麻醉。

1. 牛腰旁神经干传导麻醉

分为三点注射，第1、2点注射与马同，其第3注射点，在第4腰椎横突游离端前角垂直刺入，其操作方法与注射药量同马。

2. 马腰旁神经干传导麻醉法

其操作方法分三点注射。第1点：麻醉第18肋间神经（最后胸神经的腹侧支），其部位在第1腰椎横突游离端前角下方，垂直刺针直达横突骨面，再将针由前角前移，沿骨缘向下刺入0.5～0.7cm，注入3%盐酸普鲁卡因溶液10ml，然后将针头提至皮下再注射10ml。第2点：麻醉髂腹下神经（第1腰神经腹侧支），其部位在第2腰椎横突游离端后角下方，垂直刺针至横突骨面，然后由横突后角后移，沿骨后缘再向下刺0.7～1cm，注射3%盐酸普鲁卡因溶液10ml，提针至皮下再注射10ml。第3点：麻醉髂腹股沟神经，部位在第3腰椎横突游离端的后角下方，垂直刺针至横突骨面，然后由横突后角后移，沿骨缘向下刺 0.7～1cm，注射 3% 盐酸普鲁卡因溶液 10ml，提针至皮下再注射 10ml。

（四）术部

1. 牛开腹术的部位

（1）侧腹壁切开部位：根据手术的需要，采用欣部切口和肋弓下斜切口。

①欣部切口当小肠，小结肠及骨盆曲手术时，手术部位在欣部，由髋结节至最后肋骨水平线中央，自髂肋脚上缘起向下垂直切开 15～20cm。

②肋弓下斜切口当胃状膨大部、盲肠体及盲肠尖手术时，术部在右侧肋弓下方 4～6cm，第 9～13 肋骨下端之间，与肋弓平行切开，切口长 20～30cm。当左侧大结肠手术时，则术部在左侧腹壁，具体位置与右侧大结肠手术部位相对应。

（2）下腹壁切开部位：可在脐前部或脐后部。脐前部沿正中线或旁开正中线 2～3cm，纵向切开腹壁，其切口长度以手术需要而定。脐后都，因公畜有包皮及阴茎，母畜有乳房，故皮肤切口可在包皮等组织器官的旁侧或在其后旁侧进行。

2. 马属动物开腹术的部位

可参照牛。

3. 犬、猫开腹术的部位

根据手术目的，可在脐前或脐后部中线上作切口。

（五）术式

1. 侧腹壁切开法

术部按常规消毒，覆盖创巾。术者左手在预定切口上方固定皮肤，右手持刀，使刀刃垂直切开皮肤，皮下结缔组织，彻底止血。锐性分离腹外斜肌或按肌纤维方向钝性分离腹外斜肌，两种方法各有利弊，前者锐性切断腹外斜肌，手术通路宽，但易切断血管与神经，后者按肌纤维方向钝性分离，切口通路窄小，但出血少。再用刀柄沿腹内斜肌的肌纤维的方向分离肌层，彻底止血，清拭创面，用创钩扩大创口，继续钝性分离腹横肌。注意勿损伤髂腹下神经和髂腹股沟神经。当腹壁各肌层切开之后，则应与皮肤切口一致，避免切口越来越小。清理术野，除去止血钳，用创钩拉开腹壁肌肉，充分暴露腹膜。术者与助手共同提起腹膜，在腹膜上先切一小口，插入两手指或有沟探子稍提起腹膜，再以外科剪剪开腹膜。然后用浸生理盐水的纱布覆盖创口，注意勿使肠管脱出（图 8-1、图 8-2、图 8-3、图 8-4、图 8-5）。

2. 下腹壁切开法

有正中线切开及中线旁切开两种。

3. 正中线切开法

切开皮肤、皮下结缔织，充分止血，扩大创口显露术野，沿腹部正中线切开，当腹膜显露时，按照腹膜切开法切开腹膜。

4. 中线旁切开法

切开皮肤、皮下结缔组织（注意勿损伤腹部皮下静脉），用创巾隔离创缘，按皮肤切口的方向切开腹横筋膜及腹直肌鞘外板，然后按腹直肌的肌纤维方向，钝性分离肌纤维，相继切开腹横筋膜（鞘内板）及腹膜。

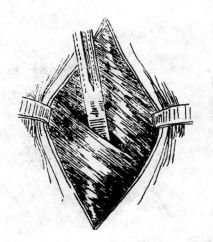 

图8-1 腹外斜肌分离的方法

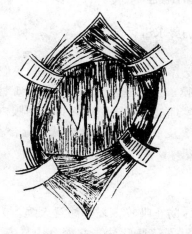 

图8-2 扩开腹内斜肌显露腹横肌　　图8-3 钝性分离腹横肌显露腹膜

 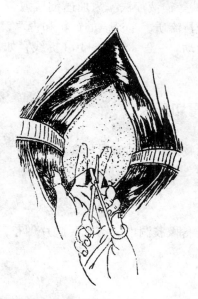

图8-4 分离腹膜的方法

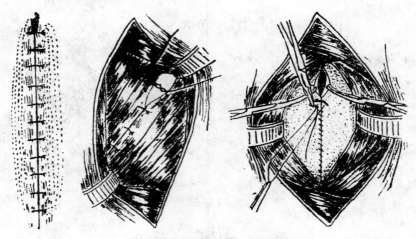

图 8-5　闭合腹腔

按上述各种方法打开腹腔后，根据手术目的要求进行操作。

5. 闭合腹腔

用5～7号丝线（或肠线）在手指或压肠板引导下以连续缝合法缝合腹膜，由于腹膜较薄容易在缝合时被撕裂，常与腹横肌（或筋膜）一起缝合，在缝合最后1针时，向腹腔内注入青霉素、链霉素，闭合腹膜后用青霉素生理盐水清拭腹壁切口，而腹内斜肌、腹外斜肌（或腹直肌及其鞘外板）分别用结节缝合，皮肤做结节缝合或减张缝合。涂擦5%碘酊，装着结系绷带。

（六）护理

将患病动物置于清洁的畜舍内，单独喂饲，防止啃咬，夏季注意灭蝇。为了促进机体的恢复和预防感染，术后数日内应用抗生素疗法，磺胺疗法，并配合用复方氯化钠溶液、5%葡萄糖溶液等输液疗法。为加速创口愈合，用氦氖激光原光束照射创口效果良好。术后1周内给少量流质，半流质的饲料和青草，注意补充维生素。根据伤口愈合情况，应尽早给予适当运动。一般术后8～10d拆线，如伤口化脓时，应拆除部分缝线，按外科常规治疗。

二、瘤胃切开术

当患病动物患严重的瘤胃积食、泡沫样臌气、创伤性网胃炎、瓣胃阻塞以及吞食不易消化的异物时，施行瘤胃切开术。

（一）准备

除特殊准备橡胶洞巾（有孔薄胶片创布，孔缘有钢丝圈）（图8-6）、舌钳外，其余同开腹术。

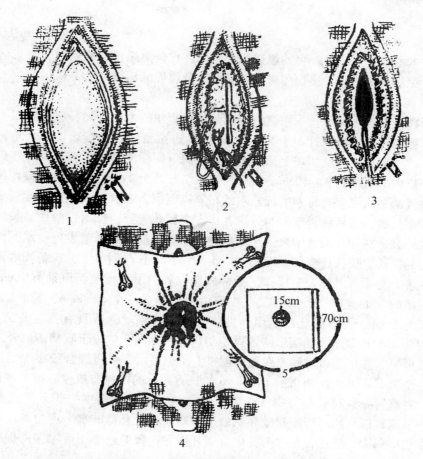

图8-6 瘤胃切开术（瘤胃浆膜肌层与切口皮肤连续合缝固定）

1. 左肷中部切口，分层切开分离各层组织，充分暴露瘤胃 2. 瘤胃壁浆膜肌层与皮肤连续缝合
3. 切开瘤胃壁 4. 瘤胃切口上装置洞巾 5. 橡胶洞巾尺寸

（二）保定

一般采用站立保定，也可进行手术台上侧卧保定。

（三）麻醉

常用腰旁神经干传导麻醉和局部浸润麻醉，亦可用百会腰旁组穴电针麻醉或行静松灵与局部浸润麻醉。

（四）术部

在左侧最后肋骨与髋结节中间，距腰椎横突下方6～8cm，做20～30cm长切口，体型较大的牛，其切口的部位应稍向前下方，于最后肋骨后缘3～4cm，腰椎横突末端向下8～10cm处。

（五）术式

按开腹术术式切开腹壁。牛的腹壁肌层较薄，在分离腹壁各肌层时，注意区别腹膜与瘤胃壁，避免切开腹膜时，损伤瘤胃，造成术部及腹腔的污染。

1. 瘤胃固定与隔离

当切开腹膜暴露瘤胃后，先用缝线在腹壁切口下角的左侧开始，将瘤胃浆膜、肌层与左侧皮肤创缘做连续缝合，针距1.5～2cm，边缝边拉紧缝线，直达切口上角，使胃壁紧贴皮肤创缘，然后再从腹壁切口上角右侧开始，向下同样的缝合，直至腹壁切口下角。胃壁暴露在切口内的宽度为8～10cm。而后在瘤胃切开线上1/3处，先将胃壁切一小口，放出气体。放气前要用浸有青霉素生理盐水纱布隔离创围，继续扩大创口长度为15～20cm，助手随时提起创缘，然后将胃壁两侧分别各作3个钮孔缝合，拉出胃壁使黏膜外翻或用舌钳夹持创缘外翻，在外翻的胃壁浆膜与皮肤之间，填塞浸有青霉素生理盐水的纱布，以减少胃壁表面的损伤，钮孔缝合的线端用创巾钳固定在皮肤与创巾上，准备掏取胃内容物和进行网胃探查。为了长时间安全操作，最好放置橡胶洞巾，橡胶洞巾系由70cm正方形的防水材料制成的（如橡胶布、塑料布）在洞巾中间制成一个6～8cm，长的圆筒状洞孔，洞孔口直径为15cm，上下洞孔口是用弹性胶管或弹性钢丝缝成具有弹性的圆圈（图8-6）。应用时将下洞孔口压成椭圆形塞入胃壁切口里侧上洞孔口置于腹壁切口外。将橡胶洞巾四周拉紧展平，并用创巾钳固定在隔离创巾上。也可用、瘤胃缝合胶布固定法，瘤胃暴露后，用一个70cm×2而中央带有16cm×6的长方形孔的塑料布或橡胶布，将长方形孔放在瘤胃上，将瘤胃壁浆膜肌层与中央孔边缘连续缝合使洞巾的中央长方形孔紧贴在胃壁上，形成一个隔离区，同时于瘤胃壁和洞巾下填塞大块浸有青霉素生理盐水纱布，将洞巾展平固定在切口周围，然后在长方形孔中央切开瘤胃，胃壁创缘用舌钳夹持提起，周围填塞浸有青霉素生理盐水的纱布。

2. 胃内探查及处理

瘤胃内容物呈泡沫样臌气时，应在取出部分胃内容物之后，插入粗胶管，用温生理盐水冲洗瘤胃，清除发酵的胃内容物。瘤胃积食时，可取出胃内容物总量的1/2至1/3，并将剩余部分掏松，分散在瘤胃内。饲料中毒时，可取出有毒的胃内容物，剩余部分用大量温生理盐水冲洗，尚应投入相应的解毒药。取出网胃内异物时，将右手伸入瘤胃内，向前通过瘤胃背囊前端的瘤胃网胃孔进入网胃。先触摸网胃前部及底部，当发现异物，可沿其刺入方向将异物拔出。为清除胃底部游离的金属异物，可使用磁铁吸出。而后触摸网胃右侧的网胃瓣胃孔，如有堵塞随即清除。当瓣胃阻塞时，可用胶管插入网胃瓣胃孔，反复注入大量生理盐水，泡软冲散内容物使瓣胃疏通。

3. 缝合瘤胃壁切口

除去橡胶洞巾，拆除固定的缝合线或舌钳，用青霉素生理盐水冲洗胃壁切口。缝合胃壁，第一层行全层连续缝合，缝合要确实。以青霉素生理盐水清拭缝合部、随后拆除瘤胃与皮肤或胶布间的固定缝合线。重新洗手消毒，更换手套手术器械，再以青霉素生理盐水清拭瘤胃及腹壁创面。第二层行浆膜肌层连续内翻或结节内翻缝合，局部涂以抗生素软膏，腹腔内注入抗生素溶液。闭合腹壁按开腹术进行。

（六）护理

手术当日禁止喂饲，给予饮水，从第二天起给少量的柔软饲料，以后每日递增，一般在术后 7d 可恢复正常饲养标准。

注意观察局部与全身变化以及瘤胃功能的恢复。如手术创口发生化脓，拆除创口下角缝线，并行外科常规处理。为纠正体液及电解质紊乱和预防感染，可应用输液疗法及抗生素疗法。

术后经过良好，第一期愈合者，8～10d 后可拆除皮肤缝线。

三、皱胃切开术

当皱胃积食、皱胃毛球阻塞以及严重的瓣胃阻塞等疾病的治疗时，需施行本手术。

（一）准备

同瘤胃切开术。

（二）保定

一般采取侧卧保定或站立保定。

（三）麻醉

用静松灵作肌松镇痛，配合局部麻醉，亦可应用腰旁神经干传导麻醉。

（四）术部

在右侧最后肋软，旨下缘与腹中线之间，距离肋骨弓 5cm 处，沿肋骨弓平行切开，牛 25～30cm，羊 15～20cm。羊亦可在剑状软骨后 5～10cm 处，沿腹中线向后切开腹壁，切口的长度为 15～20cm。

（五）术式

按开腹术术式切开腹壁暴露皱胃之后，术者右手伸入腹腔，探查皱胃。然后尽量将皱胃拉出腹壁切口之外，用浸有青霉素生理盐水的大块纱布，填塞腹壁切口与皱胃之间，沿大弯部在血管少的部位作 10～15cm 长的切口（如毛球阻塞可作适当大小的切口），将事先做好的橡胶创巾，连续缝合在胃壁切口上，再将橡胶创巾的四周固定在皮肤上。相继取出胃内容物。毛球阻塞多发生在幽门部位，先取出大的毛球，随后取出其他小的毛球。当皱胃积食时，用手指将皱胃内干涸的内容物取出一部分，而后由助手将胶管一端送入胃内，另一端接上漏斗灌入温生理盐水，手指边松动干硬胃内容物，边用温生理盐水冲洗，直至胃内容物稀软畅通。当瓣胃阻塞时，将胶管通过皱胃送入瓣胃用温生理盐水冲洗，直至瓣胃变小、变软为止。结束后用青霉素生理盐水清拭胃壁切口。进行胃壁缝合，第一层行全层连续缝合，拆除胃壁上的橡胶创巾，再用青霉素生理盐水清拭胃壁，第二层行浆膜、肌层连续内翻缝合。胃壁涂以抗生素软膏，送入腹腔，闭合腹壁。护理同瘤胃切开术。

四、皱胃变位整复术

皱胃变位分为左侧变位及右侧变位两种、皱胃通过瘤胃下方移到左侧腹腔，置于瘤胃与左腹壁之间称为左方变位。当皱胃逆时针向前方扭转，置于网胃与膈肌之间称为右前方变位。如果皱胃顺时针向后方扭转，置于肝脏与右侧腹壁之间称为后方变位。但在习惯上，把左方变位称为皱胃变位，把右侧变位称皱胃扭转。本手术的目的，是将变位的皱胃整复还纳于正常位置。

（一）准备

同瘤胃切开术。

（二）保定

同皱胃切开术。

（三）麻醉

同皱胃切开术。

（四）术部

根据手术的需要可选择下列切开部位。

1. 右腹胁部切口

距最后肋骨弓 5cm，纵行切开 15～20cm 长的切口。

2. 右腹下中线旁切口

于腹中线右侧与乳静脉之间，做 15～20cm 长的切口。

3. 两侧腹胁部切口

先在左侧腰椎横突下 5～10cm，距离最后肋骨约 5cm，做 15～20cm 长的切口。右侧切口较左侧术部稍下 10cm 处，做 15cm 长垂直切口。

（五）术式

根据皱胃变位的方向及时间的不同，可选择不同部位，按开腹术术式切开腹壁，进行整复。

皱胃左侧变位时，病初可选用右腹下中线旁切口，术者将手从切口伸入，经腹腔下部直达左侧，把左移的皱胃拉向创口，使皱胃恢复正常位置。为防止再次变位，可将皱胃底部或皱胃后端部分网膜，用缝线缝在腹壁上予以固定。然后闭合腹壁。

如病期较长，皱胃发生粘连时，可行两侧腹胁部切开。先切开左侧腹壁探查变位情况，再切开右侧腹壁。左侧助手将皱胃向下推送至腹腔底部。右侧术者在腹腔下部，向左侧探寻皱胃，辨明是由左侧术者推送过来的皱胃后，即握住皱胃轻轻的向右侧创口牵拉，两侧术者互相配合，使左移的皱胃，整复到右侧正常位置，为防止皱胃再次变位，可固定皱胃。

右侧变位时，亦可选用右侧腹胁部切口，经腹腔查明是顺时针变位或逆时针变位时，按其变位的方向，将皱胃整复到原位。必要时也要固定皱胃。

（六）护理

除按腹腔手术常规护理外，还应注意下列几个问题：

（1）术后为控制感染，可连续应用抗生素治疗。

（2）为纠正由于皱胃变位所引起的体液及电解质的紊乱，可经口饮水和静脉注射复方氯化钠溶液和葡萄糖溶液。

（3）为防止术后并发皱胃弛缓，应皮下注射新斯的明 4～25mg，以促进皱胃蠕动功能的恢复。

五、犬胃切开术

犬胃切开术常用于胃内异物的取出、胃内肿瘤的切除，急性胃扩张－扭转的整复、胃切开、减压或坏死胃壁的切除、慢性胃炎或食物过敏时胃壁活组织检查。

（一）保定

仰卧保定。

（二）麻醉

全身麻醉，气管内插入气管导管，以保证呼吸道通畅，减少呼吸道死腔和防止胃内容物逆流误咽。

（三）术式

非紧急手术，术前应禁食 24h 以上。在急性胃扩张－扭转病犬，术前应积极补充血容量和调整酸碱平衡。对已出现休克症状的犬应纠正休克，快速静脉内输液时，应在中心静脉压的监护下进行，静脉内注射林格尔氏液与 5% 葡萄糖或含糖盐水，剂量为 80～100ml/kg 体重，同时静脉注射氢化考地松和氟美松各 4～10mg/kg 体重，青霉素 80 万 IU。在静脉快速补液的同时，经口插入胃管以导出胃内蓄积的气体、液体或食物，以减轻胃内压力。

脐前腹中线切口。从剑突末端到脐之间作切口，但不可自剑突旁侧切开。犬的膈肌在剑突旁切开时，极易同时开放两侧胸腔，造成气胸而引起致命危险。切口长度因动物体型、年龄大小及动物品种、疾病性质而不同。幼犬、小型犬和猫的切口，可从剑突到耻骨前缘之间；胃扭转的腹壁切口及胸廓深的犬腹壁切口均可延长到脐后 4～5cm 处。

沿腹中线切开腹壁，显露腹腔。对镰状韧带应予以切除，若不切除，不仅影响和妨碍手术操作，而且再次手术时因大片粘连而给手术造成困难。

在胃的腹面胃大弯与胃小弯之间的预定切开线两端，用肠钳夹持胃壁的浆膜肌层，或用 7 号丝线在预定切线的两端，通过浆膜肌层缝合二根牵引线。用肠钳或两牵引线向后牵引胃壁，使胃壁显露在腹壁切口之外。用数块温生理盐水纱布垫填塞在胃和腹壁切口之间，以抬高胃壁并将胃壁与腹腔内其他器官隔离开，以减少胃切开时对腹腔和腹壁切口的污染。

胃的切口位于胃腹面的胃体部，在胃大弯和胃小弯之间的无血管区内，纵向地切开胃壁。先用外科刀在胃壁上向胃腔内戳一小口，退出手术刀，改用手术剪通过胃壁小切口扩大胃的切口。胃壁切口长度视需要而定。对胃腔各部检查时的切口长度要足够大。胃壁切开后，胃内容物流出，清除胃内容物后进行胃腔检查，应包括胃体部、胃底部、幽门、幽门窦及贲门部。检查有无异物、肿瘤、溃疡、炎症及胃壁是否坏死。若胃壁发生了坏死，应将坏死的胃壁切除。

胃壁切口的缝合，第一层用或 1 号丝线进行康乃尔氏缝合，清除胃壁切口缘的血凝块及污物后，用 3 号丝线进行第二层的连续伦巴特氏缝合。拆除胃壁上的牵引线或除去肠钳，清理除去隔离的纱布垫后，用温生理盐水对胃壁进行冲洗。若术中胃内容物污染了腹腔，用温生理盐水对腹腔进行灌洗，然后转入无菌手术操作，最后缝合腹壁切口。

（四）护理

术后 24h 内禁饲，不限饮水。24h 后给予少量肉汤或牛奶，术后 3d 可以给予软的易消化的食物，应少量多次喂给。在病的恢复期间，应注意动物水、电解质代谢是否发生了紊乱及酸碱平衡是否发生了失调，必要时应予以纠正。术后 5d 内每天定时给予抗生素。手术后还应密切观察胃的解剖复位情况，特别在胃扩张 - 扭转的病犬，经胃切开减压整复后，注意犬的症状变化，一旦发现胃扩张 - 扭转复发，应立即进行救治。

六、肠管手术

当患病动物发生肠扭转、肠套叠、肠嵌闭、肠缠络、肠结石、肠梗阻、取出小肠内异物，特别是顽固性肠便秘，经药物治疗及直肠按压无效时，可施行肠管手术。

（一）准备

同开腹术。

（二）保定

患病动物行侧卧保定或站立保定。

（三）麻醉

如站立保定，可行腰旁神经干传导麻醉，或三阳络组穴，百会腰旁组穴电针麻醉配合局部浸润麻醉。如侧卧保定，可用水合氯醛全身麻醉，腰荐硬膜外腔麻醉，或行静松灵配合局部浸润麻醉。犬、猫采用全身麻醉。

（四）术部

根据术前正确诊断，确定某段肠管发生肠变位、结石、闭结等。按照肠管正常的解剖位置选定手术部位。

小肠、小结肠手术部位，应在左肷部。右侧大结肠、胃状膨大部和盲肠，应距右侧肋骨弓后方4～5cm，剑状软骨区。左侧大结肠，应在左侧肋骨弓后方4～5cm，左侧剑状软骨区。

左或右侧大结肠，亦可在腹中线或右侧2～3cm，剑状软骨后15～20cm处。

（五）术式

常用的肠管手术有肠闭结手术和肠变位整复术。

1. 肠闭结手术

可分为隔肠按压法、肠侧壁切开术和肠切除吻合术等。

（1）隔肠按压法：打开腹腔后，洗手更换灭菌长橡胶手套，将手伸入腹腔探查肠闭结部位，根据闭结情况采用不同手法，轻轻的分段压碎或按压成沟，直到粪水能通过为止。如粪块过硬，可先将连接胶管的针头带入腹腔，刺入粪块内注入生理盐水或碳酸氢钠溶液，使之软化，然后再轻轻按压，直至压碎。必要时可将肠管牵引至腹腔外，在直视下进行按压。经最后检查再无阻塞部位时，即可缝合腹壁。

（2）肠侧壁切开法：当肠结石或按压结粪无效时，可行肠侧壁切开。小肠或小结肠切开时，须将肠管牵引至腹壁切口之外，首先用温生理盐水纱布垫在肠管下面与切口隔离。并将结粪附近肠内容物推移至远端，再用肠钳子将预定切开的肠管两端夹好，在结石或结粪膨隆处，于肠管纵带上或肠系膜对侧，一次全层纵切开肠壁，取出结石或结粪，注意严防污染术部，用青霉素生理盐水冲洗切口，然后进行肠侧壁缝合。第一层行肠管全层的连续缝合，取下肠钳子，再用青霉素生理盐水冲洗，清拭。术者洗手消毒更换手套，更换器械及创巾。第二层行浆膜、肌层连续内翻缝合，再次清洗后术部涂布抗生素软膏送回腹腔复位。进行大结肠侧壁切开时，其方法基本同小结肠侧壁切开，但由于肠管体积大，而移动范围小，难于拉出腹腔之外，为了防止侧壁切开引起肠内容物，流入腹腔，常采用缝合固定法，先将手伸入腹腔，尽量牵引结粪肠段到腹壁切口处，沿肠纵带将肠壁的浆膜、肌层切开15～18cm长，这时将一个灭菌的有孔薄胶布缝在切口上，继续切开黏膜层，取出结粪，肠壁缝合同小结肠。作盲肠侧壁切开时，其方法基本同大结肠侧壁切开。但可将盲肠尖拉到腹壁切口外，沿背侧纵带切开，取出积粪。如盲肠尖部取出困难时，可行盲肠头或盲肠体侧壁切开，并按大结肠侧壁缝合固定法进行（图8-7）。

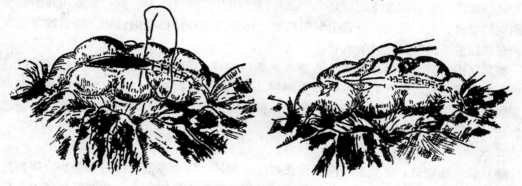

图8-7　肠侧壁切开缝合法

（3）肠管切除吻合术：当肠管引起局部坏死、粘连或肠瘘时，施行本手术。将病变肠管引至腹壁切口外，用浸有温生理盐水的大纱布保护肠管并隔离本部，以免切除肠管时污染术部。先在预定切除的肠段两端，用肠钳子在距切断部2～2.5cm处的健康肠段上固定（图8-8），双重结扎分布在该肠段的三角形肠系膜上的血管，用剪子将坏死肠段剪断，同时将肠系膜做三角形切除，彻底冲洗肠管断端，然后将两端并拢由助手固定，在肠系膜附着部的两断端处，将肠壁全层缝合1针，另在肠系膜对侧的两端处也穿过肠壁全层缝合1针，由助手牵引使肠管两端靠近成一直线。先在后壁行全层连续缝合，后在前壁行全层连续内翻缝合，当前后肠壁缝合完毕，即将肠管缝合一周，而完成了第一层缝合（即端端内层缝合）。

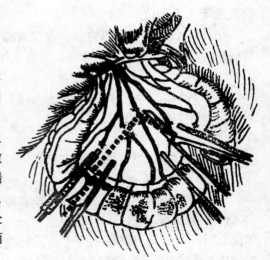

图8-8　切除病变部位

然后用青霉素生理盐水冲洗，拆除两个缝线，除去肠钳，更换器械，创巾。术者、助手更换手套，转入无菌手术阶段。第二层行浆膜，肌层连续内翻缝合（即端端外层缝合）。肠系膜作连续缝合。最后将无浆膜部及肠系膜的空隙加以数针缝合。再用微温青霉素生理盐水冲洗，涂布抗生素软膏送回腹腔，闭合腹壁。

缝合肠管时，每针的距离要求密度合适，间隔过宽容易漏水，漏气和漏粪，过密则影响肠管愈合和容易造成肠管缝合处狭窄，因此缝合的针距一般为0.4～0.5cm，刺入或刺出点距离创缘为0.2～0.5cm。

2. 肠变位整复术

在整复肠套叠时，先在腹腔内将套叠部分轻轻按摩整复，切忌用手牵拉，以免撕裂肠管，污染腹腔。如不可能时，则将套叠的肠管引至腹壁切口之外，以双手的拇指和食指，自套叠的远端均匀而轻柔地剥离，不可用力牵拉，以免发生肠破裂。如仍不能整复时，可剪开套叠的外层，复位后，再缝合剪开的肠壁。如套叠肠段已坏死，必须切除进行断端吻合。

整复肠扭转时，通常在减压后，根据具体情况进行整复。如因积粪造成的大肠扭转，则把病变部，尽量引到腹壁切口处，行肠管侧壁切开，排空肠内容物。如果扭转的肠管引不到创口处时，可把邻近的肠管引到创口处，行侧壁切开，排空内容物，而后按常规缝合后，送回腹腔，再整复扭转的肠管。

整复肠嵌闭时，如为小肠或小结肠嵌入肠系膜或大网膜破裂孔内，找到嵌闭部位后，将嵌入的肠管连同有破孔的肠系膜（大网膜），一起引至腹腔外，加以整复。然后即可将肠系膜或大网膜的破孔缝好，最后将肠管和肠系膜（大网膜）送回腹腔。如嵌入肠管已坏死，进行切除，断端吻合。

3. 犬的肠切开术

脐后腹中线切口，必要时可向后延长到耻骨前缘。用生理盐水纱布垫保护和隔离皮肤切口创缘，将大网膜和小肠向腹腔前部推移并用生理盐水纱布隔离。在结肠切开前，应仔细检查胃和小肠有无病变存在。将闭结的结肠从腹腔中牵引出腹壁切口外，用生理盐水创布隔离。两把无损伤肠钳在拟切开的结肠肠段的两侧夹闭肠管，在肠壁切开线两端系二根牵引线，并由助手扶持肠钳和固定二根牵引线，使肠壁切口与地面呈 45°角，切开肠壁全层，取出肠内闭结粪球或异物，用 2 铬制肠线或 2 号丝线进行全层连续缝合，必要时可用 3 号铬制肠线进行补针缝合。缝毕，用每 500ml 生理盐水含 100mg 卡那霉素溶液冲洗肠管，然后将肠管还纳回腹腔内。撤除隔离的纱布，在确信腹腔内没有异物遗留时，关闭腹壁切口。

（六）护理

术后患病动物常出现脱水、电解质代谢紊乱、酸碱平衡失调，致使心血管、胃肠功能下降。则必须依据患病动物体液及电解质丧失的具体情况，及时的采取输液疗法。注意应用抗生素或磺胺类药物控制感染。术后 2～3d 可给予流食，而后逐渐喂给柔软易消化的饲料，每日适当的牵遛运动、促进胃肠功能的恢复。当患病动物食欲增进后，注意日粮的配合，每日定时、定量，防止喂饲过多，引起消化功能紊乱。

七、猫结肠部分切除术

猫巨结肠症是指由于先天或后天的原因导致粪便蓄积和结肠扩张，持续性便秘。猫特发性巨结肠症主要是由于结肠平滑肌功能障碍引起的结肠扩张和粪便蓄积。

（一）保定

采用手术台仰卧保定。

（二）麻醉

采用异氟醚吸入麻醉诱导及全紧闭式吸入麻醉维持。

（三）手术方法

常规腹正中线开腹，切口起于脐孔止于耻骨联合。将巨结肠牵拉至腹腔外，使用隔离巾将结肠与腹腔切口隔离。将粪便向结肠中段推移，在预定切除肠管处使用肠钳钳夹。双重结扎结肠动静脉及直肠前动脉。在回盲口后以 45°角度剪断结肠前端，结扎出血点，随后在骨盆腔入口前以垂直结肠方向切断结肠。游离结肠，并切除。回盲口段结肠与骨盆腔处结肠做端端吻合术。

（四）术后护理

术后前 3d，每日直肠内灌注 2 万 IU 青霉素。术后 1 周拜有利 0.1ml/kg 体重，皮下注射，术后补液 3d，第 4d 开始饲喂少量流食和营养膏，第 5d 时饲喂少量罐头食品，术后第 10d 饲喂正常干猫粮。

八、腹腔手术合并症的防治

（一）腹膜感染

多半在术中，使腹膜遭受物理、化学或机械性的刺激而引起。尽管是微小的伤害，往往使敏感的腹膜，发生一定程度的炎症反应。

当打开腹腔之后，多数情况下，将肠管（病变组织）引至腹壁切口外，用灭菌干纱布或 $40\sim45℃$ 生理盐水浸湿的纱布进行隔离。这两种纱布的作用，各有利弊。干纱布对组织摩擦刺激性大，吸水性强，易引起腹膜干燥，但不降温。反之微温的湿纱布，虽有保持腹膜、肠管的湿度、温度，不易干燥，但有易冷却降温的缺点。因此，干燥、冷却的伤害，所招致的病原微生物的感染，远远大于机械性的刺激。并发腹膜炎时，一般在术后 24h，可见初期症状。局部敏感疼痛，患病动物体温升高。牛并发腹膜炎时，症状不甚明显。

术后腹膜炎症，多属于人为的，故必须在术中注意预防。同时术前、术后应用抗生素或磺胺类药物进行防治。如出现临床症状应及时采取对症治疗。

（二）创口感染

主要由于未严格执行无菌与消毒常规。或者创内存有异物、血液凝以及缝合时留有死腔，特别是施行胃肠手术过程，其内容物的污染等原因，更易造成创口感染。因此应多考虑预防措施。

当患病动物体表以及内脏器官，伴有化脓性病变或者患病动物体质衰弱、营养不良时，术前应采取合理的治疗措施，并及时纠正营养缺乏的状态，提高机体的抗感染能力。

如果术后创口发生化脓性感染，立即拆线，充分排脓，以后按感染创处理。为了消炎、抗感染，促进创口愈合，术后可用氦氖激光照射。

（三）术后肠管麻痹

开腹术合并肠麻痹较为常见。任何附加于肠管的强力刺激（物理、化学）以及不合理的应用麻醉剂，均可引起不同程度的肠管麻痹，由于肠管麻痹可招致肠管粘连，消化功能减退，肠内容物发酵产气。术中应特别注意。

为预防肠管麻痹，在手术中除注意消除干燥、冷却，以及其他物理、化学等刺激因素外，术后应进行静脉内输液，以纠正水盐代谢和酸碱平衡失调。用微温水、微温食盐水灌肠，每隔 $2\sim3h$ 1 次，每天不少于 $3\sim5$ 次。为增强肠蠕动机能，可用新斯的明注射液，牛、马 $4\sim25mg$ 皮下注射，或用氨甲酰胆碱 $1\sim2mg$ 皮下注射。并早期行牵遛运动。

（四）术后肠粘连

主要由于浆膜的损伤，腹腔存有积血，肠麻痹或超生理的强力牵拉肠管（子宫）等原因所造成。同时术中使肠管浆膜层接触用碘酊消毒的皮肤或敷料，亦易引起粘连。为了防止发生肠管粘连，尽量避免损伤浆膜，彻底清除积血，杜绝化学药品的刺激。术后 24h

内，注意直肠检查。并经直肠活动肠管，如发现粘连，立即进行直肠内分离。术后早期饲喂适量的青软饲料，并进行牵遛运动，有助于肠蠕动机能的恢复和防止肠粘连。

（五）术后肺炎

小动物行全身麻醉开腹手术时，易引起本病，多为吸入性肺炎，还有因循环障碍而引起的沉积性肺炎。一般术后将患病动物放置于冷暗场所，是诱发肺炎的最大危险。吸入麻醉时，药剂对呼吸系统黏膜的刺激也是诱因，对此要严加预防，如发现疾病，及时治疗。

当反刍动物手术麻醉时，常因充满发酵的胃内容物逆流进入口腔，此时吞咽反射消失，致使胃内容物流入或吸入气管，则发生异物性肺炎。因此麻醉时，应将患病动物头部抬高，口朝下，一旦发生呕吐，尽可能将呕吐物排出口腔，呕吐停止后，用大块纱布清拭，以防发生异物性肺炎。

（六）术后尿积留

多因术后创部疼痛，反射性抑制排尿，致使尿液聚于膀胱中不能排出所致。故凡实施开腹手术的患病动物，必须使膀胱空虚，为此术前应用导尿管排出尿液或术中留置导尿。犬、猫手术时，可行膀胱穿刺。

（七）术后虚脱

由于失血、脱水或排气减压，常引起患病动物突然发生昏迷、脉搏频数，呼吸浅表。黏膜苍白，体温下降，末梢冷感等虚脱症状。术后虚脱为开腹术中常见的合并症之一。

为预防术后发生虚脱，注意术中止血、强心及时输液或输血，防止造成血容量降低，导致组织缺血、缺氧，发生循环虚脱。

第五节　泌尿生殖器官手术

一、马阴茎截断术

阴茎末端肿瘤、冻伤以及阴茎麻痹经药物治疗无效时，施行阴茎截断术。

（一）准备

器械、药品及敷料同一般软组织切开手术。此外还须备有导尿管及结扎用胶管等。

（二）保定

患病动物行站立保定或侧卧保定。

（三）麻醉

采用阴部神经传导麻醉、腰荐硬膜外腔麻醉或全身麻醉。必要时可配合应用静松灵。阴部神经传导麻醉的具体方法是：先用左手触摸肛门下方坐骨切迹，并将尿道推向一侧。

右手持针，在正中线侧方 1cm 处，向坐骨切迹方向刺入 2～3cm，抵于骨质后稍行退针，注入 3% 盐酸普鲁卡因溶液 10～15ml。为了麻醉确实，用同样的方法从对侧再注射 1 次。经 5～10min，阴茎由包皮内自行脱出，麻醉可持续 1～2h。

（四）术式

术前对下腹部、股内侧、阴囊，特别是包皮及阴茎，要刷洗干净，清除包皮污垢。手术时先将消毒的导尿管，涂以灭菌凡士林（或液状石蜡），插入尿道内达术部上方，并在术部上方结扎止血带，龟头部系以绷带将阴茎拉直，翻转阴茎使阴茎腹侧向上，在病变部后方的阴茎缝际（即腹侧正中线）上，作等腰三角形切口，三角形的顶端在后，位于中线上，两腰长约 2～4cm，底宽 2cm，切透皮肤、皮下织及球海绵肌，并将三角形内组织切除，在三角形内沿中线作纵切口，切开尿道海绵体和尿道黏膜，然后用细丝线及直圆针分别对三角形两腰的皮肤及同侧尿道黏膜行结节缝合，针距约 0.5cm，完成新尿道造口，取出导尿管，在新的尿道口远端，垂直尿道横断阴茎，除去病变部，同时结扎阴茎背侧动、静脉血管，然后用丝线自尿道背侧中央开始，向两侧依次行钮孔状缝合。方法是先穿皮肤、阴茎海绵体、尿道黏膜，再以相反的顺序返回皮肤，将阴茎断面完全闭合，在阴茎背侧打结，缝合线在组织内呈扇形放射状。或者将三角形造口缝合后，抽出导尿管，再稍向上推移阴茎皮肤，在三角形底向阴茎背面切开，将阴茎海绵体向中心作凹陷形切断，结扎阴茎背侧血管，这时阴茎背侧皮肤暂不切断，由助手牵引。再用缝线由一侧穿过白膜、阴茎海绵体小梁及及对侧的白膜进行结节缝合，在结节缝合上面，再行 1 次内翻缝合，使阴茎海绵体断端达到充分止血的目的，缝线间的距离约为 0.5cm。缝合完毕切断皮肤，将三角形底边的尿道黏膜同皮肤行结节缝合，闭合阴茎断端。最后解除止血带。

亦可用止血带在预定切除部位的上方结扎。用外科剪沿尿道口剪开阴茎腹侧面，直至预定尿道造口处。再采用上述尿道造口缝合法，将切口两侧的皮肤，皮下组织、尿道海绵体以尿道黏膜行结节缝合，尿道造口的长度约为 3～4cm，于造口的稍下方，环行切开阴茎皮肤、皮下组织，稍向上剥离后，于此处用细乳胶管或粗缝线结扎，然后于结扎处下方 2cm 的远端切断阴茎，最后解除近端的结扎止血带，而留置远端的乳胶管止血带。此法简单，止血确实。远端的结扎乳胶管或粗缝线，于 7～15d 左右，随着残端的干性坏死而脱落。

（五）护理

一般不需要特别护理，术后几日内适当牵遛运动，平时高吊马头，防止卧地，注意局部清洁，必要时应用 0.1% 高锰酸钾溶液洗涤，3～10d 后拆线。

二、尿道切开术

当患病动物尿道内发生结石、肿瘤、异物（导尿管折损）或某些机械性的损伤而引起尿道闭塞，造成排尿困难时，可施行尿道切开术。

（一）准备

同阴茎截断术。

（二）保定

牛一般采用侧卧保定，马属动物采取站立保定。

（三）麻醉

施行阴部神经麻醉或荐尾硬膜外腔麻醉，必要时配合局部浸润麻醉。

（四）术部

在肛门下方，会阴部正中线上做切口，牛还可在阴囊基部后上方做切口。尿道结石时，依其阻塞部位而定。

（五）术式

当治疗尿道结石或尿道造口时，先将消毒的导尿管涂以灭菌凡士林（或液状石蜡）插入尿道（或抵达结石部位）、在预定切口或结石阻塞处，沿正中线直线切开皮肤、皮下组织，钝性分离阴茎缩肌，再将阴茎拉到皮肤切口，以不太长的屈曲突出于皮肤切口之外。为了防止尿液流入深部组织，可将阴茎结扎固定，再依次切开球海绵肌、尿道海绵体、尿道黏膜。切口由外向内要逐层减小，以防尿液在切口内积留。切口完成后，彻底止血，抽出导尿管，如尿道结石，此时可用结石钳或拔弹钳取出结石，若结石过大可破碎后分别取出。取出结石后，用无刺激性防腐液冲洗，拭干。以连续缝合法缝合尿道黏膜、海绵体，结节缝合肌层及皮肤。如为尿道造口术则将尿道黏膜致密地缝在切口两侧皮肤上。

牛的尿道结石如位于 S 状弯曲部，可在阴囊后上方 8～10cm 处，切开皮肤、皮下组织，分离阴茎缩肌后，将 S 状弯曲拉出切口外，于结石阻塞部腹侧切开尿道取出结石。

马尿道切开，术后一般经过良好。牛由于尿道较细，术后有时发生尿道狭窄或闭锁，经一般处理无效时，可行尿道造口术。

（六）注意事项

（1）对尿道结石患病动物，当侧卧保定时。必须小心，以免充满尿液的膀胱发生破裂。

（2）术后膀胱麻痹时，每日定时施行直肠内按摩。为了促进膀胱肌的收缩力，可皮下注射硝酸士的宁，牛、马 15～30mg。

（3）尿道黏膜有严重损伤时，尿道切口可不做缝合（避免发生尿道狭窄或闭锁），每日可用无刺激性防腐液冲洗，期待愈合。

（4）护理

术后将患病动物置于清洁保温畜舍内，尾部包扎绷带引向体侧固定，每日给予足够的饮水，以利尿道畅通。注意术部变化，发现化脓时，立即拆线，及时治疗。

三、膀胱修补手术

由于患病动物尿道结石、便秘、摔倒或者腹部遭受打击等，致使膀胱破裂，可施行本手术。

（一）准备

同开腹术。

（二）麻醉

腰荐硬膜外腔麻醉或全身麻醉。

（三）术部

沿耻骨前缘 2～3cm（避开乳房或阴囊），向前作纵行切开 15～20cm。中、小动物亦可沿耻骨前缘 2～3cm，沿中线切开。

（四）术式

按开腹术术式打开腹腔通路之后，助手戴灭菌手套伸手入腹腔，将肠管向前移动，用导管充分排出腹腔积尿，而后探查膀胱，谨慎将其引至腹壁切口之外。当膀胱充分暴露之后，仔细寻找破孔，如破孔不易发现时，轻压膀胱，可见尿液从破孔流出，先对破孔进行修整，再用温的青霉素生理盐水清洗，随后用肠钳子固定破裂孔。膀胱黏膜层用细肠线行连续褥式缝合，浆膜肌层先行连续缝合，后行连续或结节内翻缝合。小的破孔可用烟包缝合。除去肠钳，清拭后，还纳腹腔，最后用青霉素生理盐水冲洗腹腔，闭合腹壁切口。

（五）注意事项

（1）膀胱伤口必须用细肠线缝合。不能吸收的缝线不可用作缝合膀胱，因作为异物可使尿沉淀结晶。

（2）缝合膀胱黏膜层时，宜采用褥缝合法，可避免黏膜切口边缘突入膀胱腔内，成为结石的核心，形成膀胱结石。

（3）缝合打结时不可太紧，以免压迫影响血液供应而致膀胱壁坏死。

（4）在闭合膀胱之前，须检查尿道，如尿道畅通时再行缝合。

最后依需要可在皮下创道内，留置多孔引流管及经尿道留置导尿管，一般可于术后 3～5d 取出。

（六）护理

参照开腹术方法。此外应注意观察泌尿系统变化，必要时给予抗生素及尿路消炎的药物。

四、睾丸摘除术

当动物患有睾丸炎及附睾炎、睾丸或阴囊创伤、鞘膜腔积水或化脓、阴囊疝等，经其他疗法无效时，以及有恶癖烈性动物，为了便于使役和管理，可施行睾丸摘除术。

（一）准备

（1）患病动物术前要进行全面检查，确定有无其他疾病。对患病，高热和体弱的动物应暂缓手术。骨质软化症的患病动物，保定时容易发生骨折，必须引起重视。要注意了解、观察和触摸阴囊、睾丸以及腹股沟管的变化，当发现腹股沟管有扩大现象时，可进行直肠检查。如腹股沟管内环可容纳 3 指时，不可进行观血手术摘除睾丸，以防肠管从腹股沟管脱出的危险。

（2）术前 1d 减饲，使患病动物休息，术前 6h 停止喂饲，可适当饮水。清拭动物体，特别对下腹部、腹股沟区及会阴部充分刷洗。用绷带包扎尾部，取下蹄铁。注射破伤风抗毒素 1 万～1.5 万 IU。

（3）术前做好手术人员分工，清扫和消毒手术室（场地）。认真检查保定用具。

（4）做好器械、药品的准备，除按软部组织常规手术准备外，根据手术方法的不同，还需准备挫切钳、捻转钳、固定钳、夹板、扁嘴钳等。

（二）保定

一般采用单套绳或双套绳侧卧保定法。有条件的可在手术台上进行。

（三）麻醉

可用精索内麻醉，左手固定精索，右手将针刺入一侧精索内，注入 3% 盐酸普鲁卡因溶液 10ml。同法麻醉另侧精索。然后再于阴囊两侧切口部位，各注入 5ml。临床一般多不麻醉。

（四）术式

1. 牛羊睾丸摘除术

操作基本与马属动物相同，术部常规消毒，将睾丸推移到阴囊底，切口一般要求在阴囊后下面或前下面，沿缝际两侧切开，挤压睾丸露出创口外，剪断鞘膜韧带，而后用挫切法或捻转法除去睾丸。也可用粗缝线行双重结扎精索，在结扎下方 1.5～2cm 处剪断精索，除掉睾丸，精索断端涂碘酊。

2. 马属动物睾丸摘除术

术部按常规消毒后，术者位于腰背部，左手握住阴囊颈部，将睾丸压向阴囊底，充分显露睾丸轮廓，使阴囊缝际位于两侧睾丸之间。如用手把持睾丸有困难时，可用灭菌绷带扎紧阴囊颈部，以固定睾丸。

在阴囊缝际两侧各 2cm 处，与缝际平行切开阴囊皮肤及总鞘膜，切口不可过小或歪斜。如有粘连时，将刀柄或手指插入鞘膜腔内剥离。当睾丸脱出后，术者左手握住上侧睾丸，右手在附睾尾的上方捏住鞘膜韧带，由助手将其剪断，然后术者沿精索向上推送，充分暴露精索，睾丸即下垂不能缩回，除去睾丸常用以下几种方法。

（1）挫切法：充分显露精索。助手用固定钳在睾丸上方 4～5cm 处，将精索固定，并将固定钳紧靠腹壁固定，以防动物骚动时牵拉精索。术者左手握睾丸，右手持挫切钳开张钳嘴，切刃向睾丸侧在固定钳下方夹住精索，慢慢关闭钳嘴挫断精索，除去睾丸，停留

2～3min，达到充分挫断精索断端以防后出血，而后再缓慢张开钳嘴，精索断端涂碘酊，再以同样方法，除去另侧睾丸。用灭菌纱布清拭创缘，轻轻排出阴囊积血，而后阴囊腔撒布青霉素粉，对合创缘。

（2）捻转法：充分暴露精索之后，用固定钳在睾丸上方7～8cm处将精索固定，然后在固定钳下方2～4cm处装置捻转钳，扣紧向同一方向进行捻转，先慢后快直至捻断精索为止。精索断端涂碘酊，另侧睾丸同样捻断。

（3）夹板法：本法是用长12～15cm，宽2～3cm的两块木制夹板，外侧呈半圆形，内侧造浅沟，一端有相对斜面，两端外侧造横沟，防结绳滑脱，并将斜面一端用绳扎紧，用前消毒。去势时在夹板内面沟中撒以适量的青霉素粉，当睾丸与精索充分显露后，将夹板直角相对紧夹精索、精索应放在夹板的中央，用扁嘴钳压闭夹板另端，并用绳扎紧，在距夹板下缘1～2cm处切断精索除去睾丸。精索断端涂碘酊。一般24h后解除夹板。

3. 猪睾丸摘除术

术部清洗消毒，左侧卧保定，用左手食指与拇指捏住阴囊基部，使阴囊皮肤紧张，阴囊缝际位于两睾丸中间，在缝际两侧约1～2cm处与缝际平行切开，睾丸脱出后，分离鞘膜韧带，结扎精索切除睾丸，断端涂碘酊。另侧采取同样方法处理。

4. 兔睾丸摘除术

公兔的腹股沟管较大，睾丸常在腹腔内，术者先用手掌压迫后腹壁，使睾丸进入鞘膜腔。此时固定睾丸，只切开阴囊不切开总鞘膜，术者一手紧握总鞘膜和睾丸，另手用镊子将阴囊皮肤向腹壁推移，充分显露精索，然后用止血钳固定精索，用缝线结扎，在其下方0.5～1.0cm处切除睾丸，同法切除另侧睾丸。

（五）注意事项

（1）马属动物用单套绳倒马侧卧保定时，最好缠绕腰绳将跖部一并固定，防止因手术疼痛，骚动挣扎，引起腰，肢骨折。

（2）当阴囊或睾丸有外伤时，可在原伤口按上述手术方法摘除睾丸，而后用0.1%雷佛奴尔溶液或青霉素生理盐水冲洗鞘膜腔，行开放疗法。如睾丸化脓或鞘膜腔积脓时，摘除睾丸后，按化脓创处理。

（3）摘除睾丸后如发现肠脱出时，可按阴囊疝的手术疗法进行治疗。

（4）切开阴囊时，必须在阴囊底部与缝际平行，防止切口偏前、偏后或不齐。否则影响创液排出。

（5）挫切或捻转摘除睾丸时，注意挫压时间和捻转速度，防止牵拉精索，确切达到止血目的。术后一旦发生出血，应立即进行止血。

（六）护理

术后当日中午停止喂饲或给予少量软干草或新鲜青草，应注意饮水。术后当日晚喂少量饲料，充分饮水。此时是术后出血的关键时刻，应注意观察。手术初后期减少口粮中精料，注意给予富有维生素及易消化饲料，以后随运动量增加而增添精料。

术后大动物防止倒卧，并在风小的时候进行运动30～40min。中、小动物注意畜舍卫生，保持干燥。术后2～3d，体温稍高，阴囊肿胀，往往是由于创口排液不畅所致。此时消毒创口，可用灭菌钳或止血钳，排除阴囊内的凝血块及渗出液，同时用 0.5% 盐酸普鲁卡因溶液 80～100ml，静脉注射。约经 2～3d 肿胀消散，体温恢复正常。如果术后 4～5d 体温升高 40℃ 以上呈稽留热，脉搏增数，精神沉郁，食欲减退或废绝，局部高度肿胀，疼痛明显，是创口感染的特征。应立即排除创内蓄积物，局部按感染创处理，并采取全身抗感染措施。

五、隐睾手术

公畜在胚胎发育期中因睾丸及其韧带发育不良，出生后睾丸仍保留在腹腔或腹股沟管内，称为隐睾。这种公畜不便于使役，也不能作种畜用，同时影响育肥，故施行本手术。

隐睾在各种动物均可发生，而猪和马比较常见。马发生腹腔型隐睾时，睾丸常位于腹腔的下壁，腹股沟管内环附近。有时在腹股沟区的腹腔侧壁上。其他动物睾丸常位于腰区肾脏的后面，悬于腹腔背壁的短系膜上。隐睾较正常睾丸柔软而小。腹股沟隐睾时，睾丸与附睾位于腹股沟管中的鞘膜腔内。

（一）马隐睾手术

1. 准备

同睾丸摘除术，术前 8～12h 禁食和停止饮水。术部按常规消毒。

2. 保定

单侧隐睾采用侧卧保定，双侧隐睾行仰卧保定。

3. 麻醉

手术马行全身麻醉和局部浸润麻醉。

4. 术式

腹股沟隐睾在外环的位置，沿其纵轴做 10～12cm 长的切口。切开皮肤、皮下组织及筋膜，注意避开阴部静脉的分支，勿使其损伤。继续分割深部脂肪组织，直至腹股沟管外环。若隐睾位于腹股沟管内，可在管内发现鞘膜突，用止血钳将其夹住向外牵引，用外科剪刀小心剪开，然后伸入手指探索睾丸和附睾，并将其引出腹股沟管外环之外，用挫切、捻转或结扎去势法摘除睾丸。结扎鞘膜突，缝合肌肉层，撒青霉素粉，再结节缝合皮肤。涂碘酊，装结系绷带。

腹腔隐睾位于腹腔内或在腹股沟管内靠近腹股沟管内环处，切开腹壁（腹横筋膜及腹膜），并向腹腔内伸入手指，在腹股沟管附近探索睾丸。必要时扩大腹壁切口伸入全手，沿膀胱背面寻找输精管。相继找到附睾及睾丸，将睾丸引出创口，按上述方法摘除睾丸。若为两侧性隐睾、则同时通过此切口摘除另侧睾丸。最后关闭腹腔或腹股沟内环及皮肤切口。

（二）猪隐睾手术

猪的隐睾多位于腰区肾脏的后方，有时位于腹腔下壁或腹股沟管内环附近。2～6 月龄手术较为适宜。

1. 保定

一般采取侧卧或半仰卧保定。

2. 术部

幼龄猪一侧性隐睾时，在同侧倒数第 2 乳头外侧约 1～2cm 处，两侧性者，在左侧倒数第 2 乳头与腹中线之间。6 月龄以上的公猪，一侧性的，在隐睾侧髋结节与最后肋骨连线的中央部，作斜向前下切口。亦可在髋结节下方 5～10cm（相当于母猪大挑法位置）处。

3. 术式

切开皮肤长约 3～5cm，钝性分离肌层露出腹膜，腹膜行皱襞切开。术者用戴灭菌手套的食指插入腹腔，于肾脏的直后、骨盆前缘、腹股沟区附近探查睾丸，当感到有卵圆形、质度柔软的游离睾丸时，引出切口外，结扎精索，除去睾丸。腹膜、肌层行连续缝合，皮肤作结节缝合。

4. 护理

参照睾丸摘除术及开腹术的护理原则进行。

第六节　胆囊手术

一、人培牛黄术或胆囊引流术

当人培牛黄、活体取胆汁以及治疗胆囊结石等疾病时，施行本手术。

（一）准备

（1）将制备合格的网架清洗晾干后最好放入封袋内用甲醛、高锰酸钾（5：3）熏蒸消毒，在条件不具备时亦可煮沸灭菌 10～15min。

（2）将预先配制好的菌液按用量抽取在玻璃注射器内备用。

（3）按常规手术准备好手术用器械、药品及敷料并进行灭菌。

（4）手术场地的选择应从实际出发，可在手术室内或选择平坦、干燥、背风向阳的场地进行手术。场地可用 0.5% 新洁尔灭溶液喷洒消毒。

（5）培植牛黄的牛只应选择无传染病以及无严重慢性病，最好是未妊娠，3～12 岁的健康牛为宜，术前绝食。

（6）如做胆囊引流术时，可备好蕈状引流管。

（二）保定

6 柱栏、2 柱栏内站立保定，或左侧卧保定。

（三）麻醉

常用盐酸普鲁卡因溶液作局部浸润麻醉，也可并用静松灵及其制剂。

（四）术部

正确的确定术部是手术顺利和成功的关键，术部是在右侧体壁倒数第 2 或第 3 肋间。简便而常用的方法是，首先在牛的右侧做 1 从髂骨外角下方与同侧肩端的连线，该线与倒数第 2、第 3 肋间相交。术部位置有二：一是倒数第 2 肋间切口顶端在该交叉点上方 3cm 处；一是倒数第 8 肋间的切口顶端在该交叉点下方 2cm 处。

（五）术式

1. 切开腹壁

术部剪毛（剃毛）、消毒、隔离后，在右侧倒数第 2 肋间植黄部位切开皮肤，切口长度以 8～10cm 为宜。分层切开皮下疏松结缔组织，并顺着肌纤维的方向用刀柄、止血钳或手指分离各层肌肉并扩大到所需的长度，最后显露腹膜（妊娠母牛及胖牛在腹膜外还有一层发达的脂肪，去掉脂肪后方能见到腹膜）。用镊子、止血钳或手指夹起腹膜，用刀或剪刀先切开或剪开 1 个小口，此时术者将左手食指、中指伸入腹腔，右手持圆头剪刀或普通外科剪剪开腹膜。

2. 寻找胆囊

切口适当，胆囊内胆汁充盈，牛腹压较大时胆囊可自行露出创口，如未能露出，可将压肠板从腹壁切口，用力向后方推移肠管，有时胆囊即可借腹前部压力露出创口。用一匕法仍未露出胆囊者可用手指伸入腹腔内，将胆囊轻轻拉出。此时应注意将胆囊与肠管和真胃加以区别，胆囊呈梨形囊状物，以手触摸时有被动感，表面血管呈树枝状。肠管多有肠襻和弯曲，表面无树枝状血管。真胃比胆囊大用手触摸无波动感。胆囊暴露于创口外以后，应立即用灭菌大纱布块于胆囊颈部缠绕一圈加以隔离。

3. 切开胆囊

在胆囊壁上方血管少的地方切开胆囊。切口长度一般为 2～3cm，以能将核心物植入为度。用止血钳夹起胆囊避开血管，一次性全层切开胆囊。如胆囊过度充盈，在切开之前先用注射器抽出胆汁 10～20ml。此时即可达到进一步确定是否是胆囊的目的，又可防止胆汁喷出流入腹腔。

4. 植入核心物

接种菌液抽出胆汁切开胆囊后将已准备好的核心物压扁或将其卷小植入胆囊内，然后将其恢复原状。缝合胆囊时，用直圆针，4～6 号缝合丝线作双层缝合胆囊。第 1 层作全层螺旋形连续缝合，第 2 层作浆膜肌层内翻连续缝合。因胆囊壁较薄，为防止胆汁外溢，两层均应严密缝合。清除胆囊上的污血，用 0.1% 新洁尔灭溶液冲洗。最后涂以碘甘油或用灭菌的中性油。再将已吸入注射器内的大肠杆菌菌液注入胆囊内，针孔消毒后将胆囊按原位还回腹腔。

5. 闭合腹腔

腹膜用 6 号丝线作连续缝合，肌肉用 8 号丝线行连续或结节缝合，用纱布彻底清创后撒布青霉素粉，然后用 18 号缝线用结节缝合法缝合皮肤，整理创缘后涂 5% 碘酊。创口以结系绷带固定以保护创口。

6. 拆除缝线

术后8～10d拆除皮肤上的缝线。

（六）注意事项

1. 取黄的时间

手术植核到手术取黄的时间，早的有4～8个月的，晚的有2～3年的，一般是经过1～2年。究竟多长时间为宜，还有争议，尚需今后进一步探索。

2. 取黄的方法与处理

取黄与植黄方法基本相同，手术暴露胆囊后，切开胆囊取出网架，如胆汁中悬浮较多细碎牛黄时，可用大注射器抽出胆汁，用纱布过滤即可取得牛黄。取出牛黄后可再将准备好的塑料网架再植入胆囊，可不再注射菌液继续培植牛黄。一头健康牛一般可行植黄手术2～3次。

3. 人培牛黄的处理

采集后的人培牛黄必须及时处理，否则将会影响其质量，这是因为黏附于网架上的胆红素在空气中易被氧化而变成褐色。其处理的步骤如下。

（1）除去污物：先用吸水滤纸或卫生卷纸吸去水分。轻轻按压网架表面除去上面附着的黏液、污物、胆汁和血液，但应避免除掉细碎的牛黄。

（2）干燥：将除去污物的网架放在阴凉通风处，待其自然干燥，切忌在阳光下暴晒。亦可放在40～60℃的烘干箱内烘干。

（3）保存：干燥后用手按压网架，牛黄则从网架内外成块，片状脱落。将剩下的刮净，尽量除去其中的杂物，将牛黄装入茶色磨口玻璃瓶内，置于阴凉干燥处保存。

（4）还原本色：取黄处理不当的牛黄，常因表层氧化而变成黑色。为使其还原为本色，可采用硫磺熏蒸法进行处理，为此可用一密闭的小缸，将硫磺（5g左右）点燃放入缸内下层，将核体放在箅子上熏蒸5～10min即可还原本色。

4. 胆囊引流术

可参照猪的胆囊引流术式，装置覃状头引流管，而抽取胆汁。

二、猪胆囊引流术

为从活体中抽取胆汁，提炼胆红素而行此手术。

（一）准备

1. 手术猪的选择

作胆囊引流手术的猪以体重40～50kg的阉割猪为宜。术前应进行健康检查。选好健康猪后术前须绝食24h，最好在手术的前一天给手术猪肌肉注射青霉素80万IU，分两次注射。

2. 器械、药品的准备与消毒

按常规手术准备器械并消毒，准备好覃状引流管用防腐液浸泡消毒或煮沸消毒，氯仿及麻醉用灭菌纱布与手术用的灭菌纱布等。

3. 准备好手术猪的饲养场地

胆囊引流术的猪应饲养在干燥、清洁的猪舍内，冬季舍内室温不能低于零上4℃。

4. 手术场地的准备

应根据实际情况出发，有手术室者在室内进行手术，无室内手术条件者可选择干燥，背风的场地，术前用0.5%新洁尔灭溶液喷洒消毒。

（二）保定

在手术台上、猪槽内或放在两根较粗的木棍中仰卧保定。

（三）麻醉

常用的是氯仿麻醉，氯仿用量约为7～25ml。可用较大的纱布1块，叠成两折成为等腰三角形。麻醉前用凡士林油涂抹猪的鼻面，持三角形纱布的两底角放入口内。然后放置浸以需用量氯仿的棉球于猪的鼻面用三角巾的游离上端覆盖鼻面，并在鼻骨部打结、固定。以后如需要蘸湿棉球时，再打开三角巾上端，然后再打结固定。

麻醉中要掌握适宜的麻醉深度。氯仿麻醉之初，猪可能出现短时间的骚动，很快即进入麻醉状态。此时手术猪心跳及呼吸缓慢均匀，肌肉较松弛，瞳孔稍缩小，意识消失，切皮时痛觉基本消失。

（四）术部

术部在右侧腹下部，第2乳头旁2cm，距肋弓2cm处。

（五）术式

术部剪毛（剃毛）、消毒后，做10cm左右的皮肤切口，分层分割皮下组织、腹肌、暴露腹膜。肥胖猪腹膜外常有较多的脂肪组织，必须切开或摘除后才能显露腹膜。然后用镊子、止血钳或手指将腹膜夹起，用手术刀或剪刀先将腹膜做一小切口，术者用左手食指、中指伸入腹腔保护内脏，右手持圆头剪刀剪开腹膜。用浸有生理盐水的灭菌纱布覆于大网膜上，使胃及大网膜后移，充分暴露右侧肝脏的边缘和一部分胆囊。找出胆囊后助手用手固定胆囊，使胆囊底部固定于创口下面，术者用2个无钩止血钳钳头夹胆囊底的盲端。沿胆囊底的盲端环形放置荷包缝合线。在胆囊底盲端环形荷包缝合的中心部切开胆囊。通过切口向胆囊内放入蕈状引流管，整复后拉紧荷包缝合线将引流管固定后打结。再以结节缝合胆囊切口的创缘。为防止胆囊回缩，将胆囊壁与腹膜缝合1针并打结。于右侧第2乳头侧方作一创口，通过创口将引流管引出，并将引流管缝合于切口处。放置胆汁收集瓶。

（六）护理

将手术后的猪单圈饲养在清洁、干燥较温暖的猪舍内，定时用不透光的容器（忌用铁制容器）收集胆汁。为了防止胆汁氧化可向容器内加入少量亚硫酸氢钠，并及时将收集的胆汁放入冰箱内冷藏以便提取胆红素。术后3～5d内为防止感染应肌肉注射青霉素。

三、犬胆囊切除术

胆囊切除术是胆道外科常用的手术。急性化脓性、坏疽性、出血性或穿孔性胆囊炎；慢性胆囊炎反复发作，经非手术治疗无效者；胆囊结石，尤其是小结石容易造成阻塞者；胆囊无功能，如胆囊积水和慢性萎缩性胆囊炎、胆囊颈部梗阻症、胆囊肿瘤、胆囊瘘管、胆囊外伤破裂而全身情况良好者。

（一）保定

仰卧保定。

（二）麻醉

846 合剂全身麻醉。

（三）术式

腹部对准手术台的腰部桥架。术中因胆道位置较深，显露不佳时，可将桥架摇起，尽量使腹肌松弛。切口一般取右侧腹直肌切口或右上正中旁切口。首先探查肝脏色、质，有无肿大或萎缩、异常结节、硬变和脓肿，分别探查右叶膈面和脏面、左叶。其次探查胆囊的形态、大小、有无水肿充血、坏死、穿孔等，轻挤胆囊能否排空，囊内有无结石，胆囊颈及胆囊管有无结石嵌顿，胆囊周围粘连情况。探查时若发现胆囊病变只是胆道病变的一部分，则不宜冒然施行胆囊切除术，而应依据发现的其他病变情况，决定处理方法。显露胆囊和胆囊管应用 3 个深拉钩垫大纱布垫将肝、胃、十二指肠和横结肠拉开，使十二指肠韧带伸直，胆囊和胆总管即可显露。用盐水纱布堵塞于网膜孔内，以防胆汁和血液流入小网膜腔。

1. 显露和处理胆囊管

用卵圆钳或弯止血钳夹住胆囊颈部，略向右上方牵引。用刀沿肝十二指肠韧带外缘切开胆囊颈部左侧的腹膜，仔细钝性分离出胆囊管。在分离过程中，可不断牵动夹在胆囊颈部的钳子，使胆囊管稍呈紧张状态，以便辨认。明确认清胆囊和胆总管的相互关系后，放松胆囊颈部的牵引，避免胆总管被牵拉成角。用两把止血钳夹于距胆总管 0.5cm 的胆囊管上，注意勿夹胆总管、右肝管和右肝动脉，以免误伤。在两钳间剪断胆囊管，近端用 4 号丝线结扎，再在其远端用 1 号丝线缝合结扎，以免脱落。

2. 处理胆囊动脉

胆囊动脉多位于胆囊管后上方的深层组织中，向上牵拉胆囊管的远端，在其后上方的三角区内，找到胆囊动脉，注意其与肝右动脉的关系，证实其分布至胆囊后，在靠近胆囊一侧，钳夹、切断并结扎，再将近端加作一道细丝线结扎。

如能清楚辨认局部解剖关系，可先于胆囊三角区将胆囊动脉结扎切断后，再处理胆囊管。这样术野干净、出血少，可以放心牵拉胆囊管，使扭曲盘旋状的胆囊管伸直，容易认清和胆总管的关系。如胆囊动脉没有被切断、结扎，在牵拉胆囊时，很可能撕破或拉断胆囊动脉，引起大出血。

究竟先处理胆囊动脉，还是先处理胆囊颈，应根据局部解剖而定。如胆囊动脉有时位置深，不先结扎、切断胆囊管就难以显露动脉，就应先处理胆囊管。

3. 剥除胆囊

在胆囊两侧与肝面交界的浆膜下，距离肝脏边缘1～1.5cm处，切开胆囊浆膜，如近期有过急性炎症，即可用手指或纱布球沿切开的浆膜下疏松间隙进行分离。如胆囊壁增厚，和周围组织粘连不易剥离时，可在胆囊浆膜下注入少量无菌生理盐水或0.25%普鲁卡因，再进行分离。分离胆囊时，可从胆囊底部和胆囊颈部两端向中间会合，切除胆囊。如果胆囊和肝脏间有交通血管和迷走小胆管时，应予结扎、切断，以免术后出血或形成胆瘘。

4. 处理肝脏

剥除胆囊后，胆囊窝的少量渗血可用热盐水纱布垫压迫3～5min。止血活动性出血点应结扎或缝扎止血。止血后，将胆囊窝两侧浆膜用丝线作间断缝合，以防渗血或粘连。胆囊窝较宽，浆膜较少时，也不一定做缝合。

（四）护理

术后第一天不给食，以静滴10%葡萄糖为主，并协助患犬翻身，术后第二天开始饲喂少许流质，然后逐步过渡到半流质，在患犬精神状态允许的情况下牵引慢速散步20min/d，以预防肠梗阻和静脉血栓的发生。

复习思考题

1. 常见的临床外科手术主要有哪些？手术取得成功的关键技术是什么？
2. 腹腔常用手术有哪些？
3. 如何防治腹腔手术的合并症？

王珅（辽宁医学院动物医学院）

第三篇

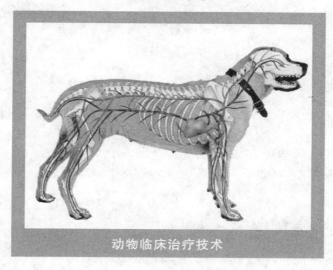

动物临床治疗技术

治疗方法

第九章　物理疗法

应用各种人工的或自然的物理因子（如光、电、声、热、机械及放射能等）来防治疾病的方法，称为物理疗法。

第一节　水疗法

水疗法是使用不同温度的水，以达到防治疾病为目的的一种方法。水对机体具有温度、机械和化学等三种刺激作用。当水温高于皮温时，即成为温热刺激，低于皮温时，为寒冷刺激。因此，在治疗时由于使用温度的不同，对皮肤起到温热或寒冷的刺激。水流的压力是水疗时温度刺激对机体的一种辅助机械性刺激。而水疗的化学作用，则取决于溶解于水中化学物质的性质和作用。例如，氯化钠溶液能使皮肤柔软而富于弹性，碱性溶液对皮肤有脱脂作用。

一、水疗法的生理作用

（一）水疗对血管系统及汗排泄的影响

短时间局部或全身的冷水作用有消炎、止血作用，而温热作用则使毛细管扩张、皮温升高、并由机体内部向外周调出大量血液。在较长时间温水作用下，可反射性增强汗液分泌，从而促进热的放散，并能使机体代谢有毒产物及毒素随汗液排出。由于汗液分泌增加，可导致血液一定程度的浓缩，因而组织间的液体成分可大量地进入血管，有促进渗出液和漏出液迅速吸收的作用。

（二）水疗对神经系统的影响

神经对温度反应敏感，短时间用冷水或温水治疗均能提高感觉和运动神经的兴奋性，但应用时间较长时起抑制作用。

（三）水疗对血液的影响

一定温度的冷水或温水作用可使血液中的红白细胞数增加，血红蛋白的含量、比重、黏稠度及血液碱贮均增高。温水也能增强血液中溶菌素的作用，使机体的生物学免疫功能加强，从而有提高抗病的能力。

（四）水疗对平滑肌与横纹肌的影响

水对皮肤表面的刺激，通过神经系统可反射地使平滑肌和横纹肌的运动受到影响。如胃肠道的平滑肌，在冷水的作用下可引起收缩从而增强蠕动。但在温水的作用下则能使蠕动减弱，因此温水有镇静及降低痉挛的作用。

用冷水或热水短时间的作用，可提高肌肉的应激能，增强肌肉的力量，减少疲劳。但冷的作用强而过久，则出现局部肌肉僵硬，运动不灵活及痉挛的现象。长时间用热水治疗也可引起肌肉应激能的降低及疲劳加剧。

（五）水疗对肾脏的影响

在动物背部局部应用冷水或温水治疗时，有轻微增强利尿及肾小球的滤过功能。

二、水疗的种类、治疗技术、适应症及禁忌症

水疗应用的水温分为冰冷水 5℃ 以下，冷水 15℃ 以下，凉水 23℃，温水 28～30℃，温热水 33～40℃，热水 40～42℃，高热水 42℃ 以上。

（一）泼浇法

根据治疗的目的使用冷水或温水。将水盛入容器内，连接一软橡胶管，使水流至动物体表的治疗部位，进行泼浇治疗。

适应症：牛前胃弛缓及瘤胃臌气或犬猫的消化不良时，可用冷水冲浇腹部；动物胃肠道痉挛，可用热水冲浇腹部；动物发生日射病、鼻出血及昏迷状态时，可用冷水冲浇头部；四肢炎症过程中，可用冷水冲浇四肢等。

一般冷水泼浇时使用的水温是 15～18℃，温热水泼浇时则使用 35～40℃。

（二）淋浴法

用不同的压力与温度的水喷淋患部的一种水疗方法。该法除温度刺激外，尚有较大的机械作用。治疗时间为 5～10min。

适应症：温水及热水淋浴应用于肌肉过度疲劳，肌肉风湿及肌红蛋白尿等，冷水淋浴常用于动物体的锻炼。

（三）沐浴法

于温暖季节经常适当的沐浴，可提高有机体的新陈代谢能力，改善神经和肌肉的紧张度。

家畜沐浴最好是在河床坚硬，有斜坡且河床平坦的水域进行。水温应不低于 18～20℃。役畜最好的沐浴时间是清晨和傍晚，乳牛及猪最好是中午，在水中沐浴 15min。出水后应将其被毛擦干并牵遛 10～15min，然后再饲喂。宠物沐浴最好是在有温度控制的室

内浴室进行。水温在 20~25℃，沐浴时间在 20min 左右，出水后应将其被毛擦干并牵遛半小时以上再饲喂。

沐浴的禁忌症：皮肤湿疹、心内膜炎、肠炎、衰弱、恶性肿瘤、妊娠的动物。

于温暖季节经常适当的沐浴，可提高有机体的新陈代谢能力，改善神经和肌肉的紧张度。

（四）局部冷水疗法

常用于止血消炎和镇痛。

1. 局部冷水疗法

（1）冷敷法：用叠成两层的毛巾或脱脂纱布浸以冷水（亦可配成 0.1% 的黄色素溶液），敷于患部，再包扎绷带固定，并须经常地保持敷料低温。为了防止感染提高疗效，可应用消炎剂，如布老氏液，2% 硼酸溶液，0.1% 雷佛奴尔溶液、2%~5% 氯化钠溶液、20%~50% 硫酸镁溶液等。亦可使用冰囊雪囊及冷水袋局部冷敷。

（2）冷脚浴法：常用于治疗蹄、指、趾关节疾病。将冷水（亦可配成 0.1% 高锰酸钾溶液或其他低浓度防腐剂）注入木桶或矾布桶，将患部浸入水中，长时间冷脚浴时蹄釉质须涂蹄油。

2. 局部冷水疗法的适应症及禁忌症

适应症：手术后出血、软部组织挫伤、血肿、骨膜挫伤、关节扭伤、腱及腱鞘疾患、马的急性蹄叶炎及蹄底挫伤等。

禁忌症：一切化脓性炎症，患部有外伤时不能使湿性冷疗，须用冰囊、雪囊或冷水袋等干性冷疗。

（五）局部温热疗法

1. 水温敷法

局部温敷用于消炎、镇痛。温敷用 4 层敷料：第 1 层为湿润层，可直接敷于患部。可用叠成 4 层的纱布、2 层的毛巾、木棉等。第 2 层为不透水层，可用玻璃纸、塑料布、油布等。第 3 层为不良导热层（保温层），可用棉花、毛垫或法兰绒垫等。第 4 层为固定层可用绷带、棉布带等。

温敷时，先将患部用肥皂水洗净，擦干。然后将湿润层浸以温水（12~15℃），或 3% 醋酸铅溶液，并轻压挤出过多的水后缠于患部，外面包以不透水层、保温层，最后用绷带固定。为了增加疗效可用药液（布老氏液、10% 鱼石脂溶液、10%~30% 硫酸镁溶液、0.1% 雷佛奴尔溶液等）温敷。当患部皮肤与浸以温水的湿润层接触后，先是末梢血管暂时收缩，继而扩张。由于该部充血和不良导热层的存在，因此在皮肤与湿润层之间形成了温热的水蒸气层，因不透水层阻止温暖的水蒸气迅速蒸发，则可使患部长时间受到温暖的作用。湿润层每 4~6h 更换 1 次。

2. 酒精温敷法

用 95° 或 70° 的酒精进行温敷。酒精度数越高，炎症产物消散吸收也越快。一般应用 95° 酒精温敷 1.5h 的疗效，超过用 70° 酒精温敷 10h 的疗效。酒精温敷的作用比水温敷的作用大。

3. 水温敷及酒精温敷的适应症及禁忌症

适应症：消散缓慢的炎性浸润，亚急性腱炎及腱鞘炎，未出现组织化脓溶解的早期急性化脓性炎症。

禁忌症：当局部有明显的水肿和进行性炎性浸润时，禁用酒精温敷。因其能引起炎性浸润部发生显著的渗出，增加组织内压并能破坏局部血液循环。

4. 热敷法

常用棉花热敷法。先将脱脂棉浸以热水轻轻压挤挤出多余的水后敷于患部。浸水的脱脂棉外包上不透水层及保温层，再用绷带固定。每3～4h更换1次。

5. 热脚浴法

与冷脚浴法操作相同，只是将冷水换成热水或加以适量的防腐剂或药液。

第二节　石蜡疗法

利用融化的石蜡，将热能导至机体用以治疗疾病的方法称为石蜡疗法。本法为临床上疗效较好而常用的一种温热疗法。

一、石蜡疗法的生理作用

（一）温热作用

蜡的热容量大，导热性小和没有热的对流特性，又不含水分，冷却时放出大量热能（熔解热或凝固热），因此能使动物的机体组织耐受到较高温度（55～70℃）而持久的热作用，这就比其他热疗优越。一般认为石蜡敷于宠物体后，局部温度很快升高8～12℃。经过一段时间后逐渐下降，但温度下降的很慢，在60min内还保持一定的温度。

（二）压缩作用

石蜡的固有特性是有良好的可塑性和粘滞性。在冷却过程中，石蜡的体积逐渐缩小，治疗时与皮肤又紧密接触，产生对组织压缩和轻微的挤压。因而促进温度向深部组织传递，呈现一种机械压迫作用。

（三）化学作用

石蜡对机体的化学作用是很小的。曾有试验指出，其化学作用取决于石蜡中矿物油的含量，如向石蜡中加入化学物质或油类物质用于治疗时能呈现化学作用。如果加入放射性物质，能使石蜡具有放射性作用。

二、石蜡疗法的操作技术及注意事项

治疗用的石蜡最好是熔点50～60℃、白色，可塑性与延展性较好的石蜡。治疗时，先把石蜡在水浴中加温到35～70℃，切勿超过100℃，否则可使石蜡氧化变质呈酸性而易于刺激皮肤。石蜡加温时勿混入水分，以免引起热伤。石蜡易燃，加温时要注意防火。使用过的石蜡可以再用。

治疗前患部要仔细剪毛并洗净，擦干。无论使用下述任何方法治疗，都必须先在皮肤上做"防烫层"。其做法是用排笔蘸65℃的融化石蜡，涂于皮肤上，连续涂刷至形成0.5cm厚的石蜡层为止。如局部皮肤有破裂有溃疡及伤口，应事先用高锰酸钾溶液洗涤待干燥后涂一层薄蜡膜，然后再涂"防烫层"。为了防止交换绷带时局部拔毛，可在涂"防烫层"以前包扎一层螺旋绷带。

（一）石蜡热敷法

在做完"防烫层"后迅速涂布厚层热石蜡达1～1.5cm厚。外面包上胶布、再包以保温层，最后用绷带或三角巾固定。石蜡热敷法透热深度较浅，常用于小动物。

（二）石蜡棉纱热敷法

常用于四肢游离部以外的其他部位。做好"防烫层"以后，用4～8层纱布，按患部大小叠好，浸于融化的石蜡中，取出压挤出多余的石蜡，迅速敷于患部，外面包以胶布和保温层并加以固定。

（三）石蜡热浴法

适用于四肢的末端。做好"防烫层"后，从蹄子下面套上1个胶布套，形成距皮肤表面直径2～2.5cm的空囊。用绷带将空囊的下部扎紧，然后将石蜡从上口注入空囊巾，让石蜡包围在四肢游离端的周围，将上口扎紧，外面包上保温层并加以固定。

三、石蜡疗法的适应症与禁忌症

适应症：亚急性和慢性炎症（如关节扭伤、关节炎、腱及腱鞘炎等）愈合迟缓的创伤、骨痂形成弛缓的骨折、营养性溃疡、慢性软组织扭伤及挫伤，瘢痕粘连、神经炎、神经痛、消散缓慢的炎性浸润、黏液囊炎及瘢痕挛缩等。对象皮病及乳房炎等治疗效果较差。

禁忌症：有坏死灶的发炎创、急性化脓性炎症以及不能使用温敷的疾患。

第三节 黏土疗法

黏土的治疗作用主要是温度、机械及化学等方面的作用。治疗用的黏土应柔软，不混有沙石及有机物残渣。兽医临床上常用的是黄色或灰色黏土。

一、冷黏土疗法

用冷水将黏土调成粥状，可向每 0.5kg 水中加食醋 20～30ml 以增强黏土的冷却作用，调制好的黏土敷于患部。

冷黏土从患部夺取的温热多于冷敷且变热缓慢并对局部组织产生压迫作用，因此可减轻组织充血和渗出。冷黏土疗法广泛应用于马的急性蹄叶炎、挫伤和关节扭伤等。

二、热黏土疗法

用开水将黏土调成糊状，待其冷却到 60℃后，迅速将其涂布于厚布或棉纱上，然后覆于患部。外面覆以胶布或塑料布，然后包上棉垫或毯垫并加以固定。热黏土疗法常用以治疗关节僵硬、慢性滑膜囊炎，骨膜炎及挫伤等。

在取材方便的地方，将矿泉泥、海泥、湖泥、火山泥、池塘泥等加温后敷于患部，是很有效的物理疗法。热污泥疗法除温热作用外，还有机械的及复杂的生物化学作用。常用其治疗关节、肌肉、腱、腱鞘及韧带的疾患、久不愈合的创伤、风湿症、肠臌气、牛的前胃弛缓、肠痉挛等。

第四节　电疗法

电疗法是应用电能治疗疾病的一种方法。医疗用的电能有 3 种：直流电流、交流电流、静电。由于电能不同其物理性质亦异，因而作用于机体也会引起不同的生理反应。所以在电疗时应根据不同的疾病选用不同的电能。

常用的电疗法很多，现就直流电疗法、直流电离子透入疗法、感应电疗法、中波送热疗法、中波透热离子透入疗法等加以叙述。

一、直流电疗法

电流的方向不随时间改变的，称为直流电。应用直流电作用于动物体以达到治疗为目的的方法，称为直流电疗法。

根据直流电流的形态可分为平稳直流电、脉动直流电、断续直流电。

（一）直流电疗法的生理作用

（1）直流电流作用于动物体后，体内各种离子均发生移动，阴离子由阴极向阳极移动，阳离子由阳极向阴极移动。离子的移动和转换可刺激神经和肌肉组织，从而使有机体产生深刻的物理化学变化。

在直流电作用下，机体内同时进行着电解、电泳和电渗。如此将改变体内离子的对比关系，破坏了离子的平衡，因而影响机体的兴奋或抑制过程。由于 1 价的钾、钠离子运动速度较 2 价的钙、镁离子快，经过一定时间的直流电流作用后，在阳极下钙、镁离子相对增加，钠、钾离子相对减少；在阴极下钠钾离子聚集较多，双价钙镁离子相对减少。由于细胞膜表面有 1 价钾、钠离子的堆积，使细胞膜疏松，通透性增大，使安静时不能透过细胞膜的一些物质进入细胞内。同时，钾离子能抑制胆碱酯酶的活性，促进乙酰胆碱合成增加，也可使神经肌肉的传导性、兴奋性增强，因此阴极表现有刺激、兴奋和吸收作用。在阳极部位，由于 2 价钙、镁离子增多，细胞膜致密，通透性降低，同时钙能兴奋胆碱酯酶的活性，促进乙酰胆碱的破坏加强，表现出组织兴奋性降低，因此阳极表现有镇静、止痛和消炎作用。

（2）直流电可引起血管扩张，增强血液循环，故可改善组织的营养状态，提高组织细胞的活力，加速病理产物的排出，有利于炎症的消散，并能加强再生过程，加速周围神经的再生，尤其在阴极下此种作用更为明显。因此在慢性溃疡、神经损伤时常应用直流电疗法。

（3）当直流电流通过皮肤或黏膜以及在体内沿着淋巴管和血管扩散时，也可刺激感觉神经及植物神经末梢和神经干。从而反射地作用于许多组织和器官，使其被破坏的机能得以恢复。

（4）运动神经及肌肉组织在直流电的刺激下，可出现明显的反应。在临床上可利用此点进行电诊断，检查神经和肌肉的机能状态。

（5）应用直流电直接作用于大脑可使其产生抑制过程而出现与生理性睡眠同样的电睡眠。

（6）直流电可引起神经功能的完全停顿，维金斯墓氏称此为直流电间生态。这种间生态实际上就是电麻醉，因而用直流电可作电麻醉（表 9 - 1）。

表 9 - 1　直流电的生理作用表

作　用	组织的反应	
	阴　极	阳　极
高于浓度	$K^+ Na^+$ 相对增加	$Ca^{++} Mg^{++}$ 相对增加
电极下 pH 值改变	碱性	酸性
对组织细胞作用	使其疏松（软化）	使其微密（硬化）
细胞膜通透性	增强	减低
组织兴奋性	提高	降低
对神经的作用	兴奋	镇静
对蛋白质的作用	溶解	凝固
对血管的作用	扩张	收缩
输送离子	阴离子	阳离子

（二）直流电疗法的机械

1. 电源

直流电流的电源一般有 3 种。除了用于电池和直流发电机外，目前广泛应用直流电疗机发出的直流电流。做直流电疗时，这 3 种电源均可应用。

2. 直流电疗机

直流电疗机上直流电流的产生是经过电子管或晶体管的直流电疗机的变压，整流部分，变成脉动直流电，再经过滤波装置，即能输出平稳的直流电流。

直流电疗法及直流电离子透入疗法均可应用直流电疗机或直流感应电疗机，在直流感应电流机中既有直流电疗部分，也有感应电疗部分。

（1）电极板：常采用导电性能良好、化学性质稳定、可塑性大、质地柔软的铅板。厚度为 0.25～0.5mm，其形状及大小因治疗部位而异。

（2）手动断续器：为一特别的木柄，柄上装有断续器，用它可迅速的通电或断电。

（3）电极板衬垫：可用吸水性强的棉纱或其他白色棉织品（最好是绒布）制成。厚度应不少于 1cm。

（4）导线：是把电流从直流电疗机引向电极板的细导线。

（5）用以固定电极板用的绷带、橡皮带等。

（三）直流电疗法的操作技术及配量

因直流电的两极作用不同，最好在进行治疗之前先测定极性。常用的方法是水电解法。将直流电疗机导线的治疗端连接两个大头针作为针形电极，插入盛有自来水的烧杯中，两电极相距 2～5cm。通电至一定强度，水即被电解，此时两针形电极均有气泡逸出，气泡多者为阴极（氢气泡），少者为阳极（氧气泡）。

$$2H_2O \rightarrow 2H_2 \uparrow + O_2 \uparrow$$
（阴极）（阳极）

1. 持续直流电疗法的操作技术

治疗时应选择电极安放的合适位置，放置电极时必须使电流能够通过病灶。治疗时可应用大小相同或不同的两个电极。此时，当线路上电流的强度相同时，小电极上电流的密度就大，而大电极上电流的密度就小。此时称小电极为活性电极（有效电极或作用极），而称大电极为惰性电极（无效电极或非作用极）。电极的放置方法有并置法和对置法之分。皮肤表皮脱落的部位可以通过最大的电流，因而会引起患病动物骚动甚而引起灼伤，故应在治疗前涂以薄层的火绵胶。

配量：电流量应以活性电极表面的密度确定之，一般应按电极下的衬垫面积计算。常用的配量为每 1cm 配以 0.1～0.5mA。每次治疗时间为 20～30min，每日治疗 1 次，10～20 次为 1 疗程，最长不超过 30 次。

2. 断续直流电疗法的技术

除利用阴阳极的作用外，并将电流有节奏的断续，利用其较大的刺激作用以达到治疗疾病的目的，该法多用于治疗神经麻痹和相应的肌肉萎缩。

（四）直流电疗法的适应症及禁忌症

适应症：持续直流电疗法的适应症是周围神经麻痹，亚急性及慢性神经炎、关节炎、肌炎、风湿性关节炎、挫伤、腮腺炎、咽喉炎及肌肉风湿症等。断续直流电疗法的适应症是外周运动神经麻痹。此时常伴发某种程度的肌肉萎缩，通过直流电刺激肌肉或相应的神经可引起肌肉收缩，从而减轻肌肉萎缩。

禁忌症：红斑、皮炎、溃疡、化脓性炎症过程、湿疹及对直流电不能耐受的患病动物。

二、直流电离子进入疗法

通过直流电向动物体内引入药物离子的方法称为直流电离子透入疗法或离子透入疗法。凡能电解的药物均可在直流电作用下经过皮肤和黏膜透入动物体内。直流电离子透入疗法因透入体内的药物离子并不失去它们所固有的药理作用，故而兼有直流电和药物的作用，疗效比单纯用直流电疗法显著。

皮肤对各种离子的通透性是不同的，一般比较轻的离子容易透入，而重金属透入量则很少。按透入皮肤能力递减的顺序，阳离子为钾 > 钠，锂 > 钙 > 镁 > 铅。阴离子为碘 > 氯，硝酸根 > 硫酸根 > 枸橼酸根 > 水杨酸根。

离子透入体内的主要门户为皮肤腺管的开口。其透入体内的数量和深度是与药物的浓度，电流量的大小、通电时间的长短有关。一般说来，药物浓度高，电流密度大，通电时间长，则药物透入既多又深，反之则少而浅。

一部分药物离子借直流电经汗腺管进入机体后，较长时间停留在皮肤表层，形成所谓皮肤离子堆，这些离子仍保持固有的药理特性，以后逐渐从此处进入血液或淋巴液。

（一）直流电离子透入疗法的优缺点

其优点是能直接作用于表在病灶而发挥治疗作用；可透入所需要的离子，具有药物离子与直流电的双重作用，药物离子从体内排出慢，作用时间长。其主要原理是由于透入体内部分药物离子，在皮肤表层形成皮肤离子堆所致。

出子透入疗法的缺点是：透入的药量少，不易作用于深层组织，不能准确的计算透入量，只能估算。实际透入体内的药物离子约为衬垫上所用药量的1%～10%，而有机化合物透入量则更少。

（二）直流电离子透入疗法的操作技术及配量

直流电离子透入疗法的操作技术与持续直流电疗法基本相同。其不同之处有两点：

一是作用极下面的湿布衬垫是用药物溶液浸湿，或用药液将滤纸或数层纱布浸湿，置于湿布衬垫与皮肤之间。

二是作用极极性的选择和放置应根据需要导入的离子极性而定。一般对药物极性的判定常根据药物化学结构式分析，如金属、生物碱、氢离子都是带正电荷，从阳极透入；非金属、酸根和氢氧根离子都是带负电荷，从阴极透入。非作用极的衬垫用1%的氯化钠溶液浸湿。常用药物离子的药液与浓度见表9-2。

表9-2 常用药物离子、极性、溶液浓度表

透入离子	极性	药物	浓度
钙	+	氯化钙	10%
镁	+	硫酸镁	10%
锌	+	硫酸锌	0.25%～2%
银	+	硝酸银	1%～3%
铜	+	硫酸铜	5%

续表

透入离子	极性	药物	浓度
锂	+	氯化锂	2%～10%
钾	+	氯化钾	10%
碘	－	碘化钾或碘化钠	10%
氯	－	氯化钠或氯化钾	10%
溴	－	溴化钾或溴化钠	10%
磷	－	磷酸钠	2%～5%
硫	－	亚硫酸钠	2%～10%
氟	－	氟化钠	1%～10%
磺胺嘧啶（SD）	－	磺胺嘧啶钠	5%～20%
青霉素	+	青霉素盐	5万～10万 IU/ml
链霉素	+	硫酸链霉素	0.5%～1%
金霉素	+	盐酸金霉素	0.5%
四环素	+	盐酸四环素	0.5%
卡那霉素	+	硫酸卡那霉素	0.5%～1%
庆大霉素	+	硫酸庆大霉素	4万～8万 IU
红霉素	+	乳糖酸红霉素	2%
合霉素	+	合霉素	0.25%～0.5%
维生素 B_1	+	盐酸硫铵	2%
维生素 B_{12}	+	维生素 B_{12}	50μg/次
维生素 C	－	抗坏血酸	0.5%～5%
促肾上腺皮质激素	+	促肾上腺皮质激素	5～20mg
氢化可的松	+	醋酸氢化可的松	5～20mg
对氨基水杨酸	－	对氨基水杨酸钠	2%～10%
肝素	－	肝素	5 000～25 000IU/次
苯海拉明	+	盐酸苯海拉明	2%
水杨酸	－	水杨酸钠	10%
阿托品	+	硫酸阿托品	0.01%
麻黄碱	+	盐酸麻黄碱	1%～2%
肾上腺素	+	盐酸肾上腺素	0.01%
士的宁	+	硝酸士的宁	0.01%
鸟头碱	+	硝酸鸟头碱	0.1%
透明质酸酶	+	透明脂酸酶	1 500 单位溶于1%普鲁卡因 100ml
胰蛋白酶	－	胰蛋白酶	0.05%～0.1%
芦荟液	+	芦荟碱	1%～2%
鱼石脂	－	鱼石脂	1%～3%
雷福诺尔	+	雷福诺尔	0.5%～1%
咖啡因	－	安息香酸钠咖啡因	0.1%
新斯的明	+	溴化新斯的明	2.5%（1～2ml）
氯丙嗪	+	盐酸氯丙嗪	2%
氯化喹啉	+	盐酸氯化喹啉	15IU
蜂毒	+	蜂毒	0.02%
组织胺	+	磷酸组织胺	2%～5%
普鲁卡因	+	盐酸普鲁卡因	1%
可待因	－	盐酸可待因	0.1%

配量：作用极平均每 $1cm^2$ 配 0.2～0.5mA，每次治疗 20～30min。

治疗时，每个衬垫只供一种药液使用，用后以清水洗去药液，再分开煮沸消毒，避免寄存离子互相沾染。

（三）直流电离子透入疗法的适应症与禁忌症

适应症：与直流电疗法的适应症基本相同，但要考虑透入离子的药理作用。如透入碘离子可刺激副交感神经，降低交感神经的兴奋性，具有促进炎症产物迅速吸收和消散的作用。透入钙离子可降低细胞的渗透性和兴奋性，能刺激交感神经，反射地引起钙离子的变化，有脱敏，消炎的作用。锌离子透入有收敛，抗菌、消炎的作用又能促进肉芽组织增生。促肾上腺皮质激素及氢化可的松透入疗法有抗炎、抗过敏的作用。水杨酸离子有解热、镇痛和抗风湿的作用。芦荟液透入能软化瘢痕，鱼石脂则有消炎、抑制分泌等作用。我们在临床实践中，用士的宁离子透入疗法治疗马的面神经麻痹，曾获得良好的疗效，因为士的宁有增强横纹肌的紧张度，兴奋脊髓神经的作用。

禁忌症：与直流电疗法相同。

三、感应电疗法

利用两个线圈的互感作用，在初级线圈通电和断电的瞬间，由于其磁场的变化使次级线圈发生感应而产生电流，其方向与初级线圈的方向相反，称此为感应电流。感应电流由电压较低的负波（图9－1ab）与电压较高的尖峰形正波（图9－1cd）组成。

在感应电疗中起治疗作用的则是尖峰形正波。感应电流是低频脉冲电流。本法创始于法拉第，又称法拉第电疗法。

（一）感应电疗法的生理作用

感应电流可使肌肉收缩，但持续作用时可使肌肉强直，因而迅速疲劳。如使电流有节律的断续，则可不出现强直，而出现肌肉周期性交替的收缩与松弛。如是肌肉一时收缩，一时弛缓，因而可使血循良好，

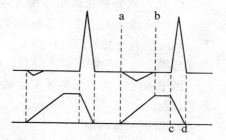

图9－1　感应电流波形图

营养改善，肌肉的体积增大和工作能力提高。被动的肌肉收缩对支配肌肉的神经也是一种刺激，因而可改善神经对肌肉功能的调节，促进神经再生，防止肌肉萎缩，恢复肌肉的张力和功能。

（二）感应电疗法的机械

感应电流是由套叠的两个线圈的互感作用而生成。

（三）感应电疗法的操作技术与配量

与断续直流电疗法基本相同，但无极性之分。根据治疗需要调节频率选择开关于强、中、弱或Ⅰ、Ⅱ、Ⅲ、Ⅳ、Ⅴ档，按顺时针方向调节输出调节器使患病动物既能出现肌肉收缩又能耐受为适宜。治疗时间为20～30min。

（四）感应电疗法的适应症与禁忌症

适应症：外周神经麻痹，肌肉萎缩，肌肉无力及牛的前胃弛缓等。

禁忌症：痉挛性麻痹、急性炎症、出血性疾患、化脓性炎症及对感应电不能耐受的动物禁用。

四、中波透热疗法

中波透热疗法系应用频率为 1～3MHz，波长为 300～100m，电压为数百伏特，电流为 3～4A 的交流电进行治疗疾病的一种电疗法。透热即借助高频电流使深部加热的意思。它是高频电疗法的一种，一般将频率在 0.1MHz 以上的电流称为高频电流。根据频率及波长不同，可将高频电流分类如表 9－3。

表 9－3　高频电流分类表

种类	共鸣火花	中波	短波	超短波	微波
波长（m）	2 000～300	300～100	100～10	10～1	1.0～0.01
频率（MHz）	0.15～1	1～3	3～30	30～300	300～30 000

（一）中波透热疗法的生理作用

1. 组织内部产生温热作用

当中波透热电流作用到有机体的组织时，可使体内的离子振荡和偶极子（也叫双极分子，其两端带有相等的异性电荷）回转。在它们本身运动时与周围质点互相摩擦，致使电能变为热能引起组织内产生热量，故有"内生热"之称。

因中波透热电流系高频率电流，故不产生刺激作用，因此可应用较强的电流以产生较多的热量。

2. 增强机体功能

中波电流可使血管扩张，血液及淋巴循环增强，组织营养改善，新陈代谢旺盛，并能增强血管壁的渗透性及吞噬细胞的吞噬能力，故在亚急性及慢性炎症过程时应用中波透热疗法可获得良好的治疗效果。但对引流不畅的化脓性炎症过程非但无益，反而有害。

3. 镇痛及抗痉挛作用

在中波电流的作用下横纹肌及平滑肌的紧张度均反射性的降低。于肌肉痉挛时此作用更为明显，特别对平滑肌，如痉挛性麻痹、食道痉挛、胃肠道痉挛、血管痉挛等用中波透热疗法治疗，均能获得良好的治疗效果。此外，该疗法还可降低神经的兴奋性，因而有镇痛作用。

4. 其他方面的作用

除上述作用外，中波透热疗法还能改善胃肠道分泌和吸收功能，提高胃液的酸度，加强卵巢的功能和胆汁的分泌。肾区透热，具有利尿作用，能提高血脑屏障的渗透性。中波透热虽不能直接杀灭细菌，但由于组织内产热而使细菌失去其生长发育的良好环境。

（二）中波透热疗法的机械

我国上海美伦及宇宙厂出品的中波电疗机是用三极电子管作振荡器，产生等幅高频电流，频率是1.63MHz，波长184m。输出最大高频电流为3.5A，功率为600W，耗电量为1 350W。

（三）中波透热疗法的适应症与禁忌症

适应症：支气管炎、早期肺气肿、胸膜炎、肺炎、痉挛性腹痛、膀胱炎、肌红蛋白尿、神经麻痹、各种损伤、肌炎、关节炎、腱及韧带疾患、乳房炎、肌肉及关节风湿病等。

禁忌症：化脓腐败过程、恶性肿瘤、结核及出血性素质。

五、中波透热离子透入疗法

该法是中波电流与直流电流的综合疗法。组织在中波透热电流的作用下发生温热和充血时，对直流电流有较小的阻力，同时其胶体状态能和透入组织内的药物离子发生强烈的化学作用，且药物离子的透入要比单纯直流电离子透入疗法时深而迅速。因此中波电流和直流电流的综合应用能获得更显著的疗效。

水杨酸离子透入疗法治疗马的关节风湿病及用中波透热青霉素离子透入疗法治疗马的化脓性肘关节周围炎获得较好的疗效。

中波透热离子透入疗法的操作技术、适应症与禁忌症基本上与中波透热疗法及直流电离子透入疗法相同。

六、电疗的防护

电疗时应特别注意患病动物和工作人员的安全。理疗室应铺垫地板，地板与地面做好绝缘。水泥地面需铺有绝缘橡胶垫。地面要保持干燥。患病动物的保定栏应用木制，钢管制造的活动保定栏，应将铁柱及铁环用绝缘材料包裹，而柱栏的底面应铺以橡胶垫。理疗室必须通风良好，空气干燥，以防机械受潮湿。对长期不用的电疗机要定期通电，用前须作细致的检查。治疗时要严格遵守技术要求以保证人畜的安全。为了防止在治疗过程中患病动物骚动损坏器械，最好于理疗室的一端用木料制成带有栏杆的台子，将电疗器械放在铺有地毯的台上以防移动器械时振动，治疗时亦可不必移动治疗机，通过栏杆间的空隙用导线与电极连接，通电后即可进行治疗。患病动物在进行电疗时最好除去蹄铁，待汗液消退后再进行治疗。治疗时工作人员须在理疗室内监护以保证安全。

第五节 光疗法

光疗法是利用红外线、可视光线和紫外线以达到预防和治疗疾病的一种方法。

一、紫外线疗法

应用人工紫外线照射防治动物疾病的方法，称紫外线疗法，一般将紫外线分成三部分：紫外线 A（长波）为 400～320nm 的紫外线，这段生物学作用较弱，主要是荧光作用，紫外线 B（中波）为 320～275nm 的紫外线，这段生物学作用明显，具有红斑反应，色素沉着，加速再生过程，促进上皮形成及抗佝偻病的作用。紫外线 C（短波）为 280～180nm 的紫外线，这段具有较强的杀菌作用。

（一）紫外线的生物学作用

1. 红斑形成作用

无色素沉着的动物皮肤，在紫外线的作用下能出现特殊的红斑。这种红斑不是在紫外线照射后立即出现，一般是在照射后 6～12h 后出现，并能维持 2～3d 之久。出现红斑的同时出现局部的炎症症状（局部热，痛及轻度肿胀。经过 4～5d 坏死的表皮脱落，皮肤着色）。

紫外线照射皮肤后局部产生的红斑是由于细胞的蛋白质与核酸吸收大量紫外线，使细胞核及蛋白质肿胀、变性及蛋白分解。由于蛋白分解，使组氨酸变成组织胺和类组织胺的特殊物质进入血液后，使血管扩张、渗透性增强、从而出现无菌性炎症。因这种光化学反应，要经过一定时间才完成，这是紫外线红斑在照射后须经 6～12h 潜伏期才出现的原因。而这种红斑的产生并不是一个单纯的血管反应，而是神经系统起主导作用。紫外线的红斑疗法在临床上应用广泛，它具有消炎、止痛、促进创口愈合和脱敏的作用。

2. 色素形成作用

紫外线照射后可于皮肤内形成色素沉着，其原因是皮肤在紫外线照射后于皮内形成黑色素。

3. 抗佝偻病作用

对佝偻病幼畜，紫外线照射能使磷酸离子含量增高，血浆中钙的含量增加，排出量减少，吸收增加。紫外线的这种作用是由于它能使维生素 D 元转变为抗佝偻病的维生素 D_2 和 D_3。紫外线中波长 253～302nm，抗佝偻病的作用最强。用紫外线照射过的亚麻油、橄榄油、人乳及牛乳均具有抗佝偻病的作用。

4. 杀菌作用

紫外线的杀菌作用是由于细菌细胞核化学结构变化，使菌体破坏致死。短波紫外线，其中波长 257nm 杀菌作用最强，中波及长波紫外线杀菌作用不明显。光线集中、直射、强光、杀菌作用强。细菌中结核杆菌、炭疽杆菌对紫外线抵抗力最强；其次是大肠杆菌、葡萄球菌、霍乱杆菌和伤寒杆菌，而链球菌最敏感。无芽胞的细菌比带芽胞的细菌敏感，球菌比杆菌敏感，革兰氏阳性菌比阴性菌敏感。介质温度高时杀菌作用强，位于表面的细菌容易杀死，在空气中杀菌作用比水中明显。

5. 对神经系统的作用

红斑量紫外线照射可使感觉神经兴奋性降低；相反，小剂量照射则有兴奋作用，对交感神经有抑制作用，可使血管扩张血压下降。

6. 对消化系统的作用

应用小剂量照射对胃液分泌有兴奋作用，大剂量则引起抑制。

7. 对造血功能的影响

紫外线照射后可使红细胞、白细胞、血红蛋白、网状细胞增加，以小剂量或中等剂量照射急性出血后贫血的动物，可使血液迅速的再生。

8. 对新陈代谢的影响

紫外线照射血液内钙的含量降低于正常的动物后，可使血钙含量增加，而排出减少，吸收增加。对钾则相反。小剂量照射氮有潴留，大剂量照射，尿内氮、磷、硫的含量增加。对碳水化合物的作用主要是使血糖下降，肝和肌糖含量增加，乳酸含量减少。

（二）发生紫外线的器械

1. 发生紫外线的部分

各种构造的水银－石英灯能发生大量的紫外线。按其发生紫外线方法的不同分为下述5种。

（1）水银－石英灯（水银弧光灯）：外壳是由石英玻璃制成，因其可使紫外线通过良好。管内真空，管的两端有一膨大部分，其中盛有液体水银，水银与引入管内的金属电极相连接。电流可经过电极导入管内。在石英玻璃管的外面有金属的加热丝，通电加热后可使管内的液体水银蒸发而点火，并放出大量的紫外线。

（2）氩气－水银－石英灯：外壳同样是由石英玻璃制成。管内含有极少量的水银和氩气，故名氩气水银石英灯。有"U"字管形及直管形两种，该灯操作简便，点火容易，灯头轻便是其优点。灯头末端焊接有耐热而又能发生热电子的钨制电极。管内有呈放电状态的氩气和极少量的水银。通电时阴极在阳离子冲击下，放出电子。电子碰撞到水银蒸气的分子时，水银蒸气一部分离解，一部分受激发而发光，放出大量的紫外线。

灯管外面涂有一条狭窄的胶状金属物，与电源一极相连，目的是使灯管易于点燃，金属片起着容电器外极的作用，石英管作为容电器的介质，容电器内极是离解的气体。接通电流时，外极充电，使内极上也发生电荷，结果离解的气体微粒即向前运动，以便使电流易于通过灯管。

2. 反射器

是由铝制成，或上面镀以镁铝合金。一般多作成半圆形或方形，这种反射镜表面是比较毛糙的，而紫外线自毛糙表面的反射系数较高，因而有助于紫外线的反射。

3. 滑轮设备及三脚架

滑轮设备是用以悬挂灯头及反射器，便于上下移动。而电源设备则装在个特制的罩壳内。使用时应特别注意绳索的状态，可因绳索中断损坏灯头。在灯的接地部分有一移动的或固定的三脚架。三脚架由金属制成，并装有胶皮轮。

（三）紫外线疗法的照射技术及配量

紫外线照射的强度是根据照射的时间、灯头的特性、灯与照射患部的距离、反射镜的结构，动物被毛的密度与长度及动物个体反应能力的不同而异。因此在照射之前应测定生物剂量。

1. 生物剂量测定法

在兽医临床上，由于有些动物皮肤有色素，观察红斑反应较困难，故用肿胀反应代替红斑反应。生物剂量测定一般在动物颈部平坦的部位进行。测定器由双层胶布制成，上面带有 5～6 个长方形洞孔，双层胶布内插入一个不透紫外线的金属薄片，或能活动的遮盖小孔的"窗帘"。金属薄片或小帘可全部盖住洞孔，或将孔逐个地打开。将紫外线灯头点燃以后，灯头对准洞孔，灯头至皮肤之间的距离保持 50cm，先打开第 1 个洞孔照射 3min，以后再打开第 2 个洞孔在前 1 个洞孔已打开的情况下再照射 3min，余皆类推。在最后 1 个洞孔照射结束后移开紫外线，经过 24h 后鉴定被照射部分皮肤的反应。着色皮肤的反应以轻微浮肿和疼痛出现的照射时间为 1 个肿胀剂量，有人测定，1 个肿胀剂量约等于 4 个红斑剂量。这种剂量在动物照射时，特别是全身照射时，要根据被毛密度，动物体个体特点而不同。动物体全身照射的距离一般是 1m，每日或隔日照射 10～15min。

局部照射时先剃毛，然后在距离 50cm 处照射，在最初 5～6d 内照射 6min，而后可适当的延长照射时间。局部照射可用较大的剂量。照射的强度应根据物理上的距离平方反比定律计算；即物体表面上的照度是与物体表面和光源的垂直距离平方成反比。即距离增加或缩短一倍，照度则增 4 倍或减 4 倍。例如：在光源和机体表面的垂直距离为 100cm 处照射 2min 为 1 个生物剂量时；如将光源移至 50cm（距离缩短 1 倍）处再照射 2min 时，则为 4 个生物剂量（照度增加 4 倍）；如移至 200cm 处（距离增加 1 倍）再照射 2min 则为 1/4 个生物剂量（照度减少 4 倍）。

在临床上局部紫外线照射剂量常分为下面 3 种。

（1）无红斑量：1 个生物剂量以下。

（2）红斑量：1～5 个生物剂量。

（3）超红斑量：5 个生物剂量以上。

2. 动物的紫外线预防照射

畜、禽紫外线预防照射的目的是补充天然紫外线，特别是秋冬季节天然紫外线照射不足。东北绝大部分动物是舍饲，因而很难受到日光中紫外线的照射，即或非舍饲冬季太阳辐射的紫外线也很不足。因此为了提高动物的生产能力和抗病力进行人工紫外线照射是非常必要的。牛、犊牛、猪及禽类预防照射均可在畜舍内进行。

（四）紫外线疗法的适应症及禁忌症

适应症：内科疾病时当慢性和急性支气管炎、渗出性胸膜炎，格鲁布性肺炎的末期，为了促进内部器官机能正常化，恢复物质代谢和提高机体抵抗力，可应用紫外线疗法。对骨软症，佝偻病，牛的前胃弛缓等也有良好的疗效。紫外线疗法对外科疾病，如长期不愈合的创伤、软部组织和关节的扭伤，溃疡、骨折、关节炎、热伤、冻伤、褥疮、皮肤疾患，风湿病、神经炎、神经痛及腱鞘炎等均有良好的治疗效果。

禁忌症：进行性结核、恶性肿瘤、出血性素质、心脏代偿机能减退等是紫外线疗法的禁忌症。

（五）紫外线治疗时的注意事项

（1）在治疗中工作人员须戴有色护目镜。在照射动物头部时，须用眼绷带或面罩遮盖眼睛。

（2）紫外线易被介面物质所遮断，故照射部位上的油脂污秽、痂皮、脓汁等须彻底清除。

（3）紫外线具有电离空气分子和形成某些有害气体的特性。因此理疗室须有良好的换气设备。

（4）理疗室内要求肃静，无噪声，以提高治疗效果。

（5）为防止患病动物骚动和器械的损坏，治疗中要监护在患病动物的身旁。

二、红外线疗法

应用波长 760nm～400μm 的辐射线照射动物体以防治疾病的方法称为红外线疗法。因其位于可视光谱中红色光线之外，故名红外线，又因其具有较强的热作用，因此也称热线。治疗用主要是 760～3 000nm 的波长部分。

日光中约含有 60% 的红外线。任何物体加热至高温时都能辐射红外线。如铁棒加热时起初不变色而发生长波的红外线；再加热则变成红色，此时除发生红外线外尚可发射红、绿、蓝等可视光线，继续加热则变为白色，除辐射红外线外还有红、橙、黄、绿、青、蓝、紫七色可视光线，且有少量紫外线。

（一）红外线的生物学作用

1. 热作用

红外线及红色光线对组积有明显的发热性能，在热作用下组织充血，血管扩张，血流加速，皮肤上形成红斑—热红斑。这种热红斑与紫外线红斑恰恰相反，广照射后立即出现或经 1～2min 出现，但停止光照后一般经 30～60min 内即可消失。由于照射后充血而因可改善组织营养，加速病理产物的消散吸收，扩张的血管可增加血量 11～14 倍。但红外线照射的量不宜过大，易引起热伤。一般以照射皮肤表面的温度不超过 45℃ 为宜。

2. 加强机体的新陈代谢、增强免疫力

红外线照射后可加速组积内的氧化及代谢过程，促进细胞的增生。故在溃疡过程中可促进创伤治愈。适量的照射还可以增强网状内皮系统的功能，提高白细胞的吞噬能力，增强机体的免疫力。

3. 镇痛作用

配用蓝色滤光器，可通过波长较短的光线，因热作用减弱，从而能增强镇痛作用。而红色滤光器则相反，能产生深部充血并有兴奋作用。

4. 对中枢神经系统的作用

对皮肤长时间和重复的热线刺激，能引起大脑皮层的抑制并引起动物的熟睡。

（二）发生红外线及可视光线的器械及照射法

1. 米宁氏灯

是应用红外线与可视光线治疗时最简单的器械。配有 1 个反射镜，灯泡是用蓝色或无色玻璃制成（50～100W）。主要是红外线的温热作用。

照射距离为 6～8cm 或直接接触照射部位进行照射。照射时间为 20～30min。

2. 人工太阳灯（少留克氏灯）

分落地式和台式两种。灯泡安在光滑的反射器的中央，功率为 500～1 000W。灯泡内充满惰性气体——氮气。在反射器上固定一大型定位器。定位器的下部有一切口，可装入由蓝色或红色玻璃制成的滤光器。在下部圆形的外壳中有变阻器，用以调节灯丝白热的程度。

太阳灯白热钨丝的温度可达 2 500～2 800℃，其最大辐射是在 970nm 处，故该灯辐射的大部分是红外线。

人工太阳灯常用于局部照射。如进行大面积照射时可取下定位器。灯与被照射部位的距离是 40～60cm。照射部位面积小时则应用定位器。照射时间是 25～40min，每日 1～2 次。

蓝色滤光器能使蓝色光线大量透过，红色滤光器能使红色光线大量透过，有人认为蓝色光线有镇痛作用，红色光线则有兴奋和更深而强的温热作用。

3. 红外线灯

辐射的几乎都是红外线，仅带少量的可视光（红光）。是采用镍铬金属螺旋丝做成，安装在一种抗热的物质上，放置在反射镜内，分台式和落地式两种。

照射距离 60～75cm，每日 2 次每次 20～40min。

（三）红外线疗法的适应症与禁忌症

适应症：创伤、挫伤、肌炎、湿疹、各种亚急性及慢性炎症过程、神经炎、物质代谢扰乱（肌红蛋白尿等）、胸膜炎及肺炎等。

红外线在治疗腰风湿及四肢肌肉风湿方面取得了良好的治疗效果。治疗腰风湿时将两台红外线灯置于两侧腰部的侧上方，距体表 40～50cm，每日照射 1 次，每次 30～40min，在照射中可见被照射的腰部出汗。照射后披以马衣并在治疗室中系留 1～2h（特别是寒冷的冬季），然后牵出室外。照射 5～8 次即可见到明显的好转，10～15 次基本治愈。

禁忌症：急性炎症、恶性肿瘤、急性血栓性静脉炎等。

第六节　激光疗法

激光也叫莱塞（laser），就是由受激光辐射的光放大而产生的光。

激光技术是 20 世纪 60 年代初发展起来的一门新的光电子技术。激光乃是一种新颖的光源，它和日光、烛光、电灯光一样都是一种光，但不同的是它具有方向性强，亮度高、单色性纯与相干性好的特点。因此激光刚一问世便立即引起各国的普遍重视，其成就也是非常可喜的。目前已在工业、农业、国防、科学研究及生物医学等各个领域广泛应用，其应用范围仍有不断扩展的趋势。

激光技术在医学领域中应用较早，发展迅速，成效显著。激光技术在我国兽医领域中的应用，从 1978 年开始即于各种学术杂志和刊物上见有论文报道。近 2～3 年来，其临床应用和研究进展也非常迅速，并取得显著的成效和积累了较丰富的经验。如激光治疗仔猪白痢、羔羊下痢和犊牛下痢，激光麻醉，激光促进母牛发情及治疗奶牛疾病性不育，激光治疗奶牛乳房炎等。目前激光技术已广泛地用于兽医外科、内科、产科、传染病科及中兽医等各科临床，疗效快、效果好。我国从 1983 年以来共召开过两次全国兽医激光应用经验交流会，有力地推动了激光兽医学在我国的发展。

一、激光的基本知识

（一）激光的物理特性

激光也是一种光辐射能，它与普通光并无本质上的区别。但由于产生的形式与一般光不同，因此与普通光相比，它具有以下 4 个独特的物理性能。

1. 方向性强

普通光源发出的光向四面八方辐射，无一定的方向。而激光则有很强的方向性，发散角极小。发散角是衡量光线从光源发出后能否平行前进的一个主要参数。因此激光几乎是高度平行准直的光束，这种光束的定向瞄准效果极好。在医学领域中可以利用激光这种良好的方向性进行精确的细胞手术。

2. 亮度高（能量密度高）

亮度是光源发光能力的标志。光源单位面积上向某一方向单位立体角内发射的光功率称为亮度。亮度的单位称熙提。在垂直于发光面的方向上每平方厘米的发光强度为一烛光时，发光面的亮度即为一熙提。

激光比普通光源在亮度上有成万成亿倍的提高，激光亮度的提高主要依靠光在发散方向上的集中。此外采取特殊措施的激光器，可以提高激光功率，从而大大提高激光的亮度。医学上可利用激光的极高亮度破坏肿瘤，治疗青光眼等。

3. 单色性纯（光谱纯）

普通光源发出的光包含着多种波长是多色的，是各种颜色光的混合。一种光包含的波长范围越窄光谱则越纯。波长范围宽光的能量分布在各个不同波长上。激光则不同，它的单色性非常好；能量高度集中，例如兽医临床上常用的 He－Ne 激光是波长 6 328Å 的单色光，其波长变化范围比 0.001Å 还要小。这种单色性的激光辐射对机体会产生不同的生物学效应。

4. 相干性好

相干性是一种光的干涉现象，即指在某些点上波的幅度和起伏次序的相互关联。光波的频率相同，振动方向相同和光波波动的步伐也一致，此即相干性好的光。反之相干性则不好。在普通光源中各发光中心相互独立，相互间基本上无位相联系。因此很难有恒定的位相差，即不易显示出相干现象或称相干性差。激光各发光中心是相互关联性很好。医学上的全息照相术，主要是应用激光的这一特性。

（二）激光对生物体的基本效应

1. 热效应

光谱中的可见光和红外线被生物组织吸收后可转化为热能，尤其红外激光的光子能量低，可增强分子振动易产生热效应。把脉冲振荡的红宝石激光器的激光或钕玻璃激光器的激光聚焦于有机体的微小部位，持续几微秒的时间就能使该部的温度上升几百度，在几毫秒的时间里可使生物组织的局部温度高达 $200\sim1\,000℃$。这种"激温"效应足以促使蛋白质变性、烧伤或气化，使细胞损伤。这种热效应是激光用于医学作光刀切割组织、烧灼，焊接以及气化的物理学基础。而较低功率的激光用于照射机体可使组织逐渐变热。

2. 压强效应

一般光线照射物体后由于碰撞而在物体上引起很小的力叫辐射压力。因激光聚合后会有很大的功率密度，所以激光辐射压的影响不容忽视。

压强效应由两方面引起，一是高能量激光本身的光压，虽然压力微弱但是集中，另一种是激光的热能（激温）使组织急剧的膨胀，产生所谓"次生冲击波"压力效应，此光压和次生冲击波构成的总压力，可使已产热效应的生物组织破坏，蛋白质分解。

3. 光化学效应

激光照射生物组织可引起吸收、反射和传热，刺激穴位可激发经气。光与生物分子的相互作用主要决定于分子能级和光波波长。波长在 $0.35\sim0.7\,\mu m$ 范围的光，包括紫外线和可见光，可引起大部分的对生命至关紧要的光化过程。据报道用波长为 $0.2537\,\mu m$ 的，紫外激光辐照胱氨酸引起胱氨酸的光致分解，并证明紫外激光可使氨基酸分解变化。研究激光对生物体的影响时，还要考虑各种波长激光的透过率和吸收率，透过率和吸收率大的光波，光化学效应明显。

4. 电磁场效应

激光也是一种电磁波。高强度光照射组织伴随有电磁场的作用。当将激光聚焦，当功率密度达到 $5\times10^{14}\,W/cm^2$ 时，由此即可产生达 $4\times10^8\,V/cm^2$ 的强大电场，它将会对生物机体的原子、分子受到直接的影响，产生激励、振荡以及热效应等使光点处的组织电离，破坏细胞的结合力，造成种种损伤。

综上所述，激光是通过热、压、光和电磁场效应对生物组织发生作用的，至于哪一种效应起主要作用，则需视激光器的种类和功率的大小而定。

（三）激光的治疗作用

高功率激光主要用作"激光刀"进行手术、烧灼、焊接和气化，而低功率激光则有刺激、消炎、镇痛和扩张血管的作用等。仅就目前兽医临床上常用的氦氖激光、二氧化碳激光的治疗作用简述如下。

1. 氦氖激光的治疗作用

根据国内外的研究报导认为小功率氦氖激光对有机体的治疗作用表现为有调整刺激作用，可增强代谢过程，还具有消炎、镇痛、止痒、脱敏、收敛、消肿、促进肉芽生长及加速创伤愈合的作用。

（1）增强组织代谢：小功率氦氖激光照射皮肤可影响细胞膜的通透性，使有机体生物合成和主要酶系统激活。如激活过氧化氢酶，进而可调节或增强代谢，加强组织细胞中核糖核酸的合成和活性，增强蛋白质的合成，照射部位糖原的含量增加，细胞线粒体合成三磷酸腺酐的功能增强，激活细胞的功能，进而增加对病原因素作用的抵抗力。

（2）刺激组织再生：小功率氦氖激光照射有促进上皮生长和组织修复的作用。它能加速和增强结缔组织细胞和上皮的增殖，刺激肉芽组织形成并加速其成熟和胶原弹力纤维的形成。刺激上皮形成和神经纤维的再生，从而加速组织的再生过程，促进伤口愈合和骨痂形成并有加速被毛生长的作用。

（3）消炎、镇痛：小功率氦氖激光照射的消炎镇痛作用已为广大的人医和兽医人员的临床和试验所证明。据报道氦氖激光照射治疗动物的某些炎症过程，一般于3～4次后肿胀及疼痛可明显减轻。试验证明氦氖激光照射动物的某些穴位和某些浅表的外周神经的经路可使痛阈明显增高，而具有很强的镇痛效应。这种消炎镇痛作用的机理仍在研究中。研究人员认为可能与刺激机体免疫作用，增强组织代谢过程以及降低末梢神经兴奋性有关。

（4）刺激机体免疫功能：试验证明氦氖激光照射虽不能直接杀灭细菌，但可增强机体的非特异性体液防御因素（补体、干扰素、溶菌酶），可增强大小吞噬细胞系统的吞噬作用，如加强白细胞的噬菌功能，可使吞噬细胞增加和增强巨噬细胞的活性。增加丙种球蛋白及补体滴度，可激活免疫系统，细胞和体液免疫防御系统，从而增强机体的防御适应反应。

（5）对机体的调节作用：小功率氦氖激光可影响机体的内分泌系统，促进整个体内的代谢过程，还有加强骨髓和脾的新生细胞增殖过程的功能。据报道小功率氦氖激光照射牛、马、羊的某些局部可使血液中的有形成分和血清中的钙、磷、钾等常量元素出现规律性的变化，可调节瘤胃蠕动功能，提高脂肪酶的活性和增强唾液的分泌等。

（6）小功率激光的作用：小功率氦氖激光照射穴位时，通过对经络的影响可调节体内阴阳平衡和气血运行，改善脏腑功能，从而起到治病作用。

临床应用中还应注意小功率氦氖激光作用的下述三个特点；第一小功率氦氖激光有加速新生细胞增殖，增强白细胞吞噬作用，加快血管新生，促进创伤及骨折愈合，加速切断神经的再生，改善机能，促进母牛发情等作用。但如使用剂量过大可能对上述过程起抑制作用。因此在临床应用中很有必要探索各种疾病治疗的最佳剂量，第二多次小剂量照射有累积作用，往往照射头两次治疗作用轻微，而在照射3～4次后方出现明显的疗效；第三多次照射的生物学作用和治疗效果一般具有抛物线特性。即在照射剂量不改变的情况下其作用和疗效是从3～4d起逐渐增强，第10～17d达到最大限度，此后则逐渐下降，甚至反而出现抑制作用。因此激光治疗应有疗程限制，疗程间隔一般1～3周。

2. CO_2 激光的治疗作用

CO_2 激光多用于手术或凝固、烧灼和气化，也可作散焦照射。CO_2 激光属远红外线，其光子能量低有增强分子振动产生热的作用，故有明显热效应。目前在兽医临床上常用2～6W 的 CO_2 激光聚焦照射猪、牛、羊的"交巢穴"治疗仔猪白痢，犊牛下痢及羔羊下痢等。有人试验 CO_2 激光照射羊的"交巢穴"其调节瘤胃蠕动的功能，较低功率氦氖激光明显。CO_2 低能量散焦照射可使组织血管扩张，加快血液循环，增强新陈代谢、改善营养状态，从而起消炎、镇痛的作用。临床应用证明 CO_2 散焦照射治疗动物的某些外科疾病，特别是亚急性慢性炎症过程可收到较好的治疗效果。CO_2 激光除其热作用明显外，激光本身的其他物理特性，如单色性好、亮度高和相干性佳等对机体是否还会有其特异性效应，尚在深入研究中。

（四）激光医学及兽医学中剂量的概念

在医学或兽医学中在应用激光治疗时，必须重视剂量的概念。剂量不足或过高都会直接影响治疗效果，甚至可使病情恶化和给机体带来一定的伤害。故在进行一项基础研究或临床试验治疗时，都必须有一个准确的剂量概念，否则将会产生许多不正确的印象和结果。

为了准确的掌握激光的剂量，必须确切的知道所用激光器的输出功率和光斑的大小，在相同的输出功率下光斑越小则被照射部位所接受的功率密度越高，而照射的时间越长则该部位所接受的能量密度越大。

能量是用来计算脉冲激光器的输出大小，其单位是焦耳（J）。能量密度的单位为J/cm^2。

功率是对连续输出激光器而言的，它含有时间概念，功率单位是瓦特（W）。功率密度的单位为W/cm^2。

测量激光能量和功率的方法有：光热法、光电法和光压法3种，常用的是前两种。

光热法：是基于光的热效应，选择合适的物质作为吸收体。根据激光照射并吸收后所引起的温度变化情况，或直接进行温度测定，或转为其他物理量进行光能的测定。

光电法：在光电效应中，用光能或光强与物质作用产生电流成比例的特性，可以实现激光能量与功率的测定。

测定 He－Ne 激光与 CO_2 激光的功率有专用的功率计。

功率密度的计算方法：功率密度即单位面积所接受的功率。设用功率计测到激光器输出功率为 P，光斑为 S，则功率密度等于 P/S。

相同的输出功率，因光斑大小不同而对功率密度影响甚大。

在临床实践中尚有一个重要的因素必须考虑，即照射的时间。在相同的功率密度下，照射时间的长短，决定被照射部位所接受的能量多少。因此要把时间因素计算在内，使照射面积得出所接受的剂量，从而明确激光照射剂量的概念。

激光能量密度的计算：

$$能量密度（J）＝功率密度（W/cm^2）×时间（s）$$
$$总能量密度（J）＝功率密度（W/cm^2）×时间（s）×次数$$

（五）激光器

产生激光的器械称为激光器。激光器也是一种光源，其发射出的光称为激光。

激光器的种类很多，但其基本结构有3个部分组成。

激光介质（激活介质）：某些固体、液体、气体及半导体等物质。由于其原子和分子结构上的特点，它们能维持受激发射，如掺铬的红宝石、钕玻璃、掺钕钇铝石榴石、氩离子气体、二氧化碳气体、染料若丹明6G和砷化镓半导体等。

激发能源：因产生激光必须首先完成粒子数的反转分布，因此系统必须从外界获得能量，此能量称为泵浦能，完成粒子反转分布的方法有光泵，放电激励，电流激发和化学方法等。

谐振腔：激光谐振腔是由一对互相平行放置的反射镜构成。两个反射镜分别置于激光介质的两端。其中一块的反射率近100%，另一块则部分透光可输出部分光。

激光产生的过程概括如下：

激励→激活介质粒子数反转，被激励后的激活介质中偶然发生的自发辐射→其他粒子的受激辐射→光放大→光振荡与光放大→激光。

激光器的种类很多，依组成激光器的工作物质可分为气体激光器，液体激光器、化学激光器等。有的激光器可连续工作如 He – Ne 激光器；有的则是脉冲工作如红宝石激光器，还有即可连续工作、又可脉冲工作，如 CO_2 和钇铝石榴石激光器。现将医学及兽医学临床中常用的激光器概述如下。

1. 固体激光器

与气体激光器相比，其优点是体积小，输出大，使用比较方便。但其工作物质制备较为复杂，价格昂贵。

目前固体激光器常用的工作物质有三种：即红宝石，钕玻璃及掺钕钇铝石榴石。

2. 气体激光器

是目前医学和兽医学临床应用最广的一种激光器。其工作物质是气体状态的原子、分子或离子。气体激光器的激励方式一般是用气体导电过程，如常用的 He – Ne 激光器和 CO_2 激光器都用正常辉光放电。与固体激光器相比气体激光器的结构比较简单，价钱较低，操作简便，但其输出功率一般均较小。按工作物质的不同，气体激光器可分为中性原子（惰性原子）气体激光器，离子气体激光器和分子气体激光器 3 种。

He – Ne 激光器是中性原子气体激光器中应用最广的一种。是由激光放电管、谐振腔和激励电源 3 部分组成。根据不同的使用要求，放电管与谐振腔镜片有三种不同的连接方式。即内腔管、外腔管及半内腔管。内腔管应用比较广泛，结构紧凑，使用简便。

在临床上常用的分子气体激光器有二氧化碳（CO_2）激光器和氮分子（N_2）激光器两种。

CO_2 激光器可连续工作，也可脉冲式工作。输出波长一般为 $10.6\mu m$ 的中红外光。其优点是增益高有比较大的输出功率和较高的船量转换效率，并有丰富的谱线，一般可以有 $10\mu m$ 附近的几十个波长的激光输出。在临床上主要是用 CO_2 激光的中红外光大功率输出生产的光、热、压力和电磁效应的综合作用进行照射（散焦）治疗和激光手术刀。

在医学临床上应用的离子气体激光器主要有氩离子激光器和氦 – 镉激光器。

3. 液体激光器

是以液体为激光工作物质的激光器，又分无机液体激光器和有机液体激光器两类。有机液体激光器的工作物质主要是染料。如用荧光染料若丹明 6G 的乙醇溶液作为激光介质的染料激光治疗机，它常用于眼科疾病的治疗，该机波长连续可调。

（六）激光对机体的危害及其防护

研究证明，激光对人的眼睛、皮肤、中枢神经系统以及内脏都有伤害作用，且对眼睛的损伤最显著。眼的角膜、眼房液、晶状体及玻璃体等一系列屈光介质本身构成了一种良好的聚光机构，它能使激光进入瞳孔到达视网膜的光能密度增大。其次是眼底组织对很多激光波长都能有效地吸收，此即激光对眼损伤阈值远比其他器官为低的原因。为了防止激光对人，特别是对眼睛的伤害应采取综合防护措施。

激光工作人员操作时应戴上激光防护眼镜。防护眼镜要求既能保证工作人员有充分的视觉清晰度又能有效地阻挡激光辐射。符合要求的激光防护镜，应是对所有激光波长和其他同时发射的波长激光均有防护作用。重点的波长范围是 $0.3\sim0.6\mu m$，特别是防护红宝石和钕玻璃激光器的波长。这两种激光器功率大，很小能量即可损伤眼底，并在视网膜上造成永久性盲点而影响视力。防护眼镜可分反射型、吸收型、反射吸收型、爆炸型、光化学反应型、光电型及变色的微晶玻璃型等 7 种。

表 9 - 4　各种激光器的性能及其在临床上应用简表

性能类别		波长	输出方式	激励方式	临床应用
固体激光器	红宝石	694.3nm	脉冲	光泵	低能量用于凝结、中能量用于显微手术、高能量用于肿瘤照射、气化
	钕玻璃	1 060nm	脉冲	光泵	照射、气化
	Nd - YAG	1 060nm	连续、脉冲	光泵	照射、光刀、气化
气体激光器	He - Ne	632.8nm	连续	辉光放电	全息照相、照射、光针
	CO_2	10 600nm	连续、脉冲	轴向辉光放电横向激励	术手刀、气化、照射、凝结
	Ar^+	488nm 514.5nm	连续	电激励	凝结、手术刀、气化
	He - cd	441.6nm 325nm	连续	电激励	照射、诊断
	N_2	337.1nm	脉冲	电激励	照射、诊断
液体激光器	掺铝氯氧化磷（无机）	1 060nm	脉冲	氙灯激励	照射、气化
	有机染料若丹明 6G	555nm 585nm	连续、脉冲	激光激励	照射、气化
半导体激光器	GaAs	900nm（室温）	连续、脉冲	电子注入	照射、气化
化学激光器	HF	2 600～3 600nm	连续	化学	照射、气化

二、激光的治疗

激光的治疗方法很多，主要有以下 3 种。

（一）照射

是最常用的治疗方法，有离焦照射和穴位照射之分。

1. 应用激光器的种类

在临床上常用的是 He - Ne 激光器，其次是小功率 CO_2 激光器。

2. 照射方法

（1）离焦照射：用激光器的原光束或散焦后的光束对患部直接进行照射的一种治疗方法。国内生产的 He - Ne 激光器输出功率一般为 1～25mW，照射距离 50～80cm，照射时间 10～30min，每日 1 次，10～14 次为 1 个疗程。照射时应根据 He - Ne 激光器的输出功率和光斑大小准确的计算出功率密度和能量密度，但目前尚无准确的剂量标准。

国内生产的 CO_2 激光器，输出功率一般为 6～30W，可用其连续波离焦照射，以被照部皮温不超过45℃为宜。照射时间10~30min，每日或隔日照射1次，10~14次为1个疗程。

（2）穴位照射：将激光器发出的原光束或经聚焦后对准传统的穴位进行照射的一种治疗方法。目前常用的He-Ne激光光针，输出功率多为几毫瓦，激光针刺用的激光最好经透镜使光斑更小，能量密度更大，如此可增强其穿透力并有预定强度的针感。治疗时可取一穴或数穴，每穴照射10~20min，可同时照射，亦可分别照射，其他与离焦照射同。

用CO_2激光器做光针治疗时，因其为不可见光波段，操作应慎重，其作用似火针，照射时间一般为数秒钟。

3. 适应症

激光照射治疗的适应症很多，仅就现已发表的文献材料分述如下：

（1）外科疾病：急性化脓性炎症，慢性非化脓性炎症、急性及慢性扭伤、创伤、骨折、冻伤及烧伤的创面、炎性水肿、溃疡、关节疾病、腱及腱鞘疾病、蹄钉伤、面神经麻痹、肌肉及关节风湿病，湿疹及皮炎等。

（2）内科疾病：犊牛消化不良、羔羊下痢、支气管炎及胃肠功能失调等。

（3）产科疾病：氦氖激光照射牛的阴蒂部可促进发情。照射阴蒂和"地户"穴可治疗子宫疾病及卵巢疾病等。穴位照射可治疗乳房炎。

（4）传染病：CO_2激光及He-Ne激光照射仔猪的交巢穴可治疗仔猪白痢。

此外，He-Ne激光照射牛、马、羊、犬浅表外周神经干的经路（胫神经及正中神经）可获得良好的全身性镇痛效果，适用于各部位于手术的麻醉。CO_2激光照射牛的夹脊穴，可取得良好的镇痛效应，适用于牛、羊的瘤胃手术。

（二）凝固、炭化和烧灼

用激光器的原光束或聚焦后的光束对病变组织进行烧灼，使其坏死或气化。

1. 应用激光器的种类

常用的激光器为中等功率的CO_2、氩离子、红宝石及掺钕钇铝石榴石（Nd-YAG）激光器等。目前在国内兽医临床上主要是应用30W的CO_2激光器。

2. 应用方法

输出功率为30W的CO_2激光器经聚焦后，其光点处可产生很大的功率密度，能量集中，是良好的烧灼工具。在激光照射后几毫秒的时间内，被照射的组织即发生凝固、坏死、炭化。在治疗中可用光点扫描，反复烧灼，使病变及赘生的组织坏死和炭化。

3. 适应症

大面积赘生的肉芽组织，浅在较小的皮肤新生物等。使用输出功率为30W的CO_2激光器，烧灼乳牛下颌枝放线菌肿手术后残留的肿块以及四肢烧伤后大面积的赘生肉芽，取得了较好的治疗效果。

该法的优点是可不麻醉、不消毒、不出血、速度快、健康组织损伤少。

（三）切割、分离

激光通过导光关节引出并经聚焦后可形成一个极小的光点，能量高度集中，可用于打洞或切割，称此为"激光刀"。

1. 应用激光器的种类

高功率 CO_2、氩离子、掺钕钇铝石榴石等连续激光器并配有导光系统。机体组织对 CO_2 激光的吸收系数较其他激光为大，因此不论机体组织的性质如何都能得到较好的切割效果。Nd–YAG 激光切骨，切缝细而整齐，但切割软组织的效果很差，仅凝固效果好。氩激光对着色组织，特别是对红色（对血红蛋白吸收好）组织，如充满血液的血管和组织效果最好。

2. 应用方法及注意事项

（1）用激光刀进行手术时应选择合适的激光器及适宜的功率并应正确掌握焦距，离焦切割能引起组织炭化，创口愈合稍慢。

（2）刀头移动速度要适宜，移动越慢切割越深，越快则越浅。

（3）刀头要避开体表的主要神经和血管。

（4）注意清除手术区一切可以反射光的金属器械，以防对术者的损伤，又要注意保护周围健康组织。常用的方法是在切口处注射大量液体（如麻醉药液或生理盐水）改变局部的导热性以利于散热，防止烧伤周围健康组织。或在切口周围用浸有生理盐水的纱布或敷布加以保护，白色物质不易吸收激光，水分又可散热，这是简单有效的防护措施。

3. 适应症

各种病变的切除。

4. 激光手术的优点

渗出、出血、感染及组织损伤均少。因出血少，手术视野清楚，干净，有利于手术操作可缩短手术时间。当切除癌瘤时，有阻止癌细胞的扩散作用。切口平滑、整齐。缺点是较用外科刀手术的创口愈合稍慢，约 $1\sim2d$。

第七节　特定电磁波疗法（TDP 疗法）

特定电磁波（简称 TDP）治疗机是我国重庆市硅酸盐研究所苟文彬，根据"电磁波对生物体内微量元素存在状态有强烈影响"的理论，经多年的试验研究所取得的一项重大科技成果，几年来在医学及兽医学临床应用方面已积累了较丰富的临床经验和广泛地推广应用。1984 年在成都召开了中西兽医 TDP 学术讨论会为其在全国兽医临床的应用和研究起到很大的推动作用。

TDP 的治疗作用

……应

……外和远红外线，因而有明显的热效应，而且在临床应用时也往往用……为一个衡量参数。热效应具有扩张毛细血管，促进血液及淋巴循……肿、解痉及镇痛等作用。

（二）非热效应

临床实践证明 TDP 除热效应外还有非热效应。

（1）有人认为生物体受外界不良自然信息的影响，细胞膜的识别系统发生障碍因而发生某些疾病。TDP 是一种良性信息作用于细胞膜后，可恢复其识别系统而使疾病得以恢复治疗。

（2）有人认为不良信息会导致生物体内微量元素比值出现异常，并使生物体内电磁波辐射特征发生改变而成无序状态，因而在临床上发生了某种疾病。当 TDP 照射后生物体内紊乱了的电磁波与 TDP 产生"共感效应"，因而使其得到调整恢复而达到治疗的目的。

（3）有人认为机体内微量元素有两种存在状态，一种是微量元素进入结构而构成细胞更小物质组成成分的叫"有序"，而另一种则是呈游离状态的叫"无序"，这两者是可以互相转化的。在正常情况下它们两者之间是有一定比例关系的。不良的信息会导致生物体微量元素存在状态比例出现异常，因而打破了固有的节律变化因而发生某些疾病。TDP 照射可使恢复到正常比值，从而达到促进生物体生长和治疗疾病的目的。

总之，TDP 对生物体的作用可能主要是以其能量和信息对生物体发生影响的，即 TDP 发射的电磁波及其携带的信息对生物体产生影响，从而达到调整机体病理过程达到促进疾病迅速恢复治愈的目的。

二、特定电磁波治疗机

该机是将硅、钴、铝、镁、锰、硼、钾、钠、矾、氧、硫、锌、钙、溴、铜、钼、铬、铅、氟、铱、锆、钇、镓、铋、锗、砷、镉、铈、铟、镧、钍、钽等 33 种元素经特定的工艺制成发射板，然后在 300～600℃ 的温度作用下以分子振荡，晶体的晶格振荡，原子转动的 3 种形式发射出综合电磁波，波长为 0.55～50μm，功率消耗 300W（医用）～600W（兽医用）。

三、TDP 疗法的适应症

外科疾病：炎性肿胀、扭伤、挫伤、关节透创、关节滑膜炎、黏液囊炎、屈腱炎、腱鞘炎、神经麻痹、创伤、风湿病、骨折特别是难愈合的陈旧性骨折、久不愈合的创伤、溃疡及马的副鼻窦炎等都有显著的治疗效果。对结膜炎、脊髓挫伤也有一定的疗效。

内科疾病：仔猪下痢、牛腹泻、羔羊拉稀、牛的瘤胃臌气、胃肠卡他、咽喉炎、痉挛疝及肾炎等。

产科疾病：乳牛不育症、乳牛卵巢疾病、慢性子宫内膜炎、胎衣停滞、显性及隐性乳房炎等。

第八节 冷冻疗法

利用深度低温治疗疾病的方法称为冷冻疗法。近年来发现在冰冻与解冻过程中，组织细胞大多破坏，但有些细胞仍能存活不受损伤。于是则形成两种研究方向：一是冷冻外科学，利用冷冻对细胞的破坏作用治疗疾病，侧重研究如何使冷冻对细胞的高度破坏；另一个是低温生物学，利用冷冻对细胞的保护作用贮存某些活细胞，着重研究如何达到最大限度减少冷冻对细胞损伤的方式。

一、冷冻的生物学作用

冷冻治疗是以冷冻能破坏生物的组织器官为基础。正常的或新生的细胞都能因深度冷冻而受到不可逆性的损伤。破坏细胞的临界温度不低于 $-20{}^\circ\mathrm{C}$ ，并须用足够的冷冻时间使组织形成"组织冰球"。反复冷冻与溶解可引起细胞膜和细胞核膜的破裂。下述的细胞生物学改变是低温引起组织破坏的机理。

冰冻是液体转化为固体的过程。含有细胞的溶液由细胞膜分隔为细胞内和细胞外两个不同的组成部分，其中水分是容易通过细胞膜的。在深度冷冻时，冰冻先见于细胞外，而细胞内则呈过冷状态，因为细胞内结构复杂，容积很小。此时细胞内外蒸气压力出现不平衡，如恢复平衡，须使细胞内溶质浓度升高。为此一种方式是细胞内脱水、浓缩，因水分最易透过细胞膜而出，这是最常见的现象；另一种方式是细胞外溶质进入细胞内，在细胞损伤破裂时可发生，见于冷冻后期；第三种方式是细胞内水分结冰而减少使溶质浓度升高。因此深度冷冻产生的化学和细胞形态学的破坏变化是冷冻最早的破坏作用，是由脱水而造成的电解质的有害浓度产生的。当温度再降低时则形成结晶并引起细胞膜破裂。而冷冻后的复温也有破坏作用。此外细胞膜内脂肪及蛋白的成分的变性，冷冻再复温可引起局部组织反应，使局部血管淤滞也是冷冻后组织损害的重要因素。

二、冷冻治疗的优点

（1）组织反应轻微，破坏区局限，界限清楚愈合良好。

（2）冷冻时可使液体或胶体物，如晶状体（白内障时）、血管（血管瘤时）冻成冰块，使这类手术变成简而易行，快而安全。

（3）机体各种组织虽然其生物学特性不同，但均可用冷冻进行治疗。

（4）有麻醉和缓解术后疼痛的效果。

（5）在冷冻手术中见到冷冻损伤可成为某种抗原刺激物激发抗体形成的特异反应，将有可能进一步发展成为"低温免疫学"及"低温免疫法"的基础，而有更为广阔的应用前景。

三、致冷剂、冷冻器械及低温原理

（一）致冷剂

冷冻治疗机中常用的致冷剂大致可分两类：一种是常温下不能液化的，其液体的正常沸点低于－150℃，如氩、氧与氮；另一种是在常温下与以足够的压力能液化的，其液体的正常沸点高于－150℃，如二氧化碳与氟里昂等。但目前常用的是液氮。液氮是清晰无色无臭的液体，不易燃对动物体无毒害，在 1 个大气压下其沸点为－195.8℃，冰点为－204℃。因其沸点很低故须贮存在双层壁间构成真空的杜瓦瓶内，以防其迅速蒸发。亦可放在类似的小型容器（如热水瓶）内便于临床应用。在上述容器内液氮的蒸发率（消耗率）每日为 1.5%～8%。

（二）冷冻治疗机

兽用冷冻治疗机应符合下述要求：
（1）致冷剂应无味无毒，不燃烧不爆炸；
（2）冷冻头要便于操作，便于消毒，形状应规格多样，不损伤邻近组织；
（3）便于控制冷冻量；
（4）冷冻头探杆应能迅速冷却和迅速复温；
（5）整机应价格低廉、便于携带，便于操作。

（三）工作原理

在液氮贮存器内加以适当温度使液氮气化，因产生内压使液氮沿输出管喷入冷冻头迅速降温。当冷冻头接触病变部位时，体温使液氮受热气化，气体又沿排气管回流逸出，如此循环而使病变部位达到治疗目的。

四、冷冻治疗的操作技术

（一）冷冻治疗的方法

1. 接触法

在冷冻治疗器输液管前端，接以不同形状，大小的冷冻头，治疗时将冷冻头轻轻接触患部即可引起组织坏死。应根据病灶选用冷冻头，其大小、形状最好与患部相一致以免损伤周围健康组织。对较大的病灶应分段分区进行冷冻。

2. 喷射法

不接冷冻头，从贮器内经输液管直接向病变部位喷射液氮的方法。此法的优点是既适用于形状特殊和高低不平的病变又不受治疗范围大小的限制。缺点是对治疗范围较难严格控制。为防止冻伤周围健康组织可涂以保护剂（甘油、蔗糖及右旋糖酐等）。

3. 倾注法

将液氮直接倾注于病变部进行直接冷冻。此法破坏力强，适用于较大面积的化脓创及肿瘤等。

4. 灌注法

将囊腔或创腔切开后，排除内容物，清净内腔后，从切口插入导管，再将液氮灌注腔内，适用于治疗某些深部瘘管、飞节内肿及黏液囊炎等。

5. 传导冷冻

将乳导管、针头或不锈钢丝先放入液氮缸内待出现白霜后取出插入瘘管或乳头管内，然后再冷冻针柄或不锈钢丝，达到传导冷冻治疗的目的。适用于瘘管、窦道、乳头管狭窄及乳头管闭塞等。

6. 棉棒法

用竹签缠以脱脂棉沾取液氮敷于患部或插入腔内。根据治疗的需要可反复进行。用于无冷冻治疗机的情况下进行冷冻治疗。

（二）注意事项

（1）喷射冷冻时，喷头不要接触组织和水，以防喷头冻结堵塞。

（2）应注意保护周围健康组织，以免受冷后形成冻伤或坏死。

（3）治疗时术者及助手应戴上眼镜和手套，穿好胶靴，防止液氮溅射时造成损伤。

（4）冷冻治疗后有的局部发生明显的水肿和坏死，甚至出现全身反应，因此每次治疗范围不宜过大。

（5）冷冻后局部用灭菌纱布包扎以防感染。

（6）冷冻疗法对肿瘤、脓肿、化脓创、窦道及瘘管、某些溃疡、乳头管狭窄及乳头管闭锁等疾病，均有良好效果。

第九节　烧烙疗法

用金属器械的灼热作用直接烫烙患部以达到治疗目的的方法称为烧烙疗法。临床上常用以治疗慢性或增生性炎症并可用于烧烙止血、对化脓与腐败组织的消毒和烙断等。利用烧烙的强刺激作用，诱发患部出现剧烈的急性炎症过程，从而加速炎症产物的吸收，消除疼痛和跛行，以达到功能性的治愈。烧烙时温热的程度，依烧烙的目的，疾病的程度，烧烙部位的不同而异。一般治疗常用赤热程度，以消毒和烙断组织为目的可应用白热程度。

一、烧烙器械

烧烙铁可应用热烧烙器、自动烧烙器、电烧烙器的各种类型的烙铁。

二、烧烙的操作方法

（一）线状烧烙法

用刀状或斧状烧烙器，于治疗部位作数条适当规格的线条状烧烙，适于治疗腱及关节的慢性疾病。

（二）点状烧烙法

一般常用梨子状、圆锥状和环状烧烙器等进行点状烧烙，于治疗部位上进行数个或数十个烧烙点。该法适用于治疗皮肤菲薄、狭小及凸凹不平部位的慢性腱炎、腱鞘炎以及骨瘤等疾病。

（三）穿刺烧烙法

应用金属烧烙针或各式穿刺烧烙器，穿过皮肤全层，烧烙皮下结缔组织、骨部及关节。适用于治疗慢性骨化性骨膜炎（骨瘤）及慢性变形性趾关节骨关节病。

三、烧烙治疗及注意事项

（一）后疗法

（1）烧烙后要防止感染。烧烙后有痒感，常对烧烙部摩擦或哨咬，因此头部要高系，局部要包扎绷带。

（2）表层烧烙后经 2～3d 尚未诱发适度的炎症反应时，局部可涂擦刺激剂。

（3）烧烙部引起炎症反应过强时，可进行药液冷敷。渗出液过多时要换绷带保持局部的干燥。

（4）术部的痂皮应待其自然脱落，不可人工除掉。

（二）注意事项

（1）用铁制烧烙器进行烧烙时，应同时准备 2～3 个以上，以免影响烧烙进行的速度。

（2）必须确实保定患病动物，以免影响手术进行。

（3）烧烙器一般以保持红热为宜，过热易引起局部炭化，过凉则达不到目的。

（4）烧烙器应与皮肤表面呈垂直状态接触，以保证深度均匀。

四、烧烙疗法的适应症与禁忌症

适应症：腱、骨膜、骨、关节及腱鞘的慢性炎症；止血、消毒及烙断组织（断尾术）；摘除某些肿瘤；赘生肉芽及溃疡面的腐蚀烧灼等。

禁忌症：急性无菌性和急性化脓性炎症，不可逆性的大的慢性病理过程，如大的外生骨赘等。

复习思考题

1. 物理疗法包括哪些种类？放射线照射机体可产生什么样的主要作用？
2. CO_2 激光治疗的适应症有哪些？
3. 简述水疗法的种类和在兽医临床上的应用。

马廷法（山东畜牧兽医职业学院）

第十章　化学疗法

化学疗法通常是指以化学物质治疗感染性疾病的一种方法。对所用的化学物质称化学治疗药或简称化疗药，它对病原体有较高的选择性毒性，能杀灭侵害机体的病原体，但对宿主细胞则无明显的毒害作用。

过去把化疗药只看作是抗感染药，近年来将对恶性肿瘤有选择性抑制作用的物质，也称为化疗药。因此，"化学治疗"一词的广泛含义可概括为"用化学物质有选择地作用于病因的疗法"。

化学药物应具备对病原体有较强的作用（能杀灭或抑制其发育）和对宿主细胞无害或副作用很小的两个基本条件。所以，评价一种药物的优劣，不仅在于治疗量的大小，更重要的是治疗量与中毒量之间的距离的大小，衡量一种化疗药物的安全度及其治疗价值的标准，通常以化疗指数表示之。化疗指数就是药物的中毒与治疗量之间关系的数学表示。化疗指数越大则越为安全。在实验治疗中，化疗指数是以实验动物对某种药物的半数致死量（LD_{50}）/半数有效量（ED_{50}）计算。但在临床治疗中，由于在动物或人不可能取得 LD_{50}，医师主要关心的是药物的不良反应，所以化疗指数就以中毒量/治疗量来表示。一般认为化疗指数要大于 3，才有临床试用意义，指数 7 是最小的安全值。

化学治疗药包括的范围很广，有抗菌药、抗病毒药、抗霉菌药、抗原虫药及抗蠕虫药等。本章以抗生素、磺胺类药的临床治疗应用为重点，加以概述。

第一节　抗生素的临床应用

一、抗生素的分类

根据抗生素的主要抗菌谱和临床应用，通常可分为以下 4 类。
（1）主要抗革兰氏阳性菌的抗生素，如青霉素类、红霉素等。
（2）主要抗革兰氏阴性菌的抗生素，如链霉素类、多黏菌素类等。
（3）广谱抗生素，如四环素类、金霉素等。
（4）抗真菌抗生素，如灰黄霉素、制霉菌素等。

二、抗生素的作用机理

抗生素的作用机理，可概括为 4 种类型。

（一）抑制细胞壁的合成

细菌细胞在细胞膜外有一层坚韧的细胞壁，可保护细胞不受机械损伤，以维持其特有的外形，承受较高的内渗透压。如果损伤或除去细胞壁，由于内外渗压差，可使细胞膜破损，产生溶菌现象。

细菌胞壁是由许多复杂而特有的大分子物质构成。革兰氏阳性菌的胞壁主要由黏肽和磷壁质组成，革兰氏阴性菌的胞壁组成，除有少量黏肽外还含多量脂多糖和脂蛋白。

某些抗生素如青霉素，先锋霉素等，可以抑制黏肽肽链末端的交联（转肽）反应，而阻断细菌胞壁的合成。造成细菌胞壁缺损，菌体失去细胞壁的保护作用，外环境的水分不断渗入菌体内，导致菌体膨胀、变形，最后破裂、死亡。

动物机体细胞无细胞壁结构，故青霉素等对动物体的毒性很低。

（二）损害细胞膜

生物细胞的细胞质都围绕一层外膜，称细胞膜或质膜。细胞膜是由内、外各一层蛋白质和中间一层类脂质（主要是磷脂）所组成。其主要功能是对低分子物质和氨基酸、核苷酸，糖及无机盐等起选择性渗透屏障作用，以调节细胞内成分。如细胞膜受损害，则细胞内可溶性物质（如嘌呤、嘧啶核苷酸和蛋白质等）外逸，可引起菌体破裂而死亡。有些细菌和霉菌的细胞膜比动物细胞易受药物损害，从而为抗菌药物的选择性毒性提供了基础。

有两类抗生素是直接影响细菌细胞膜的渗透屏障功能而呈现抗菌作用的。一类是环状多肽族抗生素，如多黏菌素、黏菌素、短杆菌酪肽，另一类是多烯族抗生素，如二性霉素B、制霉菌素、曲古霉素等。

（三）抑制蛋白质的合成

许多抗生素的抗菌作用，主要干扰细菌蛋白质的合成。它们干扰蛋白质合成的作用相似，但引起的结果并不相同。有的是抑菌；有的是杀菌。红霉素、四环素和林肯霉素是抑菌性抗生素，敏感菌在其适当浓度作用下，停止繁殖，但不死亡；链霉素、卡那霉素和新霉素是杀菌性抗生素，敏感菌在其作用下，细胞成分外逸，迅速死亡，但其杀菌作用不是由于抑制蛋白质的合成，而是生成"异常"蛋白质的结果。

蛋白质合成过程要经过若干步骤和阶段，不同种类抗生素，可在蛋白质合成的几个步骤中，抑制其中任何一个环节而阻碍其合成，达到抑菌或杀菌目的。

（1）阻止 mRNA（信使核糖核酸）与核蛋白体结合，如氯霉素。

（2）阻止 tRNA（转移核糖核酸）与核蛋白体结合，如四环素。

（3）阻止氨基酰 – tRNA 与延长的肽链间肽键的形成，如红霉素、林肯霉素。

（4）阻止氨基酰 – tRNA 与 mRNA 上专一性的三联密码进行识别，也就是出现错误，如链霉素、卡那霉素、新霉素等。

（四）抑制核酸的合成

核酸分为两类，即脱氧核糖核酸（DNA）与核糖核酸（RNA），它们由很多核苷酸组成，而每1个核苷酸又由含氮杂环碱、戊糖和磷酸组成。

许多抗菌药物的作用就是抑制 DNA 的复制和 mRNA 的转录（合成）反应。

不同种类的抗生素，其主要的抗菌作用和性质见表 10-1。

表 10-1　抗生素的抗菌作用

抗生素	作 用 方 法	表现结果	抗生素	作 用 方 法	表现结果
青霉素	抑制细胞壁合成	杀菌	庆大霉素	同　上	同上
先锋霉素	同　上	同上	新霉素	同　上	同上
万古霉素	抑制细胞壁合成，损伤细胞膜	同上	利福平	影响核酸合成	同上
杆菌肽	同　上	同上	灰黄霉素	同　上	同上
红霉素	同　上	同上	多黏菌素 E	损伤细胞膜	抑菌
四环素族	同　上	同上	二性霉素 B	同　上	同上
林肯霉素	同　上	同上	制霉菌素	同　上	同上
链霉素	同　上	杀菌	新生霉素	抑制细胞壁合成，影响核酸合成，损伤细胞膜	同上
卡那霉素	抑制蛋白质合成	同上			

三、抗革兰氏阳性菌的抗生素

（一）青霉素类

1. 青霉素 G 钾或钠

青霉素 G（苄青霉素）是天然青霉素，其分子中羧基的氢可为钾，钠等所取代而形成盐。在工业生产上由于钾盐比钠盐容易结晶，产量较高，故产品以钾盐为多。

（1）体内过程：青霉素 G 内服后，在胃酸中可部分失活，约30%在十二指肠内吸收，由于一般剂量达不到血中有效浓度，故不用作内服。

青霉素 G 钾或钠水溶液经皮下或肌肉注射，吸收迅速，血浓度约在30min（肌肉注射）或稍长时间（皮下注射）达到高峰，有效浓度一般可维持6～3h。青霉素 G 的长效制剂（普鲁卡因盐或苄乙二胺盐）吸收缓慢，可维持较低的有效血浓度达24h 以上。

青霉素 G 不易从完整的黏膜或皮肤吸收。在注入乳室后最初几小时可有大量吸收，但逐渐吸收减少，注入一定量后乳中所含青霉素的抗菌浓度能保持相当长的时间。

当组织发生炎症病变时，可影响青霉素的渗入速度和数量。脑膜炎时可促进药物透入脑脊液，使脑脊液/血液的比率成倍增加，因而按常规用量即可在脑脊液中达到治疗浓度。对乳房炎病牛肌肉注射青霉素时，乳腺部位的血液和淋巴液浓度也最高。

青霉素 G 主要（50%～75%）由肾脏排出。其中10%经肾小球过滤，90%通过肾小管分泌。由于排出迅速，故体内消失的速度比其他抗生素快，尿中浓度也很高。

（2）抗菌作用及抗菌谱：青霉素在低浓度时有抑菌作用，高浓度可有杀菌作用，主要在于抑制细菌细胞壁的合成。但对已形成的细胞壁则无破坏作用。因此敏感菌株在生长、分裂旺盛期，其细胞壁正处于生物合成阶段，在青霉素作用下，黏肽合成受阻而不能形成胞壁，同时细胞内的旺盛代谢依然大量地合成新的细胞质，导致内外渗压差加大，使之膨胀、变形、破裂而死亡。但对那些代谢受到抑制的细菌，却免于破裂，故临床上应避免此类繁殖期杀菌剂与抑制菌体生长繁殖的快效制菌剂（如四环素类、红霉素等）合用，以防降低青霉素的杀菌活力。

天然青霉素为一窄谱抗生素。主要对多种革兰氏阳性细菌和少数革兰氏阴性细菌有抗菌作用。如：链球菌、葡萄球菌、猪丹毒杆菌、棒状杆菌、梭菌、放线菌、炭疽杆菌等均为敏感菌，螺旋体也较敏感。对革兰氏阴性菌，如：巴氏杆菌、嗜血杆菌、布氏杆菌、大肠杆菌和沙门氏菌作用很弱。而对抗酸杆菌（如结核分枝杆菌）、病毒和立克次体则完全没有作用。

（3）临床应用：青霉素可用以治疗各种敏感病原体所引起的疾病，其主要适应症有：猪丹毒、炭疽、气肿疽、恶性水肿、放线菌病、马腺疫、坏死杆菌病、牛肾盂肾炎、钩端螺旋体病、乳房炎、子宫内膜炎、各种呼吸道（包括肺）感染及败血症、菌血症等。

乳房炎（牛）：青霉素对链球菌引起的乳房炎效果很好。可根据病牛产奶量的多少，于挤奶后按每个乳室 10 万～50 万 IU（溶于 50～100ml 无菌生理盐水中），每 12～24h 灌注 1 次，连用 4～6 次。同时再用 300 万 IU 肌肉注射，每日 4～6 次，连用 3～4d，效果更好。对金黄色葡萄球菌引起的乳房炎效果较差，可加大剂量，或改用其他抗生素。

猪丹毒：对败血型或疹块型均有良效。通常肌肉注射 1 万～2 万 IU/kg 体重即可，根据病情需要可重复给药。对慢性丹毒，可与氟美松（10mg/100kg）配合，重复应用，能缓和关节疼痛。

炭疽：青霉素对牛、马、猪的炭疽均有效，因病势发展迅速，应及早用药并加大剂量。如成年牛可以 300 万 IU 每日 4 次肌肉注射。

马腺疫：马腺链球菌对青霉素敏感。对急性病例效果好。形成脓肿包囊后由于药物透入较困难，有效效果不一。有人建议用 10 万 IU/kg/d 的大剂量，或用普鲁卡因青霉素 G 2 万 IU/(kg·d) 连用 2 周以上，对减少病灶扩散和消灭病菌有效。

放线菌病：可将青霉素 10 万 IU 溶于 5～10ml 生理盐水中，注入肿胀部位，每日 1 次，连用 4～5 次。如病灶有大量浓汁，可先注入高渗盐水，反复冲洗后再注入。

气肿疽：病的初期应用效果良好，可用 300 万 IU，1 次肌肉注射，每日 4～6 次根据病情决定疗程。

坏死杆菌：由坏死杆菌引起的腐蹄病及坏死性皮炎，一般对局部用氧化剂处理，可配合肌肉注射青霉素。

破伤风：初期注射青霉素可制止病菌繁殖，但因不能中和毒素，必须同时应用破伤风抗毒素血清及其他镇静、解痉以及局部清创消毒等综合措施。

钩端螺旋体病：据报道给仔猪肌肉注射 5～7IU/kg，每日 3～4 次，于第 3～4d 黄疸即消退。对家禽（2～4IU/kg，1 次/8～10h，及兔螺旋体病（兔梅毒）也有疗效。

此外，青霉素对敏感菌引起的肺炎、子宫内膜炎和败血症等均有良效。

（4）不良反应：青霉素的毒性极微，动物可耐受极大剂量而无任何毒性反应。但当大剂量快速静脉注射青霉素 G 钾（100 万 IU 含 67.9mg 钾离子）时，对肾功能不全或充血性心力衰竭患病动物可发生高血钾症。将青霉素直接注入中枢神经系统时，有时发生兴奋、搐搦或惊厥。

个别病例可发生过敏反应，表现为皮肤过敏（如荨麻疹、皮炎等），或有血清病样反应，严重者可见过敏性休克。国内外有报道马属动物过敏反应，可在注射后 3～20min 出现流汗、不安、流涎、肌肉震颤、呼吸困难等症状。经用肾上腺素、氢化可的松抢救均可缓和并逐渐（几小时至 20 小时）恢复。

2. 苯唑青霉素钠（新青霉素Ⅱ、苯甲异恶唑青霉素钠）

本品系半合成青霉素，不被青霉素酶所破坏，对耐青霉素的金葡菌株有效。对酸稳定，不被胃酸破坏，可用于内服。主要用于对青霉素耐药的金葡菌感染，如肺炎、败血症、烧伤创面感染、泌尿道感染、肠炎等。其制剂与用法如下。

片剂或胶囊（每个 0.25g）：内服，牛、马、猪、羊 10～15mg/kg，2～4 次/d。

粉针：用前加适量注射用水溶解，肌肉注射，用量同上。

3. 乙氧萘青霉素钠（新青霉素Ⅲ）

半合成青霉素，耐青霉素酶：主要用于对青霉素耐药的金葡菌感染，如肺炎、肺脓肿、蜂窝织炎、败血症、创伤感染及肠炎等。

胶囊：内服，牛、马、羊、猪 10～15mg/kg，2～4 次/d。

4. 氨苄青霉素钠（安比西林）

本品为广谱半合成青霉素。在酸性溶液中稳定，故可内服。牛内服后，在小肠上部吸收，2 小时达高峰血浓度。

（1）抗菌谱及适应症：对多种革兰氏阳性及阴性菌，如链球菌、葡萄球菌、沙门氏菌、布氏杆菌及巴氏杆菌等有杀菌作用，但抗菌作用不如青霉素及卡那霉素、庆大霉素等。对绿脓杆菌无效。

主要用于犊牛下痢、肺炎、沙门氏菌性肠炎、败血症、肾盂肾炎、子宫内膜炎，羊肺炎及乳房炎、子宫内膜炎；猪肠炎、肺炎、子宫内膜炎及猪丹毒；新生驹和幼驹肠炎、败血症、腺疫等。

（2）制剂用法：片剂，内服，牛、马、羊、猪 4～10mg/kg；粉剂，临用前以适量注射用水溶解，肌肉注射，牛、马、羊、猪 2～7mg/kg，幼畜和急性感染可 1 次/d，最急性病例可 2 次/d。

5. 羧苄青霉素

本品的抗菌谱与氨苄青霉素大致相似。其特点是对绿脓杆菌和耐青霉素金葡菌有一定抗菌作用。

毒性很低，肌肉注射可产生局部疼痛。静脉注射大剂量对血压、呼吸无影响，偶尔可发生搐搦。剂量，肌肉注射参照氨苄青霉素，静脉注射用于绿脓杆菌感染，剂量约比肌肉注射量大 2.5～5 倍。

6. 先锋霉素类

系一类半合成抗生素。其半合成产品有：头孢菌素 C、先锋霉素Ⅰ、先锋霉素Ⅱ、先锋霉素Ⅲ、先锋霉素Ⅳ等。

（1）抗菌作用及抗菌谱：先锋霉素类是杀菌的广谱抗生素。其作用机理与青霉素相似，能抑制细菌细胞壁的合成。本类药物对多种革兰氏阳性和阴性杆菌，如单核球增多性牵氏杆菌、魏氏梭菌、炭疽杆菌、多杀性巴氏杆菌、大肠杆菌、沙门氏菌属有效。对绿脓杆菌、结核杆菌、真菌及原虫无效。先锋霉素Ⅱ对金葡菌的作用最强。先锋霉素能耐青霉素酶，但先锋霉素Ⅰ、先锋霉素Ⅱ易为某些革兰氏阴性菌所产生的β-内酰胺酶所破坏。

（2）制剂、用法：先锋霉素Ⅰ、先锋霉素Ⅲ粉针。肌肉注射牛、马、羊、猪10～20mg/kg，每日1～2次。

（二）大环内酯类

本类抗生素有大内酯环的共同结构，主要对革兰氏阳性菌有抗菌作用。临床应用的有红霉素、泰乐菌素、螺旋霉素等。

1. 红霉素

（1）抗菌作用与临床应用，抗菌谱与青霉素相似。对革兰氏阳性球菌和杆菌，如金葡菌、耐青霉素金葡菌、肺炎球菌、链球菌、炭疽杆菌、猪丹毒杆菌、李氏杆菌、腐败梭菌、气肿疽梭菌均有较强抗菌作用。革兰氏阴性菌中的流感杆菌、脑膜炎双球菌、布氏杆菌等也敏感。大部分肠道革兰氏阴性杆菌，如大肠杆菌，变形杆菌，沙门氏菌等不敏感。对立克次体、钩端螺旋体也有作用。

本品呈抑菌及杀菌作用。在碱性溶液中抗菌效能强。大多数敏感菌对红霉素都易产生耐药性。

红霉素主要用于耐青霉素金葡菌及其他敏感菌的严重感染，如肺炎、乳房炎、子宫内膜炎、伪膜性肠炎及败血症等。有人报道对多杀性巴氏杆菌及猪丹毒杆菌所致的实验感染及猪的天然病例，均有良效。剂量为猪0.8万～1万IU/kg，家禽2.5万～5万IU/kg，每日肌肉注射2～3次（间隔10h），连用2～3d。

本品对鸡支原体病（慢性呼吸道病）和传染性鼻炎也有相当的疗效。

（2）制剂与用法：片剂，内服，驹、犊、仔猪、羔羊0.025～0.05g/（kg·d），分4次服，家禽0.019/（kg·d），分2次服。

粉针剂（注射用乳糖酸红霉素），临用前先用注射用水溶解（5%溶液），再用5%葡萄糖注射液稀释成10mg/ml，缓慢静脉注射。牛、马、猪、羊4～8mg/kg，2次/d。

软膏、眼膏，局部涂敷。

2. 泰乐菌素

（1）抗菌作用与临床应用：泰乐菌素对革兰氏阳性菌和一些阴性菌有抗菌作用。体外试验，金黄色葡萄球菌、化脓链球菌、肺炎双球菌、化脓棒状杆菌均敏感。对支原体属特别有效，对一些螺旋体（包括钩端螺旋体）也有效。敏感菌对本品可产生耐药性，在金葡菌的试验中发现与红霉素有部分交叉耐药现象。

泰乐菌素系动物专用的抗生素，对鸡支原体病（慢性呼吸道病）的防治，特别有效。一般做成0.05%饮水喂给2～5d。对其他支原体感染也有效，但对猪支原体性肺炎，仅有预防性治疗的功效。据报道，在严重流行地方性肺炎和萎缩性鼻炎的猪场，应用泰乐菌素肌肉注射15mg/kg，每周1次，断乳为止，至7月龄时剖检未发现肺部及鼻部病变，而未治疗的对照组则均有肺炎及鼻炎的典型病变，但本品对已形成的感染并无治疗效果。本品也可用于防治猪的大肠弧菌或其他敏感菌所引起的肠炎，可在4～8L饮水中加入1g酒石酸泰乐菌素，病势严重时也可肌肉注射（20%注射液1ml/20kg）。对敏感菌引起的乳房炎、子宫内膜炎及肺炎，肌肉注射也有效。

本品可做猪的饲料添加剂，以促进增重并提高饲料转换率。

（2）制剂、用法：泰乐菌素，常用其酒石酸盐，每升水中可溶 600mg。肌肉注射每 kg 体重牛 4～10mg，猪 2～10mg。内服，猪 0.2g/L 饮水、鸡 0.5g/L 饮水。

3. 螺旋霉素

抗菌作用与其他大环内酯类相似，效力较红霉素差。主要对葡萄球菌、链球菌、肺炎球菌等革兰氏阳性菌及部分革兰氏阴性菌和支原体、钩端螺旋体，立克次体有效。

主要用于防治葡萄球菌感染及鸡支原体病，其制剂与用法如下：

螺旋霉素常用其盐酸盐，皮下或肌肉注射，每千克体重，牛、马 4～10mg，猪、羊 10～50mg，家禽 25～50mg，每日 1 次。内服为注射量的 2～3 倍，家禽可混入饮水中（0.04% 溶液）给药 3d。

（三）其他

1. 林肯霉素

国内定名为洁霉素。抗菌谱与红霉素相似，对多种革兰氏阳性菌，如葡萄球菌、溶血性链球菌和肺炎球菌等有较强的抑制作用。

主要用于耐青霉素、红霉素并对本品敏感的细菌感染，如肺炎、蜂窝织炎和败血症。由于吸收后骨髓内浓度较高，宜用于骨髓炎。

曾用以治疗猪密螺旋体性痢疾，即混入饲料中（44～110mg/kg），与对照组相比，可减轻下痢症状并促进增重和提高饲料转换率，亦可用于牛、羊的乳房炎，按 20mg/kg 量 1 次乳房灌注。

制剂、用法：胶囊，内服，每日牛、马 20～40mg/kg，猪、羊、犬 30～40mg/kg，3～4 次分服。针剂，肌肉或静脉注射，每日牛、马 5～20mg/kg，猪、羊、犬 10～30mg，2 次分注。

2. 新生霉素

抗菌作用与青霉素 G、红霉素相似，对革兰氏阳性菌，尤其是葡萄球菌作用强。对阴性杆菌作用差。对真菌、立克次体、病毒无作用。

主要治疗葡萄球菌及链球菌感染，适用于其他抗生素如青霉素，四环素等无效病例。

临床上常用新生霉素钠，粉针：临用前，用适量注射用水溶解后供肌肉注射或用生理盐水溶解后供静脉注射（不可用葡萄糖溶液溶解，以免发生混浊）。肌肉或静脉注射每日每 kg 体重，牛、马 2～5mg，猪、羊、犬 5～15mg，2 次分注。乳房灌注 0.25g/乳室。胶囊：内服，猪、羊、犬 20～50mg/（kg·d），2 次分服。

3. 万古霉素

抗菌谱较窄，主要对生长期的革兰氏阳性菌如金葡菌、溶血性链球菌、肺炎球菌、梭状芽胞杆菌等有快速而强的杀菌作用。对革兰氏阴性菌基本无效。抗菌作用与青霉素相同，是一种繁殖期杀菌剂。内服极少吸收，肌肉注射局部反应严重，甚至坏死，一般只限于静脉注射给药。

主要用于耐青霉素金葡菌所攻的各种感染，如败血症、肺炎和心内膜炎。对溶血型链球菌性败血症、肺炎球菌性肺炎和肺脓肿疗效显著。

4. 杆菌肽

抗菌谱与青霉素 G 相似，对多种革兰氏阳性菌（包括耐青霉素的金葡菌）有较强的抗菌作用。细菌对本品可缓慢地产生耐药性，但与其他抗生素无交叉耐药现象。本品与青霉素 G、链霉素、新霉素、多黏菌素、金霉素等联合使用时，对多种细菌有协同作用。一般采用肌肉注射，损害肾脏是主要不良反应，因而使全身应用受到限制。

主要用于耐青霉素金葡菌所致的严重感染。对革兰氏阳性菌引起的皮肤和伤口感染，可局部用药，局部应用不易产生过敏反应。可与青霉素配合应用，治疗牛、羊巴氏杆菌病，1 岁以下牛，皮下注射 5 000IU，肌肉注射普鲁卡因青霉素 100 万 IU，1 岁以上牛注射 10 000IU、青霉素 120 万 IU，12～24 小时后用第 2 次；绵羊肌肉注射 2 万 IU，连用 2d。

内服可防治动物肠道感染。本品可作为饲料添加剂，每吨含 16.8 万～34 万 IU，能促进幼动物生长并提高饲料效率。

粉针：肌肉注射，牛、马 1 万～2 万 IU，2 次/d；羊 300IU/(kg·d)。

片剂：内服，牛、马 2 万 IU，1 次/3～24h；驹、犊 5 000IU，1 次/8～12h，仔猪 800IU，1 次/8～12h，鸡（100 只）2 000～1 万 IU，1 次/24h。在每吨饲料中，每日添加 200 万～400 万 IU，以预防吮乳犊牛和仔猪的细菌在下痢。

四、抗革兰氏阴性菌的抗生素

（一）氨基糖苷类

这类抗生素的化学结构含有氨基糖分子与非糖部分的苷元结合而成的苷。临床常用的有链霉素、双氢链霉素、卡那霉素、庆大霉素等。共同的特征是：对革兰氏阴性杆菌的作用较强，且对结核杆菌有一定抑制作用，内服难以吸收，可用于肠道感染；注射给药效果好，大部分以原形从尿排出，可用于全身感染及泌尿道感染；对前庭神经、听神经及肾脏均有不同程度的毒副作用，各抗生素之间有一定的交叉耐药性。

1. 链霉素

（1）抗菌作用：本品属窄谱抗生素，主要对结核杆菌、多种革兰氏阴性杆菌（如布氏杆菌、巴氏杆菌、志贺氏痢疾杆菌、沙门氏菌、大肠杆菌、产气杆菌、鼻疽杆菌等）和葡萄球菌的某些菌株有效。对大多数其他革兰氏阳性菌的作用，不如青霉素。对梭菌、真菌、立克次体、病毒无效。在较低浓度时有抑菌作用，较高浓度可杀菌。

（2）体内过程：通常采用肌肉注射，注射后平均 1h 血浓度最高。动物一般在血中的有效浓度，可维持 6～12h。链霉素可分布到体内各脏器，肾脏中浓度最高，肺及肌肉含量较少，脑组织几乎可测出。不易透入细胞内，主要分布于细胞外液中，胸、腹腔液中的浓度和血清浓度几乎相等。不易透过血脑屏障，脑膜炎时透过率虽略有增加，但不能达到有效浓度。主要通过肾脏排出，由肾小球滤过，不从肾小管排出或重吸收。尿中浓度很高。也可通过乳腺排出。

（3）不良反应：过敏反应有皮疹、发热、血管神经性水肿、舌炎、口炎及嗜酸性粒细胞增多。过敏性休克的发生率比青霉素低。链霉素与双氢链霉素无交叉过敏反应，故对链霉素过敏的患病动物可改用双氢链霉素。急性毒性反应，大剂量静脉注射时可引起阵发性惊厥以及呼吸衰竭、肢体瘫痪，严重者可致死亡。在应用麻醉药，肌肉松弛剂期间或随后短时间内以及母牛分娩后（特别是有生产瘫痪病史者），均不宜用。慢性毒性主要损害第

8 对脑神经，可造成前庭功能及听觉障碍。患病动物呈现姿势异常、行走不稳、平衡失调、耳聋等症状。

（4）临床应用：链霉素可用于治疗各种敏感菌的急性感染，如大肠杆菌所致的乳房炎、子宫内膜炎、肠炎、膀胱炎及败血症，钩端螺旋体病；马的棒状杆菌感染，棒状杆菌性乳房炎、弧菌病等。

牛乳房炎：主要用于大肠杆菌及其他革兰氏阴性菌所引起的乳房炎，每个乳室注入0.5g（溶于50ml水中），每日2次，连用4d。

弧菌病：对感染胎弧菌的母牛，用链霉素1g溶于15ml水中，注入子宫；对公牛可将链霉素软膏涂于包皮、阴茎处或肌肉注射。对绵羊的弧菌性流产、猪的弧菌性下痢，均有一定疗效。

巴氏杆菌病：对牛出血性败血症、犊牛肺炎、猪肺疫、禽霍乱均有效，成牛按0.5g/100kg每日注射2次，连用2～3d，成鸡每只肌肉注射0.1g，每日注2次。

大肠杆菌、沙门氏菌感染：马驹肾志贺氏菌引起的脓毒败血症（化脓性肾炎及关节炎）为首选药物；对大肠杆菌性败血症和肠炎，开始应用大剂量（5g），随后每日4次，每次12g，连用4d。马棒状杆菌引起的驹肺炎注射本品有效。

犊用于大肠杆菌性肠炎，每日内服1次（1g），有98%的康复率。

猪用于坏死性肠炎和大肠杆菌性白痢，内服0.25～1g，每日2次，或每头猪0.5～2g放于饮水中，连用2d。

鸡用于预防或治疗雏白痢。

钩端螺旋体病：对犊、猪按10mg/kg，每12h肌肉注射1次，连用3d有效。有报道认为钩端螺旋体为马周期性眼炎的病原体，定期应用本品也有效。

牛放线菌病：可在患部周围注射，1次/d，连用5d。亦可配合碘剂内服。

禽传染性鼻炎：鸡嗜血杆菌对本品高度敏感。成鸡每日肌肉注射0.1～0.29，1～3d可痊愈，雏鸡（7～10d龄），1次肌肉注射0.05g，48h后可重复1次。

牛结核病：可用链霉素控制其急性暴发，每日注射4～5g，连用6～7d。

（5）制剂、用法：硫酸链霉素，针剂，肌肉注射，牛、马、羊、猪10mg/kg，2次/d，成鸡0.1～0.2g/只，1日2次。片剂，内服，驹、犊1g，2～3次/d；仔猪、羔羊0.5～1g，分2次服。

2. 卡那霉素

（1）抗菌作用：对大多数革兰氏阴性菌，如大肠杆菌、产气杆菌、副大肠杆菌，变形杆菌、沙门氏杆菌，多杀性巴氏杆菌等，都有强大的抗菌作用。对金葡菌，结核杆菌也有效。对病毒及真菌无效。本品与链霉素一样，在偏碱性时能增加抗菌活性，故当治疗泌尿道感染时应碱化尿液。抗菌机理与链霉素相同。本品与链霉素有部分交叉耐药性，即对卡那霉素耐药的细菌对链霉素亦耐药，但反之则不然。

（2）临床应用：用于控制大多数革兰氏阴性杆菌和部分对其他抗生素耐药的葡萄球菌所引起的各种严重感染，如败血症、乳房炎、呼吸道感染、泌尿道感染、消化道感染、禽霍乱、雏白痢等。据报道，对猪喘气病及萎缩性鼻炎也有一定疗效。

新生驹脓毒败血症：肌肉注射卡那霉素5mg/kg，每日2次，有效。

驹肺炎：如病原为革兰氏阴性菌，可用5mg/kg，肌肉注射，每日3次，有效。

马吸入性肺炎、支气管肺炎、支气管炎、喉炎：如由革兰氏阴性菌所致，可肌肉注射5～10mg/kg（日量），疗程3～6d。

猪喘气病：病原为猪肺炎支原体，卡那霉素有一定疗效，可肌肉注射40mg/（kg·d），疗程7d。用药后症状能明显改善，肺部炎症消退，增重显著。

乳房炎：由敏感菌引起的急性感染，可每乳室灌注100～500mg，1次/24h，连用3次，有效。

泌尿道感染：对大肠杆菌、产气杆菌、副大肠杆菌的感染，有满意效果。

肠道感染：对幼畜白痢、猪坏死性肠炎，出血性下痢，雏白痢等有一定疗效，可内服与肌肉注射配合应用。

（3）制剂、用法：硫酸卡那霉素，针剂：肌肉注射，牛、马、羊、猪5～15mg/kg，2次/1d。片剂：内服，牛、马、羊、猪6～12mg/（kg·d），分2次服用。兽用硫酸卡那霉素注射液，肌肉注射2万～4万IU（20～40mg/（kg·d）），5d为1疗程，可治疗猪喘气病。

3. 庆大霉素

（1）抗菌作用：有广谱抗菌作用。对革兰氏阳性和阴性菌都有效。在革兰氏阴性菌中，对绿脓杆菌、产气杆菌、沙门氏菌属、大肠杆菌、变形杆菌、巴氏杆菌等都有良好的抗菌作用，对绿脓杆菌作用非常显著。在阳性菌中，葡萄球菌（包括对青霉素、磺胺类及其他抗生素耐药者）对本品高度敏感。结核杆菌及支原体也较敏感。

（2）临床应用：主要用于耐药的金葡菌、绿脓杆菌、变形杆菌、大肠杆菌所引起的严重感染，如败血症、呼吸道感染、肠道感染、泌尿道感染、烧伤感染及乳房炎。由于致病菌可产生耐药性，且有一定毒性，一般不作轻度感染的首选药，更不能代替青霉素广泛应用。对疑为革兰氏阴性杆菌所致，但病原菌未检出的败血症，可作为首选药应用。

犊白痢：患畜剧烈腹泻，经用磺胺类或一般止泻无效者，改用庆大霉素40mg肌肉注射每日2次，3～4d可康复。

猪下痢：新生仔猪与哺乳仔猪（3周龄以内者）可按10mg/kg肌肉注射，幼猪（10周龄以内）感染肠道弧菌或大型螺旋体而呈剧烈腹泻时，可于饮水中投与（50mg/3.8L），3d症状可消失。

马急性肠炎：因急性肠炎而致中毒性休克时，可将足量庆大霉素与链霉素作为抗感染的首选药。庆大霉素80万～100万IU/d，肌肉注射或静脉注射，2次/d，连用数日，硫酸链霉素0.5～1g内服，每日2次，连服3d，可取得良好效果。

马子宫内膜炎：由革兰氏阴性菌特别是绿脓杆菌引起的感染，可用0.1%庆大霉素生理盐水灌注，安全有效。

（3）制剂、用法：硫酸庆大霉素针剂。肌肉注射（也可静脉注射），牛、马、羊、猪1 000～1 500IU/kg，1日3～4次，片剂：内服，驹、犊、仔猪、羔羊1万～1.5万IU/（kg·d），3～4次分服。

4. 新霉素

（1）抗菌作用：本品抗菌范围与卡那霉素相仿。在革兰氏阳性菌中链球菌、梭状芽胞杆菌不敏感，阴性菌中绿脓杆菌不敏感。对真菌、病毒、立克次体无抑制作用。本品作用机理和其他氨基糖苷类抗生素相同，主要在于干扰细菌细胞的蛋白质合成。

（2）临床应用：由于毒性较大，一般不主张注射给药及全身应用。内服可治疗各种动物的大肠杆菌性肠炎（幼畜白痢），局部应用0.5%水溶液或软膏可治疗皮肤、创伤、眼、耳感染和子宫内膜炎（1次注入50～100ml）。此外，可通过气雾吸入以防治呼吸道感染。据报道雏鸡呼吸道感染鸡白痢沙门氏菌后1h，吸入新霉素气雾（剂量为100万IU/m^3，室内治疗时间1.5h），死亡率为15%，而对照组（未治疗）则为100%。

（3）制剂、用法：硫酸新霉素，片剂，内服，牛、马8～15mg/（kg·d）；驹、犊20～30mg/（kg·d）；猪15～25mg/（kg·d）；羊25～35rug/（kg·d）；2～4次分服。

（二）多黏菌素类

属于碱性多肽类抗生素。

1. 多黏菌素B和多黏菌素E（抗敌素）

（1）抗菌作用：多黏菌素属窄谱抗生素，主要对革兰氏阴性杆菌有强大的抗菌作用，对绿脓杆菌的作用尤为显著。对多黏菌素敏感的有大肠杆菌、副大肠杆菌、沙门氏菌属、产气杆菌、巴氏杆菌、布氏杆菌等。变形杆菌、革兰氏阴性球菌及革兰氏阳性菌，对多黏菌素都不敏感。本类抗生素为一类似阳离子表面活性剂的强烈杀菌剂，其作用在于影响细菌原生质。多黏菌素B与E同链霉素、四环素类、新霉素、红霉素、磺胺类药等合用，对绿脓杆菌、变形杆菌及其他革兰氏阴性菌有协同作用。

（2）临床应用：主要用于控制革兰氏阴性杆菌，特别是绿脓杆菌、大肠杆菌感染，如败血症、呼吸道感染、泌尿道感染、烧伤创面感染等。

牛乳房炎：特别适用于绿脓杆菌和克勒伯氏菌感染。每个乳室内注入5万IU（溶于100ml水中），连用3d。

幼畜胃肠道疾患：本品对犊牛和猪的中毒性消化不良和急性胃肠炎有效。犊牛每日喂给2次（间隔8～12h），第1天每次8 000～10 000IU/kg，第2天每次5 000～6 000IU/kg；仔猪第1天内服2次，每次3 000～4 000IU/kg，其后每日内服2～3次，每次2 000～3 000IU/kg，连用2～3日。

此外，本品可作精液附加剂，每毫升公牛精液中加入50μg可预防绿脓杆菌污染。如与青霉素、链霉素合用。可制止多种细菌污染。

（3）制剂、用法：硫酸抗敌素（硫酸多黏菌素），片剂，内服，犊、猪1.5万～5万IU/kg，家禽3万～8万IU，1～2次/d；针剂，肌肉注射，牛、马、羊、猪1万IU/（kg·d），2次分注。

2. 硫酸多黏菌素B

针剂，肌肉注射，牛、马、羊、猪1万IU/（kg·d），2次分注。

五、广谱抗生素

四环素类抗生素有化学结构上相同的母核，只是不同位置上（5、6、7位）的取代基团有所不同。目前临床上常用的有土霉素和四环素，以后又半合成一些新型的四环素类抗生素，如去甲金霉素、强力霉素、甲烯土霉素和二甲胺四环素等。

（一）土霉素、四环素

1. 抗菌作用

四环素类抗生素有广谱抗菌作用：除对革兰氏阳性和阴性菌有制菌作用外，对衣原体、支原体（如猪肺炎支原体）、各种立克次体、螺旋体、放线菌及某些原虫（如边虫）也具一定的抑制作用。

本类各抗生素的抗菌作用不完全相同。在试管中金霉素对革兰氏阳性球菌，特别是葡萄球菌的效力较四环素强；土霉素对绿脓杆菌、梭状芽胞杆菌和立克次体效力稍佳，但对一般细菌的作用不如四环素；而四环素对大肠杆菌和变形杆菌的作用较强。

本类抗生素主要抑制细菌的生长繁殖，较高浓度也有杀菌作用。细菌对本类抗生素可产生耐药性，3 种抗生素之间有交叉耐药性。

2. 临床应用

四环素类广谱抗生素，对多种病原微生物都有抑制作用，临床应用较广，尤其是土霉素在兽医临床应用更为广泛。

猪地方流行性肺炎（猪喘气病）：国内临床应用较高剂量土霉素（肌肉注射 30～40mg/kg，1 次/d，连注 3～5d），对改善临床症状，效果显著，患病初期应用，效果更佳。联合使用土霉素碱油针剂和兽用卡那霉素，可提高疗效。

巴氏杆菌病：土霉素、四环素肌肉注射 5～10mg/kg，治疗猪肺疫、牛出败有效；给禽霍乱病鸡（鸭）肌肉注射 10～40mg/只，连用 3d，疗效可达 100%。

布氏杆菌病：有人报道在过去经常发生流产的牛群中，对 52 头怀孕母牛（14～30周），用土霉素 4mg/kg 肌肉注射，间隔 26～48h，共注 4 次，进行布氏杆菌病预防，结果除仅有 2 头胎衣停滞外，无 1 头流产。

炭疽：有人通过 200 例（牛、马）的临床观察，认为土霉素呈效快速，比青霉素为优。

大肠杆菌病：应用土霉素治疗沙门氏菌感染的犊牛白痢，日内服 0.5g，次日即停止腹泻，给哺乳母猪肌肉注射土霉素 1～2g，12h 后制止了吮乳仔猪的白痢；有人给白痢雏鸡饮水投服（10g/5L）土霉素，3d 见效；犊牛副伤寒时，肌肉注射土霉素 0.5g。隔日 1 次，共用 4～8 次，即可康复。

急性呼吸道感染（包括敏感菌引玫的肺炎）：经用青霉素 G 治疗无效时，可考虑应用四环素类抗生素。

马鼻疽：国内试验土霉素对鼻疽杆菌有较高抑菌力。临床研究证明土霉素对马鼻疽具有疗效。方法是马体重 300kg 左右 1 次肌肉注射盐酸土霉素 2～3g（不得高于 4g），开始的 1～3d 每日早晚各 1 次，第 4 天起每日 1 次，一般 20d 为 1 疗程。对开放性鼻疽马，临床治愈率可达 98.4%，复发率 1.62%。对治疗后 3 个月以上的 8 例，进行病理组织学和细菌学检查证明，彻底治愈者占 87.5%。

坏死杆菌病：对牛、马四肢坏死杆菌病，用土霉素盐酸盐（撒布剂或 20% 油溶液）局部涂敷，每 2～4d 换药 1 次，1～2 次后即可出现新肉芽组织，并逐渐干燥、结痂、愈合。

边虫病：四环素对本病有一定疗效。有人用盐酸土霉素治疗自然感染的带虫成年牛，按 22mg/kg，静脉注射，连用 5d，有效，且未见明显的副作用。

泰勒焦虫病：在小型泰勒焦虫病的潜伏期，应用四环素类抗生素有效，临床症状呈现后，则往往无效。

3. 制剂、用法

盐酸土霉素，片剂，内服，每口每 kg 体重，牛、马 10～30mg；猪、羊 20～50mg，2～3 次分服；家禽 100～200mg/只，混入饮水或饲料中。

针剂：肌肉注射或静脉注射，牛、马、羊、猪、犬 5、10mg/(kg·d)，分 1、2 次注入（肌肉注射配成 2.5% 浓度，用每 100ml 含氯化镁 5g、盐酸普鲁卡因 2g 的专用溶媒溶解，静脉注射用 5% 葡萄糖注射液或灭菌生理盐水溶解，做成 0.5% 以下的浓度）。治疗猪喘气病需 40mg/kg，连用 5d；应用土霉素碱油针剂（土霉素碱 25g、加入花生油或大豆油或鱼肝油 100ml 混合而成），臀部肌肉注射，每次 0.15ml/kg，隔 3d 注射 1 次。盐酸四环素的内服及注射剂量同土霉素。

4. 不良反应与注意事项

最常见的是注射局部的刺激，能引起炎症和坏死。本类抗生素的盐酸盐注射液酸性甚强，肌肉注射对动物可引起局部疼痛、发炎、坏死及硬结。其中以金霉素刺激最强，土霉素次之，四环素最轻。本类抗生素的另一个不良反应，是对成年反刍兽及马属动物，在内服给药后可引起消化紊乱。在药物作用下，消化道的正常微生物区发生改变，一些有益的微生物消失，而具耐药性的有害微生物（如霉菌），却大量繁殖，从而发生二重感染。消化紊乱的主要表现是食欲减退、臌胀、下痢及维生素 B、K 缺乏等症状。马匹多在用药后第 2 天开始出现反应。尸检的主要病变在胃、大肠，表现急性出血性炎症，小肠为卡他性炎。为了防止常见的不良反应，临床应注意：

①四环素类抗生素除土霉素有专用溶媒，溶解后可供肌肉注射外，其余均不适于肌肉注射。静脉注射时，应适当稀释，浓度要低（0.5% 以下），注入速度要慢，以防止发生不良反应。

②成年反刍兽及马属动物，一般不做内服，全身感染宜注射用药，但也应特别注意消化功能的变化。

③发生二重感染，出现腹泻、肾盂肾炎或原因不明的发热时，应及时进行血液及排泄物的细菌学检查，确诊后宜立即应用有效抗菌药并采取综合措施。

（二）强力霉素（脱氧土霉素）

本品系土霉素的衍生物，是一种长效、高效的半合成四环素类抗生素。抗菌谱与四环素及土霉素基本相同，但效力较强。对四环素、土霉素耐药的金黄色葡萄球菌等，对本品敏感。一般认为本品在四环素类中毒性最小，但本品给马属动物静脉注射，国内曾有多例引起严重反应（呼吸促迫、脉搏频数、倒地不起）甚至死亡的报道。其原因尚待探讨。

强力霉素的临床应用尚不广泛。动物试验，初步证明对呼吸道感染除有抗菌作用外，还起一定的对症治疗作用，如镇咳、平喘、祛痰等。强力霉素片剂内服，每 kg 体重牛、马 1～3mg，猪、羊 2～5mg，家禽 10～20mg/只，日服 1 次。针剂，静脉注射，每 kg 体重牛、马 1～2mg，猪、羊 1～3mg（以 5% 葡萄糖注射液稀释成 0.1% 以下，缓慢静注，不可漏出血管）。

六、抗真菌药物

（一）灰黄霉素

1. 抗菌谱

本药在试管内能抑制各种皮肤真菌，包括致病的毛癣菌属、小孢子菌属和表皮癣菌。对白念珠菌、放线菌属及细菌无效。对曲霉菌属作用很小，对机体深部真菌感染亦无疗效。灰黄霉素能抑制敏感菌的菌丝生长，但不能杀菌。所以，一般需长时间（1周以上）治疗，直至受感染的角质层完全脱落或趾爪新生，将感染的菌丝体完全脱去为止。

2. 临床应用

本品对动物毛癣有良好治疗作用，本药以内服为主，其外用溶液不易透入皮肤。

犊牛毛癣：犊牛每日内服本品 40mg/kg，连用 10～20d 可治愈。近年推荐小剂量（10～16mg/kg）和较长疗程（14～50d）的治疗方法，不仅疗效明显而且不影响动物增重，甚至对血清转氨酶亦无影响。

马属动物毛癣：通常每日按 10mg/kg 内服，连用 7～14d 有效，而且对孕马无影响。

犬毛癣：对犬小孢霉和毛疮毛癣霉所致毛癣每日内服 25mg/kg，连用 12～14d 可痊愈。对其他霉菌所致犬毛癣，每日应用 25～60mg 才能获得良好疗效。

家禽毛癣：40mg/（kg·d）内服，疗效不佳，由于吸收不良而降低药效。

3. 制剂、用法

灰黄霉素，片剂，内服犊牛 10～20mg/（kg·d），马、驴 10mg/（kg·d），犬 25～60mg/（kg·d），兔 25mg/（kg·d），银狐 20mg/（kg·d），禽 40mg/（kg·d）。大动物疗程 7～14d，小动物 2～3 周。

（二）制霉菌素

1. 抗菌谱

能抑制多种致病真菌的生长。对曲霉菌及阴道滴虫、球虫也有一定效力。在体内一般不易产生耐药性。

2. 临床应用

本药在胃肠道不被破坏，吸收很少，亦不易自皮肤黏膜吸收。主要用以治疗白色念珠菌感染；也可内服治疗胃肠道感染（如犊牛真菌性胃炎、牛真菌性真胃炎等）；外用治疗皮肤、黏膜及耳部感染。对阴道、膀胱及呼吸道感染，可用多聚醛制霉菌素钠水溶液冲洗或气溶胶吸入。对酵母菌，分支孢子菌属、曲霉菌属，毛霉菌属所引起的乳房炎，用本药局部注入，效果很好。对曲霉菌病，特别是烟曲霉所引起的雏鸡肺炎，吸入气溶胶有较好效果，但内服则疗效不佳。制霉菌素可用以预防长期应用广谱抗生素所致的真菌性二重感染。对由真菌感染所致的牛子宫内膜炎也有效。对雏鸡球虫，每日内服 2 万～3 万 IU，可防止仔鸡死亡。本药毒性很小。

3. 制剂、用法

制霉菌素，片剂，内服。牛、马 250 万～500 万 IU，猪、羊 50 万～100 万 IU，犬

10 万～20 万 IU，3～4 次/d。雏鸡曲霉菌病，每 100 只，每次 50 万 IU，2 次/d，连用 2～4d。雏鸡球虫病，每日每只 2 万～3 万 IU。多聚醛制霉菌素，奶牛乳房注入，每个乳室 10 万 IU，加溜水 40ml。

（三）二性霉素 B

1. 抗菌谱及临床应用

试管内可抑制荚膜组织胞浆菌、新隐球酵母菌、球孢菌、白色念珠菌、皮炎芽生菌、申克侧孢霉菌、黑曲霉菌以及其他引起全身感染的霉菌。本品对细菌无作用。主要用以治疗全身深部组织真菌感染。如隐球菌、球孢子菌，荚膜组织胞浆菌、芽生菌、白色念珠菌和马的局部藻菌感染。

2. 制剂、应用

二性霉素 B，针剂，用时以注射用水或 5% 葡萄糖溶液稀释成 0.1mg/ml，缓慢静脉滴入，每日 1 次。马开始用 0.38mg/kg，连用 4～10d，以后可增到 1mg/kg，再用 4～8d。犬每 kg 体重静脉注射量，第 1 天 0.25mg，第 2 天 0.4mg，第 2～10 天 0.5mg。

（四）克霉唑（三甲苯咪唑）

克霉唑又称抗真菌一号，系化学合成品。

1. 抗菌谱

系内服的广谱抗真菌药。对多种致病性真菌都有抑制作用。对皮肤真菌的抗菌谱与灰黄霉素相似；对内部器官真菌感染的作用与二性霉素 B 相似。本品为抑菌剂，停药过早容易复发。

2. 临床应用

本药适用于治疗全身性及深部组织真菌感染。如白色念珠菌病、球孢子菌病、荚膜组织胞浆菌病、芽生菌病、隐球菌病、曲霉菌病、肺和胃的真菌感染及真菌性败血病。对浅部真菌感染也有效，外用可治毛癣病。克霉唑的抗菌谱广、毒性低、内服易吸收，对皮肤及深部真菌感染均有较好疗效，值得推广应用。

3. 制剂、用法

克霉唑，片剂，内服试用剂量；驹、犊、猪、羊 1.5～3g/d，分 2 次服，牛、马 10～20g/d，分 2 次服；雏鸡每 100 只用 1g，混于饲料中喂服。

第二节　磺胺类药、抗菌增效剂及呋喃类

一、磺胺类药

磺胺类药是一类化学合成的抗菌药物。它们的不良反应虽较抗生素稍多，但因其具有抗菌谱较广，对一些疾病疗效显著，性质稳定，易于贮存，药品生产不需耗费粮食等特点，值得广泛应用。

（一）抗菌作用

磺胺类药的抗菌范围较广，对大多数革兰氏阳性及阴性菌均有抑制作用。

高度敏感菌有：链球菌、肺炎球菌、沙门氏菌、化脓棒状杆菌、大肠杆菌等。次敏感菌有：葡萄球菌、变形杆菌、巴氏杆菌，产气荚膜杆菌、肺炎杆菌、炭疽杆菌，绿脓杆菌等。磺胺类药对少数真菌（如放线菌，组织胞浆菌、奴卡氏菌等）和衣原体（如沙眼）也有抑制作用。有些磺胺药，还能选择地抑制某些原虫，如磺胺喹恶啉、磺胺二甲氧嘧啶可治疗球虫病，磺胺嘧啶，磺胺 – 6 – 甲氧嘧啶可用于弓形体病等。磺胺类药对螺旋体、结核杆菌、立克次体等完全无效。不同磺胺药的抑菌强度有差异，一般说来，其抗菌作用强度的顺序为：磺胺 – 6 – 甲氧嘧啶＞磺胺甲基异恶唑＞磺胺异恶唑＞磺胺嘧啶＞磺胺甲氧嗪＞磺胺二甲氧嘧啶＞磺胺 – 5 – 甲氧嘧啶＞磺胺甲基嘧啶＞磺胺二甲基嘧啶＞周效磺胺＞磺胺。

磺胺药在试管内和在机体内的抑菌作用强度，基本是一致的。如依量计算，磺胺药的作用强度，则远较抗生素为弱。磺胺药的抗菌作用还为血液、脓汁、组织分解产物所影响。

某些细菌如巴氏杆菌、大肠杆菌和葡萄球菌等，在治疗过程中对磺胺药可产生耐药性。一旦产生耐药性后；再用更大剂量也难以奏效。对一种磺胺药耐药后，对其他磺胺药也往往产生交叉耐药性。

（二）临床应用

肺部感染：主要由链球菌引起的马属动物的急性肺炎，多种磺胺药疗效均佳，牛和小动物肺炎，可选用 SD、SMZ 和 SMM，猪的肺炎很多是由支原体、巴氏杆菌或链球菌引起，支原体性肺炎以四环素类为宜，而巴氏杆菌及链球菌性肺炎均可选用磺胺药。

肠道感染：一般犊牛及仔猪白痢和猪、犬、禽类肠炎，用 SG 治疗可获较好疗效，但现多改用毒性更小、疗效更好的 SST、PST、PSA 和 PSMP 等。对仔猪、犊牛及其他小动物肠炎，用 SM_2，1 次/d，连用 3d，效果显著。家禽的沙门氏菌感染，如禽伤寒、禽副伤寒，用 SM_2 可明显地降低死亡率。

泌尿道感染：动物泌尿道感染，当用抗生素产生耐药性后，磺胺药的作用就显得更为明显，虽然多种磺胺均有作用，但应首先 SIZ 及 SMD。

乳房炎：合理应用磺胺，对各种乳房炎都能取得良好效果。急性乳房炎可全身应用 SM_2、SD 都有良好效果。如再以 10% 钠盐溶液注入乳室内（牛每个乳室 20～50ml），连用 3～4 次，效果更明显，尤其是选用抗菌作用强的 SMM、SMZ、SIZ 等则效果更好。

子宫内膜炎：以磺胺药片剂塞入子宫内并配合全身用药，效果很好。近年以 SMM 或 SMD 或 SDM 的 10% 溶液 40～50ml，给大动物注入子宫内，1 次/d，连用 3～5d 效果满意。

球虫病：对哺乳动物球虫病，近年来有人应用新型磺胺药如 SDM、SMM 内服或静脉注射，首次剂量 0.1g/kg，维持量 0.05～0.1g/kg，疗效比老磺胺药更好。磺胺药与抗生素（如土霉素）并用，比单用效果理想。用磺胺药治球虫病须连续用药，注射或内服，要连用 7～14d；饮水投服或混饲给药往往需 15d 以上。建议连用 3d，停药 1 周，共用 3 个周期的给药法，可获良好效果。

家禽球虫病：磺胺药可抑制球虫的无性繁殖阶段，而有一定防治效果。预防比治疗效果好。SM_2 和 SQ 是传统的防治球虫药。SQ 可混于饲料（0.05%～0.1%）或饮水（0.04%）中，连用 7 日，以后酌情减量再用 14 日。SM_2 混入饲料的浓度为 0.4%～0.5%，饮水中的浓度为 0.1%～0.2%。近年有人推荐用 SDM（0.025%～0.05% 饮水）或 SM_2（0.1% 饮水）效果最好，特别是 SDM 短期应用（用药 3 日，停药 3d，再用药 3d），效果明显。

猪弓形体病：磺胺药对早期猪弓形体病，有一定的防治效果，尤其是 SMM 的效果最好。SMM 钠盐的 10% 溶液，按 50～120mg/kg 给猪注射，第 2d 起用半量，连用 3～5d 有效；对初发病群，先以 SMM 60mg/kg 体重注射，连用 3 日，再按 500mg/kg 混饲 3～9d，病猪可全部康复。

猪水肿病：有人以 SMM 60mg/kg 及凝血酸 30mg/kg 混于 5% 葡萄糖溶液中，腹腔注射（2～4ml/kg），对严重感染有 50% 治愈率；对后肢麻痹、眼睑水肿病猪，治愈率为 97.7%；轻度感染 100% 有效。

磺胺药对巴氏杆菌病、马腺疫、马坏死杆菌病、猪萎缩性鼻炎、禽霍乱、鸡传染性鼻炎、兔葡萄球菌病、传染性鼻炎、传染性口炎等均有一定疗效。磺胺药可用于预防某些病毒性传染病（如马传染性脑脊髓炎、流感等）的继发感染。

（三）制剂、用法

常用磺胺药的制剂、用量、用法及疗程见表 10－2。

表 10－2 磺胺类药用法

类别	药名	缩写	用法、剂量（g/kg 体重）			间隔时间（h）	家禽给药	其他
			内服		肌肉或静脉注射			
			首剂	维持量				
全身给药	磺胺嘧啶	SD				12	混于饲料中（0.4%～0.5%）；钠盐溶于饮水中（0.1%～0.2%）	10% 钠盐注射剂子宫内注入 40～50ml（大动物子宫内膜炎）；乳室内注入 20～50ml（牛乳房炎）
	硝磺胺甲基嘧啶	SM₁				24		
	磺胺二甲嘧啶	SM₂	0.14～0.2	0.07～0.1	0.07	24		
	磺胺异噁唑	SIZ				6～8		
	磺胺甲基异噁唑	SMZ				8～12		
	磺胺甲氧嗪	SMP				24	混于饲料中（0.05%～0.2%）钠盐溶于饮水中（0.025%～0.05%）	
	磺胺二甲嘧啶	SDM	0.14～0.2	0.025～0.05	0.07			
	磺胺－5－甲氧嘧啶	SDM				12～24		
	磺胺－6－甲氧嘧啶	SMM				24		
	周效磺胺	SDM						
消化道用药	磺胺咪	SG						
	琥磺噻唑	SST						
	酞磺噻唑	ZST	0.5～0.1g	0.07～0.1g		8～12		
	酞磺醋酰	PSA						
	酞磺甲氧嗪	PSMP				24		
混饲	磺胺喹噁啉	SQ					混饲（0.05%～0.1%）饮水（0.04%）	
局部用药	磺胺醋酰	SA	钠盐易溶于水，10% 溶液外用眼部感染					
	甲磺灭脓（磺胺米隆）	SML	10% 软膏、粉剂，5%～10% 溶液，外用感染创					
	磺胺嘧啶银盐（烧伤宁）	SD－AS	20% 乳膏或软膏，用于烧伤创面涂布					

（四）不良反应

动物对磺胺药的毒性反应，一般不太严重。

急性中毒，主要由于静脉注射磺胺钠盐速度过快，剂量过大，可出现惊厥、共济失调等症状，严重者可即速死亡。

慢性中毒，常见于用药量较大、连续用药 1 周以上时，主要表现为：泌尿系统有结晶尿、血尿、蛋白尿、尿闭等，消化系统有食欲不振、便秘、呕吐、腹泻间有腹痛，血液系统见有颗粒白细胞缺乏，红细胞减少，血红蛋白降低或溶血性贫血等。

家禽对磺胺的毒性反应，主要是增重减少，产卵抑制，卵壳变薄以及合成维生素 B_1、K 的细菌受抑制而致的多发性神经炎及出血性变化。

为防止磺胺药的毒性反应，除应控制剂量及疗程外，用药期间应增加饮水量，防止析出结晶，加速排泄。

在肉食兽和杂食兽应用磺胺噻唑或磺胺嘧啶时，最好同时应用碳酸氢钠以碱化尿液防止析出结晶，损害肾脏。

在幼畜通常并用 2 种以上磺胺药，既可保证药效，又由减少每种药量而可免于析出结晶。

如发生严重中毒反应，宜立即停止用药，静脉注射碳酸氢钠或补液并根据情况采取综合措施。

（五）注意事项

（1）磺胺药与二氢叶酸合成酶的亲和力比 PABA 弱，PABA 浓度等于 1/5 000～1/25 000 磺胺浓度时，即可对抗磺胺的抑菌作用。所以，使用磺胺药必须有足够的剂量和疗程，首剂倍量（突击量），使血液中药物迅速升到有效浓度，再根据药物在体内作用的时间，继续给予维持量，症状消失后，再继续给药 1～2d，以达彻底治愈目的，如血中浓度不够或停药过早，不仅不能治愈疾病，且往往使病菌产生耐药性。

（2）脓汁及坏死组织中有大量 PABA，可减弱磺胺的抗菌作用，故对局部感染应注意排脓、清创。一些局部麻醉药（如普鲁卡因、丁卡因等）在体内分解产生 PABA，也可降低磺胺的疗效。

（3）磺胺药一般只有抑菌作用，仅为机体杀灭病菌创造了有利条件。因此，在用药期间应对患病动物加强饲养管理，以提高机体的防御功能，彻底消灭病菌，使患病动物康复。

二、抗菌增效剂

抗菌增效剂是一类新型广谱抗菌药物，同磺胺药并用可增加疗效，曾称磺胺增效剂。近年发现也能增加多种抗生素的疗效，故称抗菌增效剂。

目前国内合成的主要有三甲氧苄氨嘧啶和二甲氧苄氨嘧啶。

（一）三甲氧苄氨嘧啶

TMP 的抗菌作用和磺胺药基本相同。二者联合应用，抗菌作用可增加数倍至数十倍。

1. 抗菌作用及增效机理

（1）高度敏感细菌有：大肠杆菌、梭菌属、志贺氏菌属、巴氏杆菌、流感嗜血杆菌、兽疫链球菌、弧菌属等；敏感菌有：绿色球菌、布氏杆菌、肠道杆菌、金黄色葡萄球菌、克雷伯氏菌属、变形杆菌属、棒状杆菌等；一般敏感菌有：产气大肠杆菌、诺卡氏菌属等。不敏感的细菌有：绿脓杆菌、结核杆菌、猪丹毒杆菌、钩端螺旋体等。

（2）TMP 对多种抗生素也有增效作用，TMP 与四环素按 1:4 联合对金葡球菌比单用四环素，药效强 2～16 倍；对大肠杆菌增效 4～8 倍，对绿脓杆菌增强 3～16 倍。对耐药金葡菌，TMP 能增强青霉素、新青霉Ⅱ及红霉素的作用，对绿脓杆菌能增强庆大霉素和抗敌素的作用。

（3）TMP 的抗菌机理是抑制二氢叶酸还原酶，使二氢叶酸不能还原成四氢叶酸，妨碍细菌核酸的合成。当与磺胺药合用时可分别阻断叶酸代谢的两个不同阶段（双重阻断），使细菌不能合成生长、繁殖所必需的去氧核糖核酸和核糖核酸，从而起协同抑菌甚至是杀菌作用。

2. 临床应用

TMP 一般按 1:5 比例与磺胺药并用。其复方制剂的主要适应症是由链球菌、葡萄球菌及革兰氏阴性杆菌引起的呼吸道感染、泌尿道感染、败血症、蜂窝织炎等。亦可用于幼畜肠炎、下痢等肠道感染、猪传染性萎缩性鼻炎、急性乳房炎等。对鸡白痢、禽伤寒以及呼吸系统继发感染，亦有良好效果。

3. 制剂、应用

三甲氧苄氨嘧啶，片剂，剂量 10mg，1 次/12h。家禽混饲浓度为 0.02%～0.04%。

复方片剂：增效磺胺甲基异恶唑片（TMP + SMZ），又称复方新诺明，增效磺胺 - 5 - 甲氧嘧啶片（TMP + SMD），增效磺胺 - 6 - 甲氧嘧啶片（TMP + SMM），剂量（按二药总量计算）20～25mg/kg，每 12～24h 用药 1 次。

复方针剂：增效磺胺嘧啶钠注射液（TMP + SD），增效磺胺甲氧嗪钠注射液（TMP + SMP），增效磺胺 - 5 - 甲氧嘧啶钠注射液（TMP + SMD），增效磺胺钠注射液（TMP + SDM）。肌肉、静脉注射，剂量（按二药总量计算）20～25ml/kg，每 12～24h 用药 1 次。溶于家禽饮水中，每 5ml 加 1ml 药液。药液浓度，每 10ml 含 TMP 0.2g、SD1g。

（二）二甲氧苄氨嘧啶

1. 抗菌作用

抗菌作用一般比 TMP 弱，但当与 SMD 并用时，对绿脓杆菌、大肠杆菌、金黄色葡萄球菌的增效倍数与 TMP 相似，约为 4～16 倍，特别对变形杆菌的增效作用远比 TMP 强，可达 32 倍。本品对家禽球虫病的作用比其他增效剂明显。抗菌作用的机理与 TMP 相同。

2. 临床应用

通常以 1:5 比例与磺胺药并用，防治兔、禽球虫病，禽霍乱和鸡白痢。单独应用，对球虫病也有防治作用。

3. 制剂、用法

二甲氧苄氨嘧啶按 1:5 比例与磺胺并用，兔、禽剂量（按二药总量计算）为 20～25mg/kg，2 次/d；雏鸡 1～5 日龄为 10mg，6～10 日龄为 15mg，10～17 日龄为 20mg；混饲浓度为 0.015%～0.02%。

三、呋喃类

本类药物在试管内呈广谱抗菌作用，对多种革兰氏阴性及阳性菌，低浓度抑菌，高浓度可杀菌。有些还能抗原虫及真菌。连续应用不易产生耐药性，许多病原微生物对磺胺、抗生素耐药后，对呋喃类仍然敏感。

本类药物的作用机理不明，可能是抑制乙酰辅酶 A 而干扰细菌糖代谢的早期阶段。

（一）临床应用

1. 呋喃西林

全身应用毒性较大，应慎重。多做外用，以 0.02%～0.1% 溶液，冲洗创面。对兔禽球虫病可混饲给予，预防量为 0.005%～0.01%，治疗量为 0.02%，也可混饮水给予其量为 0.01%，连用 7 日。

2. 呋喃妥因—呋喃坦啶

主要用于泌尿道感染，在酸性环境中杀菌力强。各种动物内服日量为 12～15mg/kg，分 2～3 次服。

（二）不良反应

（1）大剂量或长期应用可引起毒性反应。其中尤以呋喃西林为最重，呋喃坦啶次之，呋喃西林对家禽的毒性作用最强。雏鸡（混入饲料浓度 0.04%）、雏鸭（混入饲种浓度 0.022%）连喂 10d 以上，可出现呆滞、羽毛蓬松、厌食或兴奋、惊厥等症状，且可导致死亡。

（2）家畜中犊牛最敏感，仔猪耐性较大。剂量按体重 10mg/kg 以上，即可产生不良影响。神经症状是急性中毒表现，对呋喃西林中毒，犊、羔、驹及家兔可表现兴奋、惊厥、昏睡、瘫痪，甚至角弓反张、肌肉强直等。

（3）出血性变化是呋喃坦啶的慢性中毒表现。犊牛在减食、兴奋的同时，口腔及阴道黏膜及眼结膜出现出血，血凝时间显著延长。

此外，反刍兽及单胃兽均可出现消化障碍。

为防止不良反应，必须严格掌握用药浓度、剂量及用药时间，一般连续应用不宜超过 2 周。出现症状后，应立即停药，并进行对症治疗。

第三节 抗菌药物的合理应用

伴随抗生素、磺胺药等抗菌药物的广泛使用，在取得积极的防治效果的同时也出现一些问题。如动物体的毒性反应,细菌耐药性的产生,药物的残留等,不仅给兽医工作带来某些不良后果,并且对公共卫生工作也造成一定的影响。因此,必须合理地使用抗菌药物,以免产生不良的后果。

一、严格掌握适应症与正确选药

各种抗菌药物,有不同或不完全相同的抗菌谱。临床工作中应在对患病动物进行确诊之后,根据疾病的特点和病原的条件,选用抗菌作用强、治疗效果好、不良反应少的抗菌药物。

为了正确地选药,在诊断工作中应尽可能早期分离病原菌,并测定药物敏感性,以作选药根据。

现将主要病原及常见疾病首次选药列于表 10-3,以供参考。

表 10-3 抗菌药物的选择

病原微生物	所致主要疾病	首选	次选
革兰氏阳性菌:			
葡萄球菌	化脓创,乳腺炎,败血症,呼吸道、消化道感染,心内膜炎等	青霉素 G	红、四、增
耐青霉素葡萄球菌	同上	耐青霉素酶半合成新青霉素	红、卡、庆、杆、先
化脓链球菌	化脓创,心内膜炎,乳腺炎,肺炎等	青霉素 G	红、四、增
马腺疫链球菌	马腺疫、乳腺炎等	青霉素 G	增、磺
肺炎双球菌	肺炎	青霉素 G	红、磺、四
炭疽杆菌	炭疽病	青霉素 G	四、红、庆
破伤风梭菌	破伤风	青霉素 G	增、磺
李氏杆菌	李氏杆菌病	四环素类	红、青、硝,增
猪丹毒杆菌	猪丹毒、关节炎、感染创等	青霉素 G	红
气肿疽梭菌	气肿疽	青霉素 G	链、四增,磷
产气荚膜杆菌	气性坏疽、败血症等	青霉素 G	四,红
结核杆菌	各种结核病	异烟肼十链霉素	卡、环,利
革兰氏阴性菌:			
大肠杆菌	消化道、泌尿道、呼吸道感染,败血症,腹膜炎等	卡那或庆大霉素	增、多、链、磺
沙门氏菌	肠炎下痢、败血症、流产等	四环素	增、呋、氯
绿脓杆曲	烧伤创面感染,泌尿道、呼吸道感染,败血症,乳腺炎,脓肿等	多黏菌素	庆、羧
坏死杆菌	坏死杆菌病、脓肿溃疡、乳腺炎、肾炎、腐蹄病、坏死性肝炎、肠道溃疡等	增效磺胺或磺胺药	四
巴氏杆菌	出败、运输热、肺炎等	链霉素	增、四、青、磺
土拉杆菌	野兔热	链霉素	卡、庆

病原微生物	所致主要疾病	首 选	次 选
嗜血杆菌	肺炎、喉头支气管炎	磺胺药	链、四、红
胎儿弧菌	流产	链霉素	链十青、四
鼻疽杆菌	马鼻疽	四环素类（土霉素）	增、磺、链
布氏杆菌	布氏杆菌病、流产	四环素类＋链霉素	增
螺旋体及支原体：			
猪痢疾密螺旋体	猪痢疾	林肯霉素	泰
钩端螺旋体	钩端螺旋体病	青霉素 G	链、四
猪肺炎支原体	猪喘气病	四环素类（土霉素）	卡
鸡败血支原体	鸡呼吸道病	泰乐菌素	四、链、红、九
鸡滑液囊支原体	鸡滑液囊炎	泰乐菌素	庆
牛肺疫丝状支原体	牛肺疫	四环素类	链，九
山羊传染性胸膜肺炎支原体	山羊传染性胸膜肺炎	泰乐菌素	九、四
真菌：			
放线菌	放线菌肿	青霉素	链
烟曲霉菌	雏鸡烟曲霉菌性肺炎	制霉菌素	克
白色念珠菌	念珠菌病、鹅口疮	制霉菌素	克
囊球菌	马流行性淋巴管炎	九—四	制，四
毛癣霉	毛癣	灰黄霉素	克
小孢霉	毛癣	灰黄霉素	克

注：青＝青霉素 G；氨＝氨苄青霉素；先＝先锋霉素；羧＝羧苄肯霉素；红＝红霉素；四＝四环素类；庆＝庆大霉素；环＝环丝氨酸；九＝九—四；链＝链霉素；增＝增效磺胺药；多＝多黏菌素；利＝利福平；呋＝呋喃类；克＝克霉唑；卡＝卡那霉素；杆＝杆菌肽；泰＝泰乐菌素；磺＝磺胺药；制＝制霉菌素。

抗菌药物的选用，必须根据适应症。对发热原因不明疾病或病毒性疾病，一般不宜应用抗菌药物。

二、要用足够剂量和疗程，合理用药

抗菌药物用量过大，可造成不必要的浪费并对患病动物可能产生不良影响，但用量不足或疗程过短，也容易出现细菌耐药性。

患病动物确诊并选定药物后，通常应根据病情、机体特点及实际情况，拟定具体治疗方案，规定给药方式、途径、用量、次数以及疗程，以达合理用药的目的。

抗菌药物的剂量应以病原体对选用药物的敏感程度，病情的轻、重和缓急，患病动物机体状态及体质强弱等具体条件而定。抗菌药尤其是抑菌药如磺胺类，一般首剂量宜加大（倍量），并根据血中有效浓度的维持时间，确定用药次数，维持剂量及疗程日期，一般可以 3～5d 或 5～7d 为 1 疗程。通常在症状消退后还应再继续用药 1～3d，以求彻底。停药过早，容易招致复发或使细菌产生耐药性。

对某些慢性传染病（如鼻疽、结核等）还应根据情况而适当延长疗程。

给药途径应根据病情、药物的剂型和特性等实际情况而定。针剂通常适用于急性、严重的病例，或内服吸收缓慢、药效不确实的药物。内服剂型多用于慢性疾病，特别是消化道感染时。局部用药常限于创伤、子宫、乳管或眼部等。

治疗过程中应随时仔细观察患病动物反应、病程经过及症状的变化，并坚持或修订、改变治疗方案、计划，以达到彻底治疗的目的。临床治疗实践的检验，可使抗菌药物的选定，使用更加确切、合理。

三、抗菌药物的联合应用

联合用药是指抗菌药物的联合使用。目的在于增强疗效、减轻毒性以及延缓细菌产生耐药性。其机理是使两种以上抗菌药产生药理性的协同或相加作用。

抗菌药物可分为杀菌药和抑菌药。杀菌药如青霉素类、先锋霉素类、氨基糖苷类、多黏菌素 B 和 E 等，抑菌药如四环素、大环内酯类、磺胺类等。一般认为两种杀菌药物联合使用，可产生协同作用，而两种抑菌药物联用可产生相加作用。但杀菌药与抑菌药之间的联合使用，则有可能出现拮抗作用。因为细菌的生长、繁殖受到抑菌药物的抑制时，作用于细菌生长、繁殖期的杀菌药，其效能会受到限制。

联合滥用可能增加抗菌药物的毒性，并可使耐药菌株增多。因此，联合使用抗菌药，应有明确的临床指征：

（1）病情危急或病因未明的严重感染；

（2）一种抗菌药物不能控制的混合感染；

（3）对某种抗菌药已产生耐药性的病例。

临床可能有效的联合用药：

一般感染：青霉素 + 金霉素；

金葡菌感染：庆大霉素 + 卡那霉素或杆菌肽；

大肠杆菌感染：卡那霉素 + 四环素，庆大霉素 + 四环素；

变形杆菌感染：卡那霉素 + 四环素；

绿脓杆菌感染：多粘菌素 + 四环素，庆大霉素 + 四环素；

腹膜炎（混合感染）：四环素。

联合用药时，为了避免产生配伍禁忌，应尽量分开使用。抗菌药物的静脉注射，更应注意配伍禁忌，四环素不宜和氢化可的松、青霉素 G、红霉素、磺胺嘧啶钠、氯化钙、葡萄糖酸钙等混合，氢化可的松和肝素同很多抗生素有配伍禁忌。应注意：在含葡萄糖或右旋糖酐的溶液中，青霉素 G 和新青霉素不宜和碳酸氢钠混合，磺胺药碱性很强，不宜和青霉素、四环素或红霉素混合。

复习思考题

1. 抗菌药的用药原则是什么？

2. 各种抗菌药物的作用特点是什么？

岳玉甫（黑龙江省铁路兽医卫生处）

第十一章　激素疗法

内分泌腺不通过特殊的管道系统而直接地将分泌物排入循环血液中的生理过程叫内分泌，将所分泌的物质称为激素。激素是一些有特殊生物活性的物质。从化学结构上看，大致可分为两大类：类固醇及蛋白质或蛋白质的衍生物。肾上腺皮质及性腺分泌的激素属于前一类，脑垂体、甲状腺、甲状旁腺、胰腺和肾上腺髓质的分泌物，则属于后一类。

激素的作用有特异性，能选择地作用于一定器官或某一代谢过程。在机体的内部活动，如生长、分化、生殖及保持内环境的协调和适应外环境变化等调节中，有特殊重要作用。对外部环境影响的适应是神经系统和内分泌系统两者的重要功能。动物机体对突然发生的环境变化，由神经冲动作出短时间的迅速反应，而对长期遭受的环境刺激，作出适应性反应则主要依靠激素。内分泌腺与神经系统配合，使各个器官的功能协调统一并完成在一定环境条件下的最适宜状态，以适应变化着的外环境。

近些年间对激素的研究不断深入，伴随合成化学的进展，不仅合成了某些天然激素，而且还合成了许多胜于天然激素的类似物。激素疗法就是以激素的生理功能为基础，应用激素及其制剂进行治疗疾病的一类方法。

激素疗法的应用范围很广，首先可以利用其代替作用作为一种替代疗法，用于内分泌器官疾病或伴有内分泌功能减退的疾病治疗；临床上也常利用某些激素的特殊生理作用以治疗某些病，这主要是作为一种对症疗法而应用。

此外，性激素和促性腺激素更可应用于畜牧业生产中，作为人工控制发情、排卵的手段而发挥生产作用，提高经济效益。

鉴于激素制剂的应用日益广泛，当用以治疗疾病时也应十分慎重。各种激素之间彼此相互联系，但又相互影响，若使用不当，可能扰乱其他内分泌器官的功能，面对机体产生副作用。因此，应用激素疗法必须严格掌握其适应症，并合理地规定剂量及疗程。

第一节　生殖激素的临床应用

性腺（包括雄性和雌性）分泌的甾体类激素称为性激素。性激素的分泌受垂体前叶促性腺激素的调节，而促性腺激素的分泌又受下丘脑促性腺激素释放激素的调节。它们之间，相互制约，协调统一地调节机体的生殖生理活动，故将其统称为生殖激素。

生殖激素分泌的调节主要是通过神经、体液调节机制来完成。促性腺激素促使性激素分泌，促性腺激素释放激素促使促性腺激素分泌，两者都属于体液调节。体液调节存在着相互制约的反馈调节机制，即当血液中某一种性激素的水平升高或降低时，可反过来对促性腺激素或促性腺激素释放激素的分泌，有抑制或促进作用。促使分泌减少的反馈调节，称负反馈，促使分泌增多的反馈调节，称正反馈。

性激素与促性腺激素在临床治疗及畜牧业生产上的应用甚为广泛。通常在产科临床上用以治疗卵巢疾病，效果很好。如卵巢囊肿，是一种常见病，对乳牛的繁殖影响很大。该病又可分为卵泡囊肿及黄体囊肿。黄体囊肿用前列腺素疗效很高，卵泡囊肿的治疗，最初曾用孕酮多次注射，但效果较差，以后改用绒膜激素，提高了治愈率，最近又用促性腺激素释放激素，治愈率达90%以上，受胎率可达75%。

另外，应用生殖激素又可人工控制排卵和发情，如当卵泡成熟时应用绒膜激素或促性腺激素释放激素，能迅速促使其排卵，这对治疗排卵延迟的卵巢疾病，有实际价值，并可以提高受胎率。目前，除有可靠的促排卵制剂外，还有了可靠的促发情制剂。

以前注射雌激素虽可促使发情，但因不能引起卵泡发育和排卵，所以实际意义不大。现用促卵泡激素或孕马血清不仅可促使发情，而且能使卵泡发育不良的母畜加快卵泡发育、成熟和排卵，从而提高受胎率。另外还可利用生殖激素控制和调节母畜群的发情周期，使其在预定的时间内同步发情、排卵，从而控制分娩日期。同期发情是近年来动物繁殖技术的一项新进展为推广冷冻精液、人工授精和胚胎移植提供了重要保证。

根据生殖激素产生的部位、化学性质和对靶组织引起的反应，可将其分为：促性腺激素释放激素、促性腺激素和性激素三类。

一、促性腺激素释放激素（GnRH）

促性腺激素释放激素是下丘脑神经细胞分泌的使垂体前叶释放促性腺激素的激素。GnRH 释放后与垂体前叶促性性腺激素分泌细胞的受体相结合，促使其分泌促黄体激素及少量的促卵泡激素，所以能使成熟或接近成熟的卵泡排卵。应用该激素治疗不排卵及卵巢囊肿，在繁殖上可提高受胎率。可以人工合成。

二、促性腺激素

促性腺激素分两类：一类是垂体前叶促性腺激素，一类是非垂体促性腺激素。

（一）垂体前叶促性腺激素

是垂体前叶嗜碱性细胞合成的，包括促卵泡激素和促黄体激素。

1. 促卵泡激素（FSH）

FSH 作用于性腺靶细胞上的受体可促进卵巢卵泡的生长和成熟，并使成熟的卵泡排卵，可用以治疗卵泡停止发育或两侧卵巢卵泡交替发育等卵巢疾病；也可用于同期发情及超数排卵，以提高繁殖率。

2. 促黄体激素（LH）

LH 的作用是促使卵泡进一步成熟，分泌雌激素并引起排卵，排卵后形成黄体，分泌黄体酮。LH 作用于睾丸间质细胞，促使分泌睾酮并使精母细胞发育成精子，提高公畜的性兴奋，增加射精量。在兽医临床上，常用它治疗卵巢囊肿。据研究，卵巢囊肿的母畜其 HL 生成和释放不足，因此应用本品有治疗效果。也可用它治疗因卵巢囊肿所引起的慕雄狂。在生产上用它提高同期发情的效果，加速排卵，提高受胎率。

（二）非垂体促性腺激素

1. 孕马血清（PMS）

本品是将怀孕 40～140d 的马血液经分离制得的血清，含大量马促性腺激素，以妊娠 60d 左右的血液含量最高。其作用基本上类似 LH，可促进卵泡发育、成熟，排卵，甚至引起超数排卵。对公畜表现促黄体激素的作用，增加雄激素的分泌，提高性兴奋。在临床上常用本品促进发情，加速卵泡的发育成熟和排卵，还用它治疗长期不发情或发情反常的许多卵巢疾病。

2. 绒毛膜促性腺激素（绒膜激素，普罗兰）

本品是由孕妇尿提取而得，故又称人绒膜激素（HCG）。HCG 为孕妇胎盘绒毛所产生的一种激素，在怀孕后期出现于尿中，故可从孕妇尿中提取。其作用基本类似 LH，可促使成熟卵泡排卵，刺激睾丸间质细胞分泌雄激素。本品价格低廉，兽医临床常用，当母马配种季节，用以促进排卵，提高受胎率。也可以用于治疗有慕雄狂症状的卵巢囊肿母牛，疗效很好。生产上也可用于同期发情。

三、性腺激素

性腺激素有雌激素、孕激素和雄激素。

（一）雌激素

天然雌激素是类固醇化合物。大多数动物体内的主要雌激素是雌二醇。由卵泡的颗粒细胞、内膜细胞和黄体细胞用胆固醇合成。此外，有根据天然雌激素的结构特征而合成的结构简单的雌激素，如乙烯雌酚和己烷雌酚，还有以雌二醇为母体人工半合成新的衍生物，如苯甲酸雌二醇，戊酸雌二醇等。

雌激素可促进输卵管肌肉黏膜的生长、分泌功能，可增强子宫收缩活动并使子宫颈口弛缓，能使母畜生殖器官功能和形态结构保持正常。临床上常用以治疗子宫内膜炎、胎盘停滞或排出死胎、人工流产。

（二）孕激素

从黄体分离出的天然孕激素称为孕酮或黄体酮。现在实际应用的均系人工半合成制得的孕酮、价格低廉。目前还合成了很多作用较强的孕激素，如醋酸甲孕酮，醋酸甲地孕酮、醋酸氯地孕酮等。

孕酮促使子宫内膜由增生型转变为分泌型供受精卵及胚胎早期发育需要，可抑制子宫肌的节律性收缩，有"安胎"作用；还可使子宫颈和阴道分泌一种黏稠物质，封闭子宫颈，阻止病原体进入受孕子宫。孕酮还可抑制发情和排卵并可用于畜群的同期发情。临床上常用于预防流产或治疗先兆性流产。

（三）雄激素

所有哺乳动物的雄激素均由睾丸间质细胞所产生。在血循中运行的主要是睾酮。人工合成的雄激素有甲睾酮、丙酸睾酮、环戊烷丙酸睾酮等。

雄激素有以下作用：

（1）促进雄性生殖器官的发育，维持雄性特征，促进精子发育及增加精子活力，维持公畜性欲；

（2）促进蛋白质合成，肌肉发育，增加体重；

（3）刺激红细胞的生成。

临床用于治疗公畜睾丸发育不全以及睾丸机能减退（性欲缺乏），或用于治疗衰弱性疾病和贫血等。

四、生殖激素的制剂与用法

促卵泡激素粉针：肌肉注射，牛 100～200IU；马、驴 200～300IU。临用前用生理盐水 5ml 稀释后使用。

促黄体激素粉针：肌肉注射，牛 100～200IU，马 200～300IU，临用前用生理盐水 5ml 稀释后使用。治卵巢囊肿剂量加倍。

马促性腺激素粉针：皮下或静脉注射，牛、马 1 000～2 000IU，猪、羊 200～1 000IU。

绒膜激素粉针：肌肉注射，牛、马 1 000～5 000 单位；猪 500～1 000 单位；羊 100～500IU；犬 25～300IU。临用前用生理盐水稀释后使用。

苯甲酸雌二醇针剂：肌肉注射，牛 5～20mg；马 10～20mg；猪 3～5mg；羊 1～3ml；犬 0.2～0.5mg。

乙烯雌酚片剂：内服，牛 15～25mg；马 10～20mg；猪、羊 3～10mg；犬 0.2～0.5mg。针剂：肌肉注射，牛 5～20mg；马 10～20mg；猪 3～5mg；羊 1～3mg；犬 0.2～0.5mg。

己烷雌酚片剂：内服、牛、马 20～40mg，猪、羊 6～20mg。针剂：肌肉或皮下注射，牛 10～20mg；马 20～40mg；猪 6～20mg；羊 2～6mg；犬 0.4～1mg。皮下埋植，牛 45mg，家禽 15mg。

黄体酮针剂：肌肉注射，牛、马 50～100mg；猪、羊 15～25mg；犬 2.5mg。皮下注射，200～500mg/kg，间隔 48h 注射 1 次，次数随需要而定。皮下埋植，牛、马 200mg 或 400mg。

丙酸睾酮针剂：肌肉注射，牛、马 100～300mg，猪、羊 100mg，犬 20～60mg 每 2～3d 注射 1 次，用药次数按需要而定。

甲睾酮片剂：内服，猪 300mg，1 次/d。

苯丙酸诺龙针剂：肌肉注射，牛、马 200～400mg，猪、羊 100mg，1 次/10～14d，重病例可 1 次/3～4d。避免长期使用，以免损伤肝脏。

第二节　肾上腺皮质激素与促肾上腺皮质激素的临床应用

一、肾上腺皮质激素

肾上腺皮质激素是由肾上腺皮质所分泌的一类激素。属于类固醇化合物（甾体），所以也称皮质类固醇激素。

临床常用的天然皮质激素为可的松或氢化可的松。过去从动物的肾上腺提取，现已用人工合成生产。同时，根据其基本结构加以改造，又合成了一系列比天然皮质激素作用更强、更单纯的皮质激素。

按生理作用不同将肾上腺皮质激素分为两类：由肾上腺皮质外层球状带所分泌的激素，在维持体内电解质平衡中起重要作用，由于其作用主要是调节水盐代谢，所以通常又称为盐皮质激素，由肾上腺皮质束状带所分泌的激素，以可的松和氢化可的松为代表，生理剂量范围内，其作用主要是影响糖和蛋白质的代谢，一般又称为糖皮质激素。

盐皮质激素仅用于肾上腺皮质功能不全的替代疗法，兽医临床实用价值不大。

糖皮质激素由于有很强的抗炎、抗过敏、抗毒素、抗休克作用，所以临床广泛使用。通常所说的皮质激素就是指这类激素而言。

（一）药理作用

其临床药理作用主要有：

1. 抗炎作用

皮质激素有抑制各种炎症的作用。能抑制炎症局部的血管扩张，降低血管的通透性，减少血浆的渗出和局部细胞浸润，从而可减弱或消除炎症部位的红、肿、热、痛等症状。在给予皮质激素后充血减轻，细胞反应减弱，渗出减少，成纤维细胞的生成受抑制。这些作用纯系抗炎作用，而与引起炎症的病因类型无关。对各种炎性刺激（如辐射、机械、药物、免疫及感染等因素）和炎症反应的各个阶段，均有作用为其特点。

2. 抗免疫作用

皮质激素是临床常用的免疫抑制剂之一。它能治疗或控制多种过敏性疾病的症状，也能抑制由于过敏反应产生的病理变化如充血、水肿、荨麻疹、皮疹、平滑肌痉挛和细胞损害等。

3. 抗毒素作用

皮质激素能对抗细菌内毒素对机体的损害，减轻细胞损伤，缓解毒血症状，使高热下降，病情改善。有人认为这种作用与皮质激素保护细胞膜的完整性和降低细胞膜的通透性，以致使内毒素不能透入细胞内有关。但皮质激素对外毒素所引起的损害则无保护作用。

4. 抗休克作用

皮质激素对于各种休克，如过敏性休克、中毒性休克、心源性休克、低血容量（失血性）性休克等，均有一定疗效。可增强机体抗休克的能力。

5. 对代谢的影响

糖皮质激素有明显的升高血糖和增加肝糖原的作用；能增高蛋白质的分解代谢并抑制蛋白质的合成代谢，天然皮质激素可引起肾小管对钠的再吸收增加，致使 Na^+ 在体内潴留及钾离子排除增加。

6. 其他

此外，糖皮质激素还能引起血液嗜酸性白细胞的显著减少，此点常被作为检查皮质激素作用程度的指标；对酶的活性有影响，能增强血液和肝内许多酶的活性（如谷丙转氨酶等），而有些酶（如透明质酸酶）的活性又可被其抑制，使胃液分泌的酸度和容积增加等。

（二）临床应用

根据以上的药理作用，皮质激素在兽医临床上可以应用于多方面的个身治疗及局部治疗，一般可用于下列病理过程。

1. 牛酮血病

给病牛肌内注射醋酸可的松 0.5～1.5g，可使血糖很快升高到正常水平并使酮体慢慢下降，食欲改善，产奶量回升。其他制剂也均有同样效果。

2. 妊娠毒血症

常见于羊，其病理与酮血症类似，如血糖水平低，即出现酮血症，因此，皮质激素也有较好的疗效。可用氢化泼尼松肌肉注射，剂量 25～40mg。

3. 感染性疾病

一般感染性疾病不主张使用皮质激素，但当感染对机体生命带来严重危害时，也可用它来控制过度的炎症反应，如当各种败血症、肺炎、中毒性菌痢、腹膜炎、子宫内膜炎（产后感染），乳房炎等时。为控制感染给予大剂量抗生素的同时，应用皮质激素可取得更好的疗效。

4. 皮肤疾病

皮质激素对皮肤的非特异性或变态反应性疾病均有较好疗效，用药后痒觉很快停止，炎症反应消退，如荨麻疹，湿疹、脂溢性皮炎、化脓性皮炎以及蹄叶炎等。

5. 休克

皮质激素对各种休克（如中毒性休克，过敏性休克、创伤性休克等）有较好疗效。在对抗血管衰竭和脑水肿方面有特殊价值。

此外，还可用于关节炎、眼科病（可全身用药或局部用药）及母畜引产等。

（三）不良反应

长期大剂量应用皮质激素可出现一些不良反应，主要表现有：

（1）由于皮质激素的保钠排钾作用，常使患病动物出现水肿和低血钾症；由于蛋白质的分解加强，磷、钙的排出增加，血糖升高等患病动物出现肌肉萎缩，骨质疏松，糖尿病等现象。

（2）由于负反馈作用，抑制肾上腺皮质机能，使氢化可的松的分泌减少或停止，使患病动物表现发热，软弱无力，精神沉郁，食欲不振，血糖下降，重者呈现休克。

（3）由于粒细胞和网状内皮系统的杀菌能力降低，免疫过程受抑制，患病动物对感染的易感性增高。

（4）长期应用可引起肝损害，并引起流产。

（四）制剂、用法

醋酸可的松针剂：肌肉注射，牛、马 0.5～1g；猪 0.1～0.2g；羊 0.025～0.05g；犬 0.06～0.2g，2 次/d，连日或隔日注射，1～2 周为 1 疗程。

氢化可的松针剂：肌肉或静脉注射或静脉滴入（用生理盐水或 5% 葡萄糖注射液 500ml 稀释）牛、马 0.2～0.5g；猪、羊 0.02～0.08g。

醋酸氢化可的松片剂：内服；针剂：局部应用；乳房内：注入，每一乳室 20～40mg；关节腔内注射：牛、马 50～260mg，1 次/4～7d。

醋酸泼尼松片剂：内服，牛 0.2～0.4g/d；猪、羊首剂 0.02～0.04g，维持量 0.005～0.01g。外用 0.5%～1% 软膏、眼膏。

氢化泼尼松针剂：肌肉或静脉注射或静脉滴入（用生理盐水或 5% 葡萄糖注射液 600ml 稀释）。牛、马 0.05～0.15g；猪、羊 0.01～0.05g。静脉注射速度宜缓慢。关节注入，马，牛 20～80mg，1 次/d。醋酸氢化泼尼松片剂：内服，1d 量，犬 2～5mg（7～14kg 体重），5～15mg（14kg 以上体重）。针剂：局部用，乳房注入，每一乳室 10～20mg。关节腔内注入，牛、马 20～80mg，1 次/4～7d。软膏：0.5% 用于皮肤炎症。

地塞米松磷酸钠注射液；肌肉或静脉注射，马 2.5～5mg。关节腔内注射，牛、马 10～20mg。

二、促肾上腺皮质激素

促肾上腺皮质激素（促皮质素，ACTH）是从牛、猪脑垂体前叶提取而得的一种激素。是垂体前叶嗜碱细胞产生的低分子量多肽。

ACTH 的主要作用是促进肾上腺皮质合成并释放皮质激素，其中主要是氢化可的松和皮质酮，从而间接地呈现皮质激素的作用。

ACTH 的临床应用和皮质激素相似，但其效果则完全取决于肾上腺皮质的反应和机能状态，只有在肾上腺皮质机能健全时，才能发挥作用，但显效较慢，作用强度有限，所以不宜用于危急病例的治疗。自从合成的强效皮质激素在临床应用以来，ACTH 已经很少使用。现仅当需长期应用皮质激素时，才应用 ACTH 以避免肾上腺皮质功能减退。

ACTH 的不良反应也同皮质激素近似，长期应用可起水钠潴留、感染扩散，创伤愈合迟缓等。制剂和用法如下：

注射用促皮质素，肌肉注射 1 次量，牛 30～200IU；马 100～400IU；羊、猪 20～40IU。为防止肾上腺皮质功能减退，可每周注射 2 次，静脉注射剂量减半。

第三节　其他激素的临床应用

除前述的生殖激素及肾上腺皮质激素外，兽医临床激素疗法中有时还可应用肾上腺髓质分泌的肾上腺素，甲状腺分泌的甲状腺素、甲状旁腺分泌的甲状旁腺激素、胰腺分泌的胰岛素以及垂体后叶分泌的垂体后叶激素等。

一、肾上腺素的临床应用

肾上腺素是肾上腺髓质分泌的主要激素。通常可从动物肾上腺中提取或人工合成。

（一）药理作用

肾上腺素的吸收作用主要表现为：心率加快，心缩增强，血管收缩，血压升高，瞳孔扩大，多数平滑肌松弛，括约肌收缩，血糖升高等。

1. 对心脏的作用

能使心脏收缩力加强兴奋性增高，心率加快，心输出量增多。肾上腺素可直接作用于冠状动脉使其扩张，改善心肌的血液供应，因此，是一种作用快而强的强心药。同时由于血压升高所引起的减压反射，反可减慢心率，但心脏收缩仍然强而有力。

如剂量过大，则可产生异位兴奋灶，而出现心律失常，甚至可发展为心室颤动。

2. 对血管的作用

肾上腺素对个身各部位血管的作用，不仅作用强度不同而且更有收缩与舒张的质的区别。皮肤、黏膜和内脏（如肾脏），呈现收缩反应；冠状动脉和骨骼肌的血管则呈现舒张反应。对脑血管的收缩作用较弱。它主要作用于小动脉及毛细血管，对大动脉及静脉的作用较弱。

3. 对平滑肌的作用

能使支气管平滑肌弛缓，解除支气臂痉挛；抑制胃肠平滑肌的蠕动。对子宫平滑肌的作用则依动物种类、性周期的不同阶段以及是否妊娠而异。

4. 对代谢的影响

能促进肝、肌糖原分解，使血糖升高并加速脂肪分解，使血中游离脂肪酸增多，从而糖和脂肪的代谢加快，细胞耗氧量增加。

此外，肾上腺素还能引起某些动物（马、羊等）的发汗，降低毛细血管的通透性，还能使脾包膜平滑肌收缩，增加血液中的红细胞数。

（二）临床应用

肾上腺素是一种作用快而强的心脏兴奋药，可用于麻醉和手术中的意外、药物中毒、过敏性休克或心脏传导阻滞等所引起的心跳微弱或骤停。急救时可根据病情，用 0.1% 盐酸肾上腺素注射液以生理盐水或葡萄糖注射液，10 倍稀释进行静脉注射，必要时可做心内注射，但同时须配合人工呼吸及心脏按摩等措施。对一般病情不甚危急的心力衰竭，可10 倍稀释后皮下或肌肉注射。

肾上腺素通常仅可用于抢救过敏性休克，对其他类型休克，应根据情况选用去甲肾上腺素或异丙肾上腺素。

利用肾上腺素收缩血管的作用，可外用作局部止血药。为此，可将0.1%盐酸肾上腺素溶液做5～100倍稀释后应用。也常与局部麻醉药合用，为此可于局麻药液每100ml中加入0.1%盐酸肾上腺素0.2ml。

此外，肾上腺素可用于解除支气管平滑肌痉挛，治疗支气管喘息，对制止其急性发作，效果更好。

肾上腺素也可用于荨麻疹、血清病和血管神经性水肿等过敏性疾病。为此，可皮下或肌肉注射。也可用于滴鼻，治疗鼻炎、鼻出血以减轻充血，消退肿胀。

（三）制剂、用法

盐酸肾上腺素针剂：1mg/ml，皮下注射。牛、马2～5ml，猪、羊0.2～1ml，犬0.1～0.6ml。静脉注射量，牛、马1～2ml，猪、羊0.2～0.6ml，犬0.1～0.3ml。

重酒石酸去甲肾下腺针剂：1mg/ml，静脉注射量。牛、马8～20mg；猪、羊2～4mg。临用时以5%葡萄糖稀释为8～10mg/ml的注射液。一般按2～3ml/min滴注。

硫酸异丙肾上腺素针剂：静脉注射量，牛、马1～4mg；猪、羊0.2～0.4mg。临用时混入5%葡萄糖注射液500ml中缓慢静脉注射或滴注。对心脏衰弱患病动物慎用。

二、甲状腺激素的应用

甲状腺分泌的甲腺素，可以提高机体的物质代谢，使组织内的氧化过程增强，肝和肌肉中的糖原含量降低，脂肪和蛋白的分解加强，使气体代谢增强和增加热能，血糖含量上升。甲状腺素不仅能刺激组织的氧化过程，而且可以促进组织的生长和分化。

甲状腺机能减退，在幼畜可表现呆矮症，成年动物可发生黏液性水肿。地方性甲状腺肿是由于土壤中碘不足，通过水、土、食物链而引起发病。

在治疗上述疾病时可应用甲状腺制剂或碘制剂。甲状腺制剂有干燥甲状腺粉剂及含甲状腺素的片剂。

三、甲状旁腺激素的应用

甲状旁腺机能减退时可引起血中含钙量的急剧下降，神经系统兴奋性增高，动物发生搐搦。

应用甲状旁腺提取物（含有甲状旁腺激素）可以有效地治疗由于其机能减退而引起的疾病，解除搐搦并使血液中钙、磷的含量增加。

甲状旁腺提取物—甲状旁腺激素溶液，一般含量20IU/ml。皮下注射剂量：按体重0.5～1IU/kg。

四、胰岛素的应用

胰腺在完成它的外分泌（分泌胰酶）的同时，它的胰岛组织还分泌两种激素，即胰岛素和胰高血糖素。胰岛组织在丰富的毛细血管丛之间，以分枝不规则的细胞索状排列。有两种细胞：β-细胞，产生胰岛素；α-细胞，产生胰高血糖素。哺乳动物的胰岛以β-细胞占优势；鸟类则以α-细胞占多数。

胰岛素缺乏时外周组织对葡萄糖的利用，或是氧化，或是肝和肌肉的糖原合成，都大受损害。由于糖原分解加强和糖原异生加强而发生高血糖症。结果糖由尿中排出而出现糖尿病。葡萄糖随尿丢失的同时，还伴有水及电解质的丢失，所以产生多尿、脱水和血液浓缩，严重时可导致休克。

胰岛素的临床应用，除可应用于糖尿病及马肌红蛋白尿症的治疗外，对肝病、幼畜营养不良及衰竭症也有一定的治疗意义。此际，在应用胰岛素的同时应配合给与葡萄糖实行胰岛素葡萄糖疗法，可在一定程度上增强机体的代谢过程，改善其营养状况。

五、垂体后叶激素的应用

脑下垂体后叶生成并释放的激素，近年来已证实有两种，即抗利尿素又称加压素和催产素。从牛、猪垂体后叶提取的垂体后叶素含有抗利尿素和催产素，而后者已能人工合成。

（一）临床应用

兽医临床上主要利用其直接选择性地兴奋子宫平滑肌，加强子宫收缩的作用而应用于产科病的治疗。

1. 催产

当胎位正常、产道无障碍而阵缩微弱难产时，可给与小剂量的催产素或垂体后叶素注射液用以催产。此时，催产素的升高血压及兴奋子宫颈的不良反应较少，宜首选应用之。

2. 产后止血

较大剂量的垂体后叶素行肌肉注射，可引起子宫强直收缩，压迫肌层血管，使毛细血管、小动脉收缩，可收到对产后出血的止血作用。但作用时间短，宜2～3h重复给药或配合应用麦角新碱以延长作用时间。

3. 胎盘停滞

适用于中小动物并应用较大剂量。

（二）制剂、用法

催产素针剂：肌肉注射，牛、马10～40IU；猪、羊2.5～10IU；犬1～10IU。静脉注射，牛、马2.5～10IU；猪、羊0.5～2.5IU；犬0.5IU。

垂体后叶素针剂：皮下、肌肉或静脉注射，牛、马50～100IU；猪、羊10～50IU；犬2～15IU；猫2～5IU。静脉注射时用5%葡萄糖溶液稀释。

复习思考题

1. 肾上腺皮质激素的药理作用有哪些？临床上应用的制剂主要有哪些？
2. 怎样才能减少肾上腺皮质激素的副作用？

张广强（信阳农业高等专科学校）

第十二章　输血疗法

第一节　输血疗法的意义及应用

输血疗法是给患病动物静脉输入保持正常生理功能的同质（同种属动物）血液的一种治疗方法。现代治疗法中的输血，除可利用全血外，也可输注血液的各个组成部分，如血浆、红细胞、白细胞等。有时也可使用血液的代用品或人工制品，如血纤维蛋白原、免疫球蛋白、浓缩白细胞、浓缩白蛋白、凝血致活酶和凝血酶等。

一、输血的作用和意义

输血疗法是替代疗法的一种，因此，它首先具有替代作用。输入血液可部分或全部地补偿机体所损失的血液，在扩充血容量的同时，又在一定程度上补充了血液的细胞成分（红细胞、白细胞、血小板等）、某些营养物质和其他生命必需的物质（如激素、维生素、矿物质等）。

输血的替代作用在输血之后立即出现。即在增加脾、肝及其他血库的贮备量的同时，循环血量得到恢复。随之乏氧现象减轻（主要由于红细胞的补充），整体状态明显地好转。

输血疗法除有替代作用之外，还具有止血、解毒和刺激作用等。

输血疗法的止血作用，是促进凝血过程的结果。输入血液能激活肝、脾、骨髓等各种组织的功能，并可促使血小板、钙盐和凝血活酶进入流血中，外周血液中的白细胞、血小板的数量增多。这些对促进血液凝固有重要作用。输血后引起血凝作用的增强和加速，有重要的实际意义。输血疗法的解毒作用，取决于多种因素，主要有：稀释血循中的毒素，使其对血管感受器的刺激作用减弱，毒素被红细胞吸附，一部分毒素被输入血液中的酶类所破坏以及血浆蛋白的抗毒素的作用等。

输入血液对机体有一定的刺激作用。这种刺激首先作用于血管内感受器，并通过神经系统而影响到各器官、组织。在使中枢神经功能恢复的同时，使神经系统和各器官的功能联系正常化，血液循环及呼吸活动恢复，机体的氧化还原过程增强，改善机体的新陈代谢。

此外，对传染性疾病，输血可起一定的生物学免疫作用。但以此为目的时，必须考虑患病动物的患病时期以及机体的反应状态等特点。

二、输血疗法的适应症及禁忌症

输血疗法主要用于急性大失血、休克、虚脱、出血性素质、造血机能障碍以及某些慢性贫血，新生幼畜溶血病也可应用。对某些毒物中毒（如一氧化碳中毒、化学毒物中毒等）、饲料中毒或严重烧伤、某些败血症，均有一定的治疗作用。

此外，当营养性溃疡、化脓性瘘管、愈合迟缓的创伤时，配合局部治疗，输血疗法常收到明显的疗效。

除输注全血外，输注血液的各组成成分，主要用于：输红细胞适用于机体内红细胞的破坏加速、造血机能代偿不足、败血症或脓毒症时红细胞破坏过多及造血功能减退，某些溶血性贫血（若血浆蛋白属正常范围可仅输红细胞以纠正贫血）。

输血浆适用于大失血以外的休克、严重的烧伤及急性持续性腹泻。

输血疗法在兽医外科临床，已被广泛应用，治疗效果表现为：创伤局部坏死组织迅速离脱，创内健康肉芽组织增生迅速，患病动物的全身状态改善、呼吸减慢、脉搏充实有力，体温恢复正常，贫血症状减轻或恢复，机体的生物学防御功能增强等。

输血疗法的效果，决定于多种因素，如受血机体的反应性、防卫功能状态、主要病理过程、输入血液的数量和质量以及输血的方法等。

输血的禁忌症：严重的心脏病、肾脏病以及肝病时严禁输血。

第二节　血型及血液相合性的判定

输血时选择健康的并有相适应血型的供血动物是先决条件。如供血动物与受血动物的血型不相适应，则两种血液混合后可发生一系列反应（输血反应），严重者可危及生命。因此，输血前必须做血液相合性试验。

一、血型及其与输血的关系

所谓血型，是指血液的不同类型。血型的区分，主要根据红细胞的不同抗原（凝集原）和血清中含有的不同抗体（凝集素）而定。

现有资料记载，牛的血型较为复杂，可能有 11 或 12 型（认为有 11 型者分为 FV、AH、SU、B、C、D、J、L、M、Z 及 Z 系统）。马的血型分为 4 型（类似人的血型，即 A、B、O、AB 型）。犬的血型也比较复杂，根据异种免疫抗体分为 A、B、C、D、E 五个型。目前国际上比较公认的血型有 7 种，分为 A、A2、B、C、D、E、F、G 等 8 个因子，其中 A 因子的抗原性最强，是临床输血的主要问题。

通常在红细胞中含有某种凝集原，而在血清中则含有凝集素。当将相同血型的血液相混合时，不产生血凝集现象。如不相同血型的血液混合时，则凝集原在凝集素的作用下，先行凝集，继则溶血。受血动物接受了异型血液（即不相合血液）就会引起输血反应。

当从某一动物个体采血并注入某一同种属动物的体内（静脉血管中）时，受血动物体内能在一定时间里，产生免疫性抗体。如在一定时期中再次（第2次）注射由同一动物个体采取的血液时，也可产生输血反应。

由于组织细胞与红细胞之间也有很多共同抗体，因此，如注射组织细胞，同样产生高浓度的抗体，以对抗红细胞，也会引起输血反应。

由于血型与遗传及其因子有关，因而不能用种公畜的血液，给由它配种的母畜或将要用它配种的母畜输血，以免产生同族免疫反应，引起新生仔畜溶血症。

对牛输血，通常较少发生输血反应，24h内可重复输血3～4次。

二、血液相合性判定

输血前必须进行血液相合性试验，以防止发生输血反应。相隔5～7d做重复输血时，尤为必要。血液相合性试验，临床常用的方法有：玻片凝集试验法及生物学试验法。两者结合应用，更为安全可靠。某些条件不具备时，也可做简便的三滴试验法。

（一）玻片凝集试验法

1. 操作方法

（1）由受血动物（患病动物）静脉采血5～10ml，装试管内，放室温下静置，分离血清。或先于试管内装入5%柠檬酸钠溶液（按血液9:1的比例），然后向其中采血，分离血浆。

（2）选定可用做供血的动物：健康、壮龄的同种属动物3～5头（按实际情况而定，并应编号标记），分别各采血1～2ml。或以生理盐水稀释5倍，用稀释全血，或分离出红细胞泥，临用时再以生理盐水稀释10倍。

（3）取载玻片3～5枚（依选定的供血动物数而定），用吸管吸取受血动物的血清（或血浆），于每1玻片上各滴加2滴，立即再分别用清洁吸管吸取各供血动物的稀释全血（或稀释10倍的红细胞泥）、滴1滴于相应编号的血片（已滴加受血动物血清）上的血清中。

（4）手持玻片做水平式摇动，使受血动物的血清与供血动物的稀释血液充分混合，经10～15min，观察血细胞的凝集反应。

血细胞不凝集，为阴性结果，可供输血；血细胞被凝集，为阳性结果，不能用于输血。

2. 判定标准

（1）阴性反应（即为相合性血液），玻片上的液体呈均匀红色，无任何红细胞凝集现象，显微镜下观察，每个红细胞轮廓清楚。

（2）阳性反应（即为不相合血液），红细胞呈砂粒状凝结块，液体透明。显微镜下观察红细胞堆集一起，界限不清。

3. 注意事项

（1）凝集试验最宜在12～18℃室温下进行。温度过低，可能出现全凝现象；温度过高，易发生假阴性结果。

（2）观察结果的时间，在作用开始后不宜超过30min，以免血清蒸发，造成假凝集。

（3）用做血液相合性试验的血液，必须新鲜且无溶血现象。

（4）所用玻片、吸管等必须清洁。

（二）三滴试验法

用点眼管（瓶）吸5%柠檬酸钠溶液1滴，滴于玻片上，再分别用清洁点眼管（瓶）吸取供血动物及受血动物的血液各1滴，滴于玻片上的抗凝剂中。用细玻璃棒搅拌，使之充分混合，观察有无凝集现象。

若无凝集现象即为相合血液，可用于输血，如出现凝集现象，则为不相合血液，不能用于输血。

（三）生物学试验

生物学试验是检查血液是否相合的较为可靠的方法，必须在输入全剂量血液之前进行。无论是第1次输血或是重复输血，无论是做过凝集试验或是没做过凝集试验，在输血前均应通过生物学试验再做检查。只有生物学试验呈阴性反应结果时，方可输入全剂量的血液。

试验时先对受血患病动物进行体温、呼吸数及脉搏数、可视黏膜颜色等一般临床检查。然后输血200～300ml，停止后，经10min再对患病动物进行上述内容的观察和检查。如患病动物无任何不良反应，说明输入的血液是相合性血液，即可进行继续输血。

如注入血液后，受血患病动物出现不安现象，呼吸、脉搏增数，黏膜发绀，肌肉震颤，前肢刨地，肠蠕动音亢进，频排粪尿等，乃为溶血性休克表现，说明血液不相合，应停止输血，更换供血动物。

试验所出现的反应，一般经20～30min即可消失，通常不需要处理。

因牛的反应较迟顿，需注射2次，每次100ml，间隔10～15min。注前及注后进行同样的观察、检查，并根据是否出现前述反应现象而判定结果。

第三节　输血方法

一、供血动物的选择

供血动物必须通过临床、血液学、血清学以及传染病、寄生虫病等多方面的严格检查，选择年龄较轻，动物体健壮，无传染病及血液原虫病的同一种属动物。供血动物的健康状态越好其血液的治疗价值越高，治疗效果的反应也越快。反之，将带有某些传染病的供血动物血液输给患病动物，其后果无疑将是严重的。因此对供血动物的选择是非常重要的。应严肃认真，不能马虎从事。

二、抗凝剂及输血用具的准备

（一）抗凝剂

输血疗法的效果，其先决条件在于能保持离体血液依然是一种混悬液，输入机体后，仍能进行正常的生理功能。因此，应保持离体血液仍然具有活力，血细胞的形态结构无变化，血液中钾、钠、磷酸盐等电解质基本不变，血细胞和血浆的渗透压无增减，红细胞脆性不增加，血浆中不出现游离的血红蛋白。这些基本的生理特性能否保持，都是血液贮存过程中必须注意的问题。当然、与抗凝剂的选择也有关系。临床上输血常用的抗凝剂有 4 种：

1. 柠檬酸葡萄糖合液（A、C、D 液）

这种合液既能抗凝，又是较好的血液保养液，供给血细胞能量并能保持一定的 pH 值以维持其活力（红细胞在 ACD 保养液中，于 4℃ 条件下贮存 29d，其存活率尚可保持在 70%）。处方比例为：柠檬酸钠 1.33ml、柠檬酸 0.47ml、葡萄糖（注射用粉）3ml、重蒸馏水加至 100ml，灭菌后备用。每 100ml 全血加入 ACD 液 25ml。

2. 3.8%～5% 柠檬酸钠溶液

是最常用的一种抗凝剂。抗凝时间可达数日（保存在 4℃ 时，7d 内不丧失其理化及生物学特性）。应用的比例为：抗凝剂 1，血液 9。

3. 10% 氯化钙溶液

由于增高血液中钙离子的含量，制止血浆中纤维白蛋原的析出而起抗凝作用。抗凝时间仅可达 2h 左右，应用的比例也为 1:9。10% 氯化钙溶液尚能抗休克并降低患病动物的反应性。因此，有人认为，用它做抗凝剂（给马输血）不必考虑血液是否相合，可直接进行输血。

4. 10% 水杨酸钠溶液

抗凝作用可持续 1～2d，应用时和血液按 1:5 混合。对风湿症患病动物可收一举两得之效。

（二）输血用具

采血用贮血瓶可用一般盐水瓶代替。瓶塞上插入 1 支 15cm 长的封闭针头及 1 个短针头，1m 左右的输血胶管 2 根，消毒后用 5% 柠檬酸钠溶液冲洗备用。

三、输血方法及剂量

在兽医临床上最常用的是间接输血法。先将按输血剂量计算出的抗凝剂（抗凝剂 1:血液 9），置于已消毒的贮血瓶中，然后从供血动物的静脉采血，边接血边摇动贮血瓶使血液与抗凝液充分混合，以防凝血。但不宜摇动过猛。防止破坏红细胞和产生气泡。将按需要量采出的血液，立即输给受血患病动物（如若保存半小时以上，最好放在 4℃ 冰箱内，当然也不能使血液冻结，以防红细胞破碎）。

输入的速度应尽量缓慢，一般每分钟可注入 20～25ml；当急性大失血时，速度应加快每分钟可达 50～100ml。输血的剂量及次数，须按病情确定。当急性大失血时，应大量输血以挽救生命，第 1 次可输注 2 000～3 000ml，手术休克患病动物，每次可输入 2 500～3 000ml，可在 2～3d 内重复输血。对败血症、溃疡及久治不愈合的化脓创，每次 1 000～2 000ml，1 次/4～5d。以止血为目的，宜用小剂量，每次 500ml，但可反复输血。

为保证安全，应输入新鲜血液或输入保存在 4℃ 条件下的血液。血液的保存期不能超过 7～10d，因贮存血液有被污染机会，在 4℃ 的温度下有的细菌可以发育增殖。

四、输血反应的救治

（一）发热反应

输血后 15～30min，受血动物可出现寒颤和体温升高。为防止这一反应可在每 100ml 血液中加入 2% 盐酸普鲁卡因溶液 5ml 或氢化可的松 50mg，输入速度宜慢，若反应剧烈，应停止输血。

（二）过敏反应

出现呼吸急迫、痉挛、皮肤见有荨麻疹等症状，应停止输血。肌肉注射苯海拉明或 0.1% 肾上腺素溶液 5～10ml。必要时进行对症治疗。

（三）溶血反应

受血动物在输血过程中突然出现不安，呼吸、脉搏增数，肌肉震颤，不时排尿，排粪，高热，可视黏膜发绀，并有休克症状。此时应立即停止输血，改注含糖盐水然后再注射 5% 碳酸氢钠溶液，必要时配用强心、利尿剂。

五、输血时的注意事项

（1）输血前应做血液相合性试验，呈阴性反应，方可输血。
（2）输血时一切操作均应严格无菌。
（3）通常不给妊畜输血，以防流产。
（4）不要用种公畜血液给与之交配过的或将要与之交配的母畜输血，以防产生同族免疫，使新生幼畜发生溶血病。
（5）输血时，常并用抗生素，但最好不与血液混用，而将抗生素另做肌肉注射。
（6）输血能抑制骨髓形成红细胞的速度，所以，重复输血对骨髓新生红细胞是有害的。

复习思考题
1. 试述动物输血基本方法。
2. 给动物输血时应注意哪些事项？

贾炎（哈尔滨市兽医卫生监督检验所）

第十三章　输液疗法

　　动物体进行新陈代谢过程，实质上是一系列复杂的相互关联的生化反应过程，而且主要是在细胞内进行的。这些生化反应都离不开水。体内水的容量和分布以及溶解于水中的电解质浓度，都由动物体的调节功能加以控制。使细胞内和细胞外体液的容量，电解质浓度、渗透压等能够经常维持在一定的范围内，这就是水与电解质的平衡。

　　这种平衡是细胞正常代谢所必需的条件，是维持动物体生命，维持机体脏器生理功能的保证。但是这种平衡可能由于各种疾病、创伤、严重的化脓性炎症，胸、腹腔大手术等使患病动物丧失大量体液，而遭到破坏。

　　动物体的调节系统在一定范围内可以进行不断的调节，恢复到平衡，如病情严重，机体无能力进行调节或超过了机体可能代偿的程度，便会发生水与电解质平衡紊乱。当然，水与电解质平衡紊乱不等于疾病的本身：它是疾病引起的后果或同时伴有的现象。所以讨论和处理水与电解质平衡紊乱的问题，不能脱离原发疾病的诊断和治疗。不过当疾病发展到一定程度，水与电解质平衡紊乱可成为威胁生命的主要因素。因此，对于每一个临床兽医来说，正确认识动物的体液代谢和理解水与电解质的基本概念和生理原则，纠正体液平衡，对提高医疗质量，特别是救治重危患病动物，都十分重要。

　　输液的目的就是调节体液、电解质平衡与酸碱平衡或补给营养，而输给以水、电解质溶液、胶体溶液或营养溶液等，是对某些疾病进行治疗的重要方法。

　　临床主要应用于引起脱水现象的各种疾病（大失血、腹泻、呕吐、饥饿、饮水不足等）：酸中毒、碱中毒、贫血、肾脏疾病、改善血液循环与心脏功能、利尿、解毒等。此外，对引起营养障碍时，可加入适当的营养剂，进行营养输液。

第一节　水、电解质和酸碱平衡

一、水、电解质的平衡生理

（一）体液量

　　正常动物机体组织中的体液量，成畜约占体重的60%～70%。由于动物种类不同而有所差异，如公牛体内含水量为52%～55%、马为60%、绵羊为50%～60%。另外，个体之间的差异也很大，主要决定于体内所含的脂肪量，如肥胖牛含水量仅占体重的40%，瘦弱牛就占体重的70%。动物品种、年龄和性别对体内含水量都有一定影响。机体各种组织、器官的含水量，根据各自功能的不同，也有所差异。

（二）体液的作用

体液有支撑体细胞间的营养物质及代谢废物的输送与排出，干预激素及消化液的分泌，调节体温以及保持体表面的平滑性等作用。

（三）体液的组织

根据机体的生理功能，可将机体分为机体细胞总体与细胞外组织两大部分。

机体细胞总体所含有的液体成分，即细胞内体液。细胞外组织包括固体成分和液体成分，其液体成分，即细胞外体液。细胞膜是它们之间的一个重要界限。细胞外体液包括血浆和组织间液。其各部体液与体重的百分比是：

$$体液\begin{cases}细胞内体液——约为体重的50\% \\ 细胞外体液——约为体重的20\%\begin{cases}血浆约占5\% \\ 组织间液约占5\%\end{cases}\end{cases}$$

1. 细胞内体液的组成

目前对细胞内体液的分析，一般只能通过对肌细胞组成的分析，做一个大致的推测。

细胞内体液的电解质阳离子有：Na^+、K^+、Mg^{2+}、Ca^{2+}；阴离子有：Cl^-、HCO_3^-、HPO_4^{2-}、SO_4^{2-}。其中阳离子含量最多的是 K^+，其次是 Mg^{2+}，而 Na^+ 最少。阴离子含量最多的是 HPO_4^{2-} 和蛋白质，而 HCO_3^- 和 SO_4^{2-} 则很少。

在细胞内体液中所含的无机盐（阴、阳离子）和有机物（蛋白质）的主要功能，是维持渗透压，对保持细胞内体液的恒定性具有重大意义。

2. 细胞外体液的组成

细胞外体液和细胞内体液含有同样的电解质，但它的含量极为不同。在细胞内体液中 K^+、HPO_4^-、蛋白质含量最高，而在细胞外体液中，则与之相反，是阳离子 Na^+，阴离子 Cl^- 含量最多。

（四）水、电解质的代谢调节

1. 水的代谢

水是机体中含量最多的组成成分，是维持动物体正常生理活动的重要营养物质之一，对机体的代谢十分重要。正常状态下自由往来于细胞内体液与细胞外体液之间，保持动态的平衡。为了维持机体内水的平衡，动物体不断地进行水的摄取和排出，主要由于饮水、饲料中的水分或物质代谢生成的水而获得。同时又不断地经肾、肺、皮肤和肠管而排出，维持体液渗透压的平衡。此外水的生理功能，还有调节体温，促进物质代谢及润滑等作用。

动物在正常状态下，水的摄入量与排出量是相对平衡的，倘若由于某种原因引起脱水，水的动态平衡就会遭到破坏，也就是细胞和细胞间液的代谢被破坏，严重时可危及生命。实验证明，一个动物如失去约占体重10%的体液便会引起严重的物质代谢障碍，失去20%～29%的体液将会导致死亡。

2. 电解质的代谢

（1）钠离子：Na^+是细胞外体液的主要阳离子，约占体内钠总量的45%。Na^+与水的关系极为密切，体液中Na^+含量的多少能引起水的移动，当Na^+浓度减少时，细胞外体液量也就减少，反之，细胞外体液量就增加。所以Na^+在维持体液的容量上具有很大的作用。Na^+对维持血液渗透压十分重要，血液渗透压的65%～70%是由溶解在血液中的NaCl所决定的。同时Na^+还能维持肌细胞的正常兴奋性，也参与维持体内的酸碱平衡，是碳酸氢钠的组成成分。

（2）氯离子：Cl^-占细胞外体液阴离子60%以上，是体液中的重要阴离子，多数含于胃液盐酸中。Cl^-在体内主要是与K^+或Na^+相结合，对维持血液渗透压十分重要，因Cl^-易于通过半透膜，也参与细胞内体液渗透压的维持。血液中酸性离子Cl^-约占2/3，是维持酸碱平衡中酸的主要成分，所以Cl^-有维持体液渗透压和酸碱平衡的作用。Cl^-丧失后，由机体代谢产生的重碳酸根（HCO_3^-）来补偿。正常动物体内的Cl^-大部分是从饲料里的NaCl形式摄入体内，从粪、尿、汗中排出体外，但大部分是从肾脏以尿的形式排出。其排出量视摄入量和肾脏的排出能力而不同，动物体平常为了保持NaCl在体内的必要量，能从肾小管里再吸收，只是将多余的NaCl排出体外。

（3）钾离子：K^+是细胞内体液中的主要阳离子，占体内钾总量的89%。主要分布在肌肉，皮肤和皮下组织，并参与细胞的新陈代谢。K^+主要支配细胞内体液的渗透压，维持细胞内体液的酸碱平衡。K^+在红细胞内含量特别多，对血液的呼吸功能十分重要。K^+对肌细胞呈抑制作用，所以存在肌肉中的K^+和Na^+为对抗物。K^+和Na^+是维持体液渗透压的主要阳离子，丧失后，机体不能代偿，只靠外界补给，才能保持体液的平衡。K^+和Na^+是血液中缓冲物质组成部分，对维持体内酸碱平衡具有重要作用。所以K^+和Na^+对动物体生命活动过程影响很大。但超量的K^+对机体是有毒的，一般血清中含K^+为0.02%，一旦超过此量的2倍，则发生严重的中毒作用。例如中枢神经系统的麻痹、心脏活动停止等。故K^+出与入的动态平衡，是临床上很重要的问题。

（4）重碳酸根离子：在细胞外体液中Na^+主要是与Cl^-和重碳酸根离子保持荷电平衡。在体内细胞代谢最终产物都形成二氧化碳，通过呼吸道又能很快排出。如在体液中它由

$$CO_2 + H_2O \Longleftrightarrow H_2CO_3 \Longleftrightarrow H^+ + HCO_3^-$$

所以重碳酸根离子浓度的升高或降低直接影响体液酸碱平衡。

二、体液的交换

（一）体液的内部交换

动物机体的体液，在正常情况下，血浆与组织间液，细胞内体液与细胞外体液都在相互交换，维持动态平衡。

血浆与组织间液以毛细血管壁相隔，毛细血管壁为一种半透膜，血浆及组织间液小的

分子物质，如葡萄糖、氨基酸、尿素及电解质可以自由透过，相互交换，维持动态平衡。但是，血浆及组织间液中的蛋白质不能自由透过毛细血管壁，而且血浆的蛋白质浓度比组织间液的蛋白质浓度高很多，因而血浆的胶体渗透压比组织间液渗透压高，通常称此压力差为血浆的有效渗透压。水分在血浆与组织间液中的分布是由心脏和血管收缩所产生的血压与血浆的有效渗透压所调节。血压驱使水分通过毛细血管壁流向组织间液，血浆的有效渗透压等于一种吸力，把水分从组织间液吸回血管内。在正常情况下，水分从毛细血管壁的滤出量与吸回量基本上相等。血浆与组织间液的交换很迅速，并保持动态平衡，这样不但保证了血浆中的营养物质与细胞内物质代谢中间产物和终产物的交换能顺利进行，而且还保证了血浆与组织间液容量和渗透压的恒定。

细胞内体液与细胞外体液的交换是通过细胞膜进行，细胞膜也可视为是半透膜。细胞膜对水能自由通过，对葡萄糖、氨基酸、尿素、尿酸、肌酐、CO_2、O_2、Cl^- 和 HCO_3^- 等也可以通过。这样细胞内体液与细胞外体液互相交换，保证细胞不断地从细胞外体液中摄取营养物质，排出细胞本身的代谢产物。但细胞内外的蛋白质、K^+、Na^+、Ca^{2+}、Mg^{2+} 等则不易透过细胞膜。但当细胞内外液的渗透压发生差别时。主要靠水的移动维持平衡。水在细胞内外的转移取决于细胞内外渗透压的大小。决定细胞外体液渗透压的主要是钠盐，决定细胞内体液渗透压的主要是钾盐。在细胞膜内外 K^+ 与 Na^+ 分布的这种显著差别是由于细胞膜能主动地把 Na^+ 排出细胞，同时将 K^+ 缓慢地吸入细胞内。

（二）体液与外界的交换

体液的流动性很大，要保持体液的恒定，水与电解质的摄入量与排出量必须相等。其出入机体的途径主要通过胃、肠道、肾、皮肤和肺等来完成。

1. 胃肠道

动物采食的饲料（营养物质、水分和电解质）进入消化道后与分泌液充分混合，分泌液和营养物质在小肠内吸收，余下的水分将在大肠内重吸收，仅少量水分和粪便一起排出体外。

2. 肾脏

肾脏是调节细胞外体液的主要器官，它在维持水，电解质平衡上起到非常重要的作用，还能控制水、电解质（特别是 Na^+、Cl^-）的排泄，并使细胞外体液的容量，酸碱度和渗透压保持恒定状态。

机体代谢过程将不需要的和过剩的物质，通过肾脏排入尿中（如尿素，肌酐、氨、氢离子等），排出体外，但机体需要的物质（如葡萄糖）可完全从肾小球滤液中被再吸收。

3. 皮肤

皮肤是一个排泄器官，其功能主要是调节体温，散发热量。当在炎热天气，过度使役和体温升高的情况下，体内产热量显著增加，机体为了维持正常体温，通过排汗来散发热量。出汗主要是水，含电解质很少。因此，汗液的蒸发对体液平衡状态也将受到影响，所以在临床上对患病动物体液的丧失量和电解质的含量，必须将汗液估计在内，方能达到合理输液。

4. 肺

动物在呼吸时通过肺呼出 CO_2，起到调节酸碱平衡的作用。由肺呼出的气体所含水分较多，丧失量取决于呼吸的次数和深度，浅而快的呼吸丧失水分较少，深而缓的呼吸丧失水分较多。呼出的空气中不含固体溶质，所以电解质（Na^+、K^+、Cl^-）等并不丢失。

三、酸碱平衡

在生理状态下，动物体的血液氢离子浓度经常保持在 pH 值 7.36～7.44 范围内活动，保持这种稳定是依靠机体一系列的调节功能，此种体液的稳定性称之为酸碱平衡。体液的稳定 pH 值对许多酶的活性极为重要，倘要下降到 pH 值 7.0 以下，通常就要危及生命。因此临床兽医，只有了解正常酸碱平衡的主要原理，才能有效地掌握治疗原则。

细胞内体液、组织间液和血浆各体液的 pH 值、是借离子的移动而保持平衡。血液的酸碱平衡仅能反映细胞外体液的相应情况，与动物体全身缓冲能力相对比，还有一定的局限性。

机体调节酸碱的机能，保持一定的酸碱平衡，主要是由于机体内存在有缓冲系统、肺功能的调节及肾功能的调节等作用而完成的。

1. 缓冲系统

体液中的缓冲作用，有 65% 的重碳酸盐系统，28% 的血红蛋白系统，6% 的血浆蛋白系统和 1% 的磷酸盐系统，现分述如下。

（1）重碳酸盐系统：为碳酸与碳酸氢盐组成，是缓冲系统中的最主要者。碳酸是新陈代谢的最后产物。主要由呼吸排出，但其存留于体内的总量对保持体液 pH 值具有特殊意义。碳酸氢盐在细胞内为 $KHCO_3$，在血浆中为 $NaHCO_3$。

碳酸氢盐系统的缓冲作用由下列反应式表明：

$$HCl + NaHCO_3 \longrightarrow NaCl + H_2CO_3$$
$$NaOH + H_2CO_3 \longrightarrow H_2O + NaHCO_3$$

两者之间是有一定比例的，平均为 1/20，即 $\dfrac{H_2CO_3}{NaHCO_3} = \dfrac{1}{20}$

上二式表明如有一定量的强酸或强碱进入体液，固有缓冲系统的缓冲效能，仍能保持原来的 pH 值无大的变化。

（2）血红蛋白系统：是机体的第 2 个主要缓冲系统，在体液中是作为弱酸而存在的，它们与 K^+、Na^+ 结合成弱酸盐，还原成血红蛋白（HHb）呈弱碱性。

$$HHbO_2 \rightleftharpoons H^+ + HbO_3^- （弱酸性）$$

$$HHb \rightleftharpoons H^+ + Hb^-$$

当机体代谢产生二氧化碳，进入静脉血液时，血液 pH 值仅下降 0.02～0.03IU，此过程红细胞是参与缓冲作用的。机体代谢产生的 CO_2 约 92% 是直接或间接地由血红蛋白系统携带或参与缓冲的。

（3）血浆蛋白系统：其平常作用不大，在正常 pH 值体液中，血浆蛋白能接受 H^+ 或释放 H^+，起着缓冲作用。

（4）磷酸盐系统：由磷酸二氢钠（NaH_2PO_4）和磷酸氢二钠（Na_2HPO_4）组成，主要作用于细胞内，在血液内作用较少。NaH_2PO_4 是弱酸，当遇强碱时则形成 Na_2HPO_4 与 H_2O。如：

$$NaH_2PO_4 + NaOH \longrightarrow Na_2HPO_4 + H_2O \quad Na_2HPO_4$$

是一种碱性盐，当遇强酸时则形成 NaH_2PO_4 与 $NaCl$。如：

$$Na_2HPO_4 + HCl \longrightarrow NaH_2PO_4 + NaCl$$

2. 肺功能的调节

二氧化碳为机体内分解代谢的最终产物之一，必须由肺部排出，以维持体内的酸碱平衡。当血液中 CO_2 增加或 H^+ 浓度增加时，刺激呼吸中枢兴奋，呼吸加深加快，排出多量的 CO_2。反之，CO_2 降低或 H^+ 浓度降低时，则呼吸缓慢，保留了 CO_2，使血液中的碳酸浓度得到调节。即通过呼出 CO_2 多少来调节 pH 值，维持体液的酸碱平衡。

3. 肾脏功能的调节

肾脏是调节酸碱平衡的很重要器官。主要是维持细胞外体液中碳酸氢盐的适当浓度，保留肾小球滤液中的碳酸氢盐，而同时排出氢离子。这主要是通过 3 方面机理进行的。

（1）碳酸氢钠的再吸收，系由于氢离子与钠离子的交换所实现。远端肾小管的细胞中，在碳酸酐酶的作用下：$CO_2 + H_2O \longrightarrow H_2CO_3$

碳酸又解离为 $H^+ + HCO3^-$，H^+ 透过细胞膜入肾小管腔。来自管腔中的 Na^+ 与 HCO_3^- 结合生成 $NaHCO_2$ 而被再吸收回入血液。此为排氢（H^+）保钠（Na^+）作用。

（2）远端肾小管细胞的重要功能之一是分泌氨（NH_3）。它的主要作用在于帮助强酸的排泄。NH_3 与 H^+ 生成铵离子（NH_4^+），再与酸根作用，生成铵盐，随尿液排出。氨的分泌率可能与尿的氢离子浓度成正比。尿越呈酸性，氨分泌越快；尿越呈碱性，氨的分泌就越慢，所以氨的分泌率与尿的 pH 值成反比。

（3）正常血浆 pH 值约为 7.41，血浆磷酸缓冲系统中 80% 的无机磷酸阴离子（HPO_4^{2-}）来自磷酸氢二钠（Na_2HPO_4），20% 来自磷酸二氢钠（NaH_2PO_4）。肾小球滤液中磷酸根主要以无机磷酸阴离子（HPO_4^{2-}）形式存在，当肾小管液被分泌的氢离子酸化时，碱性的 HPO_4^- 与 H^+ 结合生成 $H_2PO_4^-$。在肾小球滤液中 Na_2HPO_4 中的 Na^+ 和 H^+ 相互交换，然后回到血液中。

上述缓冲系统、呼吸功能的调节及肾脏的调节三者在生理或病理状态下，都是互相联系互相配合的过程，其目的就是排出酸性代谢产物，保持体液的 pH 值稳定。如血液的缓冲作用，能缓冲较强的酸和碱，但无法缓冲不断产生的酸性和碱性物质。因此，血液的缓冲能力有限时，肺脏可通过呼出 CO_2 的多少来调节 pH 值，对碱贮量没有直接影响，肾脏回收钠离子，并增加碱贮量。这三方面相互配合，保证了体液正常 pH 值的稳定。

第二节　水、电解质和酸碱平衡紊乱

一、水的代谢紊乱

临床上所见的水代谢紊乱往往同时伴随电解质尤其钠的平衡失常，故水与钠平衡失调多为混合性。但是不同的病因可以造成不同比例的水盐代谢紊乱，因此，临床表现、发病机制和治疗等方面也有不同特点。临床上比较常见的水代谢紊乱为脱水，其次为水过多，即水肿。

（一）脱水

体液的丢失，叫做脱水。根据脱水与电解质丧失比例不同，把脱水分成缺盐性（低渗性）脱水、缺水性（高渗性）脱水和混合性（等渗性）脱水 3 种类型。

1. 缺盐性（低渗性）脱水

体液的丢失以电解质为主，特别是盐类。因而细胞外体液渗透压低于正常体液变成低渗，故又称为低渗性脱水。

（1）原因：在严重腹泻与呕吐（犬、猪）或大量出汗时，单纯补充水分或 5% 葡萄糖溶液，而没有及时补充消化液或汗液中所丧失的电解质，易发生低渗性脱水。此外，当大量放腹水或大面积烧伤的患病动物，补水不补盐时，也易引起低渗性脱水。

（2）特征：体液的浓度降低，血浆 Na^+ 浓度减少；细胞外体液减少，细胞内体液增加，引起细胞涨大水肿。此类患病动物常表现循环功能不良，血压下降，四肢厥冷，脉细弱，肾血流量减少，因而尿量少，含氮废物堆积，而出现氮质血症。因循环不良组织缺氧，患病动物常有昏睡状态。临床表现为轻度时患病动物精神不振，食欲减少，四肢无力，缺盐大致在 0.25～0.50g/kg 体重。中度时血压下降，全身症状明显，缺盐大致在 0.5～0.75g/kg 体重。重度时全身症状加重，缺盐约在 0.75～1.25/kg 体重。

（3）诊断要点：根据失钠病史，结合临床表现和实验室检查，可以作出诊断。初期测定血清钠接近正常，后期测定血清钠可见下降。正常动物血液中 Na^+ 的变动范围是 135.0～160.0 mmol/L。

（4）输液原则：轻度患病动物，输入 5% 葡萄糖生理盐水 2～3L，即可纠正过来。严重病例，处理较复杂，须全面考虑。首先应恢复血容量，改善血液循环，增加体液渗透压，解除脑细胞肿胀，应输入生理盐水与胶体溶液是最合理的治疗。此外应根据血清钠的测定，计算补钠量，如一头腹泻严重的患病动物，体重 400kg，血清钠 125mmol/L。

正常血清钠为 149mmol/L，则补钠总量为 $(149-125) \times 400 \times 0.6 = 5760mmol/L$，约合 3% 氯化钠溶液 11 300ml。在体液低渗时，补充高渗盐水是合理的，一般开始可给予总量的 1/3 或 1/2，观察临床反应效果并复测血清钠、钾、氯、再斟酌剩余量的补充。

2. 缺水性（高渗性）脱水

是以丧失水为主的脱水，电解质丢失相对地减少。因而细胞外体液渗透压趋向高渗，又名高渗性脱水。

（1）原因：水的摄入量不足，可见于给水不足、饮食欲减少或废绝、昏迷、口腔与咽喉炎症、食道炎症、肿瘤或阻塞等患病动物。排水量过多，可见于中暑、各种原因引起的皮肤大量蒸发汗液患病动物、高温或大量使用利尿剂（尿素、高渗葡萄糖、甘露醇）等，均可引起高渗性脱水。

（2）特征：体液浓度增高，血浆 Na^+ 浓度增加；细胞外体液与细胞内体液减少，体重明显减轻；患病动物唾液少、汗少、尿少和尿比重高；突出表现为细胞脱水症状，皮肤干燥，无弹性，黏膜干而无光，眼球深陷，显著口渴，进而发热、沉郁、昏睡、虚脱，严重可导致死亡。缺水的程度，依临床表现及失液量与体重百分比分为轻、中、重三种情况。

①轻度脱水。按照红细胞压积容量（简称压容或比容，P、C、V 或 HT）从正常 20% 容积上升到 40% 容积之间，即为轻度脱水。此时机体脱水量约占体重的 5%，患病动物临

床主要表现为仅精神沉郁，尿量减少，血色稍暗，有饮水感。

②中度脱水压容上升到10%～50%，为中度脱水。此时机体脱水量约占体重的8%，临床表现为可视黏膜及口腔发干，并有淤血，显著口渴，尿少，血液黏稠、色暗，脉增数。

③重度脱水压容上升到50%～60%，为重度脱水。此时机体脱水量约占体重的10%，临床主要表现为可视黏膜淤血，血液黏稠、暗黑，高度口渴，眼球凹陷，耳鼻端发凉，心音及脉搏均减弱，脉不感于手。有时出现神经症状。

（3）诊断要点：从病史中可以了解缺水或失水过多的经过，结合床临特征，能较快作出临床诊断。化验室检查往往在中、重度脱水时才有明显变化。血清钠升高的程度对判断脱水的程度常是一个重要的指标。血清钠超过150mmol/L时，即应有所警惕。血红蛋白升高往往是反映血液浓缩现象，这也是一种简易的观察指标。其次，细胞内脱水明显时，可以出现平均血细胞体积缩小。重度脱水的晚期，则血中尿素氮升高。根据红细胞压积容量上升40%～60%，可得知脱水程度。

（4）输液原则：高渗性脱水的主要矛盾是缺水，虽然患病动物伴有一定量的电解质丢失，但早期治疗的重点应是补充足量水分为主，以纠正高渗状态，然后再酌量补充电解质Na^+。给水采取患病动物自饮或人工给予。但人工给水不能强制性的给予大量饮水，而易引起水中毒，呈现肌肉震颤及癫痫样的痉挛现象。此外也可静脉注射或直肠输入5%葡萄糖溶液。补液量根据压容上升程度，判定缺水情况而进行补充。一般按下述压容公式换算补液量。

轻度脱水：［患病动物 P·C·V－正常 P·C·V（30）］×1 000 = 补液量（ml）。

中度脱水：［患病动物 P·C·V－正常 P·C·V（30）］×800 = 补液量（ml）。

重度脱水：［患病动物 P·C·V－正常 P·C·V（30）］×600 = 补液量（ml）。

3. 混合性（等渗性）脱水

丧失等渗体液，即丢失的水与电解质相平衡，因而细胞外体液渗透压仍保持正常，故称为等渗性脱水。是临床上较常见的一种脱水类型。

（1）原因：在严重腹泻，大面积烧伤，呕吐或胃肠大手术后不注意补盐、水时，易导致混合性脱水。

（2）特征：血浆 Na^+浓度正常，细胞外体液减少，细胞内体液一般不减少；常兼有缺盐性脱水和缺水性脱水的综合性脱水症状，尿量减少，口渴等。

（3）诊断要点：患病动物具有明显脱水的临床症状，但体液渗透压仍保持正常，血清钠在正常范围之内，临床上尿量减少，口渴等特点。

（4）输液原则：水与盐的比例相等，故应补给丧失的水分和电解质。但也应注意，由于每日从皮肤蒸发以及肺的呼出气中含水而不含电解质，所以输液时，水应多于电解质，同时要适当补给 K^+。并要注意纠正可能发生的酸碱平衡障碍。

（二）水过多（水中毒）

动物体进入过多的水分。而肾脏对过剩的水分又未能及时排出，使体内的细胞内、外体液蓄留过多的水分。先是细胞外体液渗透压降低，继而水分进入细胞内，最后引起细胞内、外体液的渗透压都低于正常，同时容量也较正常增大，从而引起了一系列临床病理症状。临床上较为少见，但犊牛较为多发。若不及时处理纠正，也可发生严重甚至致命的后果。

1. 原因

抗利尿素分泌过多，可见于疼痛性疾病、失血、休克和创伤等的患病动物；肾血流量不足，不能正常排出水分，见于垂体功能不全的患病动物，严重充血性心力衰竭的患病动物。上述情况如果接受过多的水分易引起水中毒，或临床健康动物过度饮水也可引起。细胞外体液呈低张状态，血浆 Na^+ 浓度减少；细胞外体液的水分移向细胞内，使细胞内、外体液均处于低张状态，细胞内、外体液的容量较正常增多，因而体重明显增加。

临床上急性水中毒发病急骤，体温下降，排血红蛋白尿，腹围膨胀、不安，心音混浊亢进，呼吸增数、困难。严重可引起中枢神经系统症状，如动作异常、凝视、意识混乱不清、共济失调、嗜睡和昏迷等。皮肤可呈虚胖感，重症时也可出现凹陷性水肿。慢性水中毒进展缓慢，缺乏特异性症状。常伴有消化系统症状如食欲减退、腹胀、呕吐等，易误诊为其他疾病。

2. 诊断要点

从临床病史中了解有进入过多（摄入或输入）不含电解质的溶液史，又伴有病因中所述的几种可以刺激 ADH 释放的原因或肾排泄稀释尿液障碍等因素，可作为水中毒的诊断基础。血清电解质（Na^+、Cl^-、K^+ 和 Ca^{2+}、P）及血中的 O_2、CO_2 减少。血清钠是水中毒的重要客观衡量指标，但必须结合病史分析，因为低血钠不等于水中毒，还需与失钠性低血钠、无症状性低血钠等相鉴别。

3. 输液原则

水中毒的主种矛盾是水蓄留引起的一系列病理变化，因此若严格控制水的摄入量，即可逐渐纠正低渗现象。但重症水中毒时，宜用高渗氯化钠溶液（即3%～5%氯化钠），用量5～10ml/kg 体重，开始先给 1/3～1/2 的量，观察患病动物状态及心肺功能的变化，酌情再输入剩余的高渗溶液，如出现容量过多，超过心脏正常功能负担等现象时，可同时合并应用利尿剂以减少过度扩张的血容量。

二、电解质代谢紊乱

电解质代谢紊乱与水代谢紊乱有密切联系，特别水的丢失与钠的代谢紊乱（如前所述）更为密切。兽医临床上较常见的肠闭结的手术、重度感染、严重创伤、大面积烧伤等，均能引起水和电解质大量丧失。机体中的水分和钠是动物体的主要养料之一，所以水和钠平衡失调标志输液的重要意义。

（一）钠的代谢紊乱

1. 低钠血症

是临床上比较常见的水与电解质失衡症。一般机体缺钠常伴有水和其他电解质平衡失调，尤其常伴同丢水。但由于丢钠较丢水的比例大，因此往往造成低钠性脱水或低渗性脱水。

（1）原因：临床上常见的失钠原因有如下几点。

①胃肠道消化液的丧失。这是临床上最常见的缺钠原因。如腹泻、呕吐、胃肠减压及用水洗胃时，都可丢失大量消化液而发生缺钠。

②大量出汗。汗液中氯化钠含量约 0.25%，出汗可排出大量的 NaCl，如高热患病动物大量出汗时，仅补充水分而不补充由汗液中失去的电解质，都可发生以缺钠为主的失水。

③肾性失钠。肾脏发生疾病时，尿排钠增多，钠的再吸收受阻，而导致血钠下降。这可能由于肾小管对分泌的醛固酮不起反应所致。

④发生酸中毒的患病动物由于体内酸度增高，要靠消耗 Na^+ 去中和，而血钠也会下降。

⑤大量放腹水。腹水所含钠的浓度一般与血浆相近，当大量放腹水时，尤其反复穿刺放腹水或 1 次放腹水量过多的患病动物，也容易发生急性缺钠。

⑥泛发性炎症。如大叶性肺炎，肺泡内渗出物亦含有大量钠离子，也可引起缺钠。

（2）特征　（见低渗性脱水）。

（3）输液原则　（见低渗性脱水）。

2. 高钠血症

高钠血症常与脱水等其他代谢紊乱同时存在，现就钠过多所致的高血钠症的特点，简述如下：

（1）原因：通常有以下几点。

①饲喂的饲料中含盐过多，或大量输给高渗盐水时，可引起高钠血症。

②在心脏复苏时或治疗乳酸酸中毒时，输入过多高渗碳酸氢钠也可引起高渗压及高钠血症。

③幼畜腹泻后输盐水过多也很容易发生高钠血症。

（2）特征：高血钠症可造成细胞外体液的高渗状态，临床上以神经系统症状为主要表现。当血清渗透压超过 350 毫渗压/L 时，即可见到神经系统症状，患病动物表现骚动不安，易受刺激，渗透压继续升高则可出现震颤、共济失调、惊厥及昏迷等现象。

（3）输液原则：重点则是摄入水分，应用排钠型利尿剂。纠正高渗状态不宜过急，如快速输入不含电解质的溶液过多，有时可以出现痉挛现象。一般主张在 48h 内逐渐纠正高钠血症是比较稳妥的。

（二）钾的代谢紊乱

1. 低钾血症

（1）原因：主要见于以下两种原因。

①钾的摄入不足。常见于慢性消耗性疾病，术后长期禁食或食欲不振的患病动物。长期喂饲含钾少的饲料。由于钾的来源缺乏，而肾仍照常排钾，而易发生低钾血症。

②钾的排出增加。常见于严重腹泻、呕吐、胃肠减压等患病动物。主要因消化液的大量丧失，不但影响钾的吸收，而且增加钾的丢失。长期应用肾上腺皮质激素、可的松等，可促使钾排出增多，血钾降低。创伤、大面积烧伤和妊娠毒血症的后期。由于食欲减退及肾上腺皮质激素分泌增多，易发生低钾血症。大量输液时，由于促进利尿可增加钾的排泄，也可导致低血钾。

（2）特征：机体缺钾时，则细胞中钾，钠两种离子互相转移，即钾离子从细胞中出来，钠离子进入，因此细胞功能紊乱。临床上表现食欲减退，患病动物疲倦，精神不振，四肢软弱无力，运步不稳，卧地不起，逐渐发生肌肉麻痹。心肌兴奋性增高，常引起心律紊乱、心悸等，严重时发生心力衰竭，肠蠕动弛缓，少尿或无尿。时间久者常昏迷而导致死亡。血清钾测定低于 3.3mmol/L。

（3）输液原则：补钾盐之前，首先改善肾脏的功能，恢复排尿后再补给钾盐，即所谓见尿后补钾。纠正缺钾时浓度不宜过大、量不宜过多、速度不宜过快、更不宜过早。

此外应注意有无碱中毒，因不少低钾血症常伴有代谢性碱中毒，此时应先纠正碱中毒后，再纠正低钾血症。

2. 高钾血症

（1）原因：有以下 3 种原因。

①钾的输入过多。输入含钾溶液速度太快或钾浓度过高，常可引起高钾血症。特别在肾功能低下，尿量甚少时更易发生。

②钾的排泄障碍。当急性或慢性肾功能衰竭而使肾脏排钾减少，可引起高钾血症。

③钾从细胞内体液转移至细胞外体液。大面积烧伤、创伤的早期和溶血后，由于大量组织细胞破坏分解，释出大量的钾离子，而使血浆钾含量升高。在代谢性酸中毒、血液浓缩时也可使血钾增高。

（2）特征：主要表现心搏徐缓和心律紊乱，患病动物极度疲倦和虚弱，动作迟钝，肌肉痛，肢体湿冷，黏膜苍白等类似缺血现象，有时呼吸困难，严重者出现心搏骤停，以至突然死亡。血清钾测定高于 3.3mmol/L。

（3）输液原则：首先是应急措施，保护心脏免于钾中毒；尔后是促使多余的钾排出体外。

（三）钙的代谢紊乱

机体钙离子的缺乏可见于甲状旁腺功能减弱、肾脏功能障碍、氟中毒及软骨病等，而导致低钙血症。

钙离子对动物体细胞活性很重要，于体液中具有各种作用。当细胞外体液钙离子浓度增高时，则心肌收缩力增强，反之则减弱。

对运动神经—肌肉传导功能；当钙离子减少时，则肌肉—神经系统的兴奋性增高，进而发生痉挛。当血浆中钙离子缺乏时，能增强血管壁的通透性，钙离子增多时，可减弱血管壁的通透性。因此钙不足时，可促使血浆成分向组织中渗出，所以在炎症初期，为防止炎性浮肿的发展，给予钙盐是有益的。其次血浆中钙不足时，则血浆的凝固性减退。

（四）镁的代谢紊乱

在血浆中的镁，80% 是离子形式，20% 是同蛋白质结合，镁和钙一样是生理上的重要离子。

镁离子是维持神经——肌肉接合部的功能所必要的离子。镁离子在动物体内的正常血浆含量较低，如超过正常含量 2 倍，就能引起中枢神经系统的中等程度的抑制，4 倍时则可完全麻痹。但这种抑制作用，可被钙离子完全拮抗。

三、酸碱平衡紊乱

体内酸性或碱性物质过多，超出机体的调节能力，或肺、肾的调节酸碱平衡功能发生障碍，均可引起体内酸碱平衡失调。此外，当机体发生水、电解质平衡紊乱时，往往并发不同程度的酸碱平衡紊乱。机体通过3种缓冲系统，使进入机体内的一定量的酸或碱得以中和，而体液仍保持原来的 pH 值，所以机体对酸碱的调节有相当能力，轻度紊乱机体完全可以调整，严重紊乱时，必须消除紊乱的原因，给予治疗加以纠正，才能恢复平衡。

酸碱平衡紊乱的类型是根据失调的起因来区分，由于碳酸氢钠含量的减少或增加而引起的酸碱平衡紊乱，称为代谢性酸中毒或代谢性碱中毒。如果由于肺部呼吸功能异常，导致碳酸增加或减少而引起的酸碱平衡紊乱，称为呼吸性酸中毒或呼吸性碱中毒。

（一）代谢性酸中毒

1. 原因

（1）动物长期不进饲料，由于体内贮存的糖消耗已尽，动用了脂肪，产生了大量的有机酸。

（2）严重腹泻患病动物，由于丢失大量的重碳酸盐，使 Na^+ 的消耗多于 Cl^-，并脱水后可引起酸性产物积聚。

（3）患吞咽障碍的患病动物，所分泌的唾液不能进入消化道，因丢碱可引起酸中毒。

（4）严重感染、大创伤、大面积烧伤、大手术、休克、机械性肠阻塞等，可引起代谢性酸中毒。其原因是：由于组织乏氧，产生许多氧化不全的酸性产物，由于吸收损伤、感染，微生物的分解产物和代谢产物及组织分解产物等，积聚于体内，或被吸收进入血液循环中，可使 pH 值急剧下降，导致酸中毒。

（5）酮病（血液中产生大量酮体）、软骨病、佝偻病等，当营养中的磷，单方面过多时，则血液中的 HPO_4^{2-} 离子含量增多，HCO_3^- 离子含量减少，而致血液酸中毒。

2. 特征

临床可见呼吸促迫，黏膜发绀，体温升高，出现不同程度的脱水现象，血容量降低，血液浓稠。化验室检查可见红细胞压积增高，CO_2 结合力下降，pH 值偏向酸性。最后有可能引起循环衰竭和破坏肾脏调节机能，使病情更加恶化。

3. 输液原则

主要从两方面着手，即矫正水与电解质及酸碱平衡的紊乱，同时也要消除引起代谢性酸中毒的原因。其次要努力促进肾及肺功能的恢复，对纠正代谢性酸中毒有关键性的作用。

（二）代谢性碱中毒

1. 原因

（1）马的继发性胃扩张和牛的许多胃肠道疾病都可发展成为严重的代谢性碱中毒。如肠套叠，真胃扭转或移位、真胃便秘、各种原因引起的食滞等。这些疾病可使大量的氢离子丢失在胃内，胃分泌盐酸需 Cl^- 从血液循环中移入到胃，由于这些 Cl^- 从 HCl 分解后也不能从肠管再吸收到血液循环中，因此这些 Cl^- 也丢失在胃肠内，在分泌盐酸过程中产生大量 HCO_3^-，HCO_3^- 可从细胞移入到血液循环中，使血中 HCO_3^- 含量增加而引起。

（2）治疗中长期投给过量的碱性药物，使血液内的 HCO_3^- 浓度增高，pH 值上升，遂发生碱中毒。

（3）缺钾可导致代谢性碱中毒。如不进饲料、钾摄入不足、胃肠分泌液丢失、长期服利尿剂等，都可引起缺钾。

2. 特征

主要表现呼吸浅表缓慢，因游离钙降低出现抽搐现象，临床上也可见到水丢失的一些症状。化验室检查可见尿呈碱性，二氧化碳结合力增高，红细胞压积增高，血氯降低。

3. 输液原则

胃肠减压与、呕吐患病动物，应按丢失的胃液量，给以补充水和电解质。轻症患病动物可给等渗或低渗盐水，每升溶液中加氯化钾 $1.5 \sim 3g$。

对持续性呕吐伴有周围循环衰竭的重症患病动物，须尽快矫正混合性脱水，恢复体液容量，改善肾功能纠正碱中毒，保证细胞的正常生理环境。

轻或中等度的患病动物，常用生理盐水和氯化氨溶液，重症的应补充 H^+ 治疗。

（三）呼吸性酸中毒

1. 原因

由于心、肺疾病引起的肺内气体交换功能减退，血液中碳酸浓度增多，致使血液 pH 值下降。见于呼吸道机能障碍、肺实质疾病（支气管炎、肺气肿、肺炎、肺水肿等），肺循环机能障碍及麻醉中的通气不良等，导致 CO_2 积聚。

2. 特征

主要根据原因不同，表现不同的呼吸形式，如呼吸器官疾病引起的，可见呼吸困难，而麻醉引起呼吸中枢抑制时，呼吸缓慢而不规则。化验室检查，血液中 CO_2 升高，血浆 H_2CO_3 浓度增高，pH 值偏酸性，CO_2 结合力上升。

3. 输液原则

注意病因疗法，在抢救中注意从体内有效地排除 CO_2，但不可排除过快，以免血压骤降。输液输血时须注意血循环容量不足的问题。重症患病动物可做气管切开术。在药物上同样使用抗酸中毒药。

（四）呼吸性碱中毒

1. 原因

（1）高烧伴有过度通气时可发生。

（2）注入过量水杨酸盐引起的中毒，因血浆中水杨酸浓度过高，刺激呼吸中枢，引起通气过盛所致。

（3）颅脑损伤、肝昏迷、手术后等患病动物可出现呼吸性碱中毒。

2. 特征

主要表现呼吸加深快速不规正，缺氧，血中 pH 值上升，CO_2 结合力下降。

3. 输液原则

轻症常无需特殊治疗，一般在治疗原发疾病过程中，可逐步恢复。

第三节 水、电解质和酸碱平衡紊乱的治疗

水、电解质和酸碱平衡紊乱时，除积极治疗原发病外，必须采取措施纠正。纠正平衡紊乱应相信机体本身的潜在调正功能，一般原发病解除后可逐步调正过来，但病情严重或原发病不能及时消除时，应根据临床症状和化验结果（如血清 Cl^-、Na^+、K^+、CO_2 结合力，pH 值等），结合患病动物机体状况，做出正确判断，给予一定的支持疗法——输液疗法，方能得到纠正。

一、输液所需的药品

（一）以供给水、电解质为主的溶液

1. 水

饮用常水，当机体缺水而引起的各种患病动物均可用给水方法，可令患病动物自由饮水或人工经口投给所需要水量。

2. 等渗盐水（生理盐水）

为 0.85% 氯化钠溶液，每升含钠及氯离子为 154mmol。适用于细胞外体液脱水、钠离子、氯离子丧失的病例。如呕吐、腹泻、出汗过多等。此溶液与细胞外体液相比，氯离子浓度高出 50% 左右，最好用于氯离子丢失多于钠离子的病例。因使用不当，可引起水肿及钾的丢失。如果向此溶液内添加 5% 的葡萄糖溶液，即一般所说的糖盐水，效果更好。

3. 低渗盐水

钠和氯离子浓度较等渗盐水低 1 倍，用于缺水多于缺盐的病例。

4. 高渗盐水

浓度为 10% 盐水，每升含钠及氯离子 1.7mmol。此溶液可增高渗透压，能使细胞内体液脱水，故不适合供给补水、电解质为主的溶液。可用于缺盐多于缺水的病例，但用量不宜过大，速度也不能过快。

5. 5% 葡萄糖溶液

为等渗的非电解质溶液，只适用于因缺水所致的脱水病例。

6. 林格尔氏液（复方氯化钠溶液）

含有 K^+、Ca^{2+}、Na^+、Cl^- 等离子，同细胞外体液相仿。在补液时更合乎生理要求，较等渗盐水优越。但严重缺 K^+ 或严重缺 Ca^{2+} 时，因含量小，还需另外补充。

7. 达罗氏（Darrow）液（乳酸钾溶液）

每升中含 Na^+ 130mmol、K^+ 35mmol、Cl^- 104mmol、乳酸根 53mmol，适用于因 Cl^- 缺乏引起的碱中毒和低血钾患病动物。静脉注射时不宜过快。

8. 氯化钾溶液

通常为 10% 溶液，每升含 K^+ 及 Cl^- 为 13.4mmol，用时取 10ml，溶于 500ml 的 5% 葡

萄糖溶液中，浓度不超过 0.3%，常用于低血钾患病动物。注射速度宜慢，过速有引起心跳停止的危险。静脉输入时，必须在尿畅通之后补钾，即所谓"见尿补钾"。必要时应每日补给，因细胞内缺钾恢复速度缓慢，补钾盐有时需数日才达到平衡。

（二）调节酸碱平衡的溶液

1. 乳酸钠溶液

制剂为 11.2% 溶液。静脉注射时应用 5% 葡萄糖溶液 5 份与乳酸钠溶液 1 份混合成等渗溶液，该混合液呈碱性。注射后，约有 1/2 转变为重碳酸盐，呈中和酸的作用。另 1/2 转变为肝糖原，抑制酮体的产生，还能补给少量能量，同时也能补充钠。适用于纠正代谢性酸中毒。

2. 乳酸钠林格尔氏液

每升含 Na^+ 130mmol、K^+ 4mmol、Ca^{2+} 2mmol、Cl^- 111mmol、乳酸根 27mmol 量，与林格尔氏液比较，更接近于血浆电解质浓度，可用于酸中毒患病动物的治疗。配方：氯化钠 6g、氯化钾 0.3g、氯化钙 0.2g、乳酸钠 3.1g，注射用水加至 1 000ml。

3. 5% 碳酸氢钠溶液

每升含 Na^+ 与重碳酸根各 178mmol。适用于重度的代谢性酸中毒的治疗。注射前宜用 5% 葡萄糖溶液稀释成 1.5% 的等透溶液，供静脉点滴。

4. 缓血酸胺（三羟基氨基甲烷，简写 THAM）

本品优点是直接和 H_2CO_3 反应以摄取 H^+，同时又生成 HCO_3^-，产生双重效果纠正酸中毒，特别对呼吸性酸中毒效果更好。缓血酸胺作用力强，可渗透细胞膜，与细胞内的 CO_2 迅速结合，同时又和细胞内外的 H^+ 结合，所以用后 pH 值迅速上升。缺点为高碱性（3.64% 水溶液 pH 值为 10.2），漏出血管外可引起组织坏死。大剂量快速滴入可因 CO_2 张力突然下降而抑制呼吸，并使血压下降，也可导致低血糖、高血钾。注射时可将 7.28% 缓血酸胺溶液，加等量的 5%～10% 葡萄糖溶液稀释后再用。

5. 0.9% 氯化铵溶液

为酸性溶液，每升含氯和铵离子各 168mmol，可用于一部分代谢性碱中毒的病症。

（三）肢体溶液

胶体溶液是当血容量不足，造成循环衰竭，发生休克时而应用的溶液。常用的有以下几种。

1. 全血

全血的输血不单纯补充血容量，还可供给营养物质，使血压尽快恢复。供血动物必须严格检查，确认健康时方可采血（参照输血疗法）。

2. 血浆

本品含有丙种球蛋白的非特异性抗体，能与各种病原相作用，加速疾病的痊愈。又可供蛋白质的来源，适用于大量体液的丢失。应用时取新鲜血浆，可不考虑血型，比全血安全，使用方便。

3. 牛血清

用于补充血容量的不足，将血清加热除掉种属特异性，其蛋白质的含量与其他动物相似。所以除牛而外，亦可用做各种动物的输液。

4. 右旋糖酐

右旋糖酐是多糖体，不含蛋白质，它可增进非细胞部分的血容量。6%右旋糖酐溶于生理盐水中，它的分子量与血浆蛋白的分子量接近，在血液中存留时间较长，一般注入24h后，有一半被排出体外，所以它可代替血浆蛋白，具有维持血浆渗透压及增加血容量的作用。临床多用低分子和中分子的右旋糖酐。

中分子右旋糖酐的分子量为5万～10万，多制成6%的生理盐水溶液静脉注射。因分子量较大，不易渗出血管，能提高血浆胶体渗透压，增加血浆容量，维持血压。供出血、外伤休克及其他脱水状态时使用。

低分子右旋糖酐的分子量为2万～4万，多制成10%的生理盐水溶液静脉注射。能降低血液黏稠度，制止或减轻细胞的凝集，从而改善微循环。一般输入右旋糖酐时，可先输1 000ml低分子的，再输中分子的。输入速度开始宜快注，血压上升到正常界限，再减慢速度，维持血压不致下降，然后再考虑补充电解质溶液。

二、纠正体液容量的不足

体液容积不足，可引起血液循环障碍，排出血液量减少，血压下降，肾功能破坏等，甚至可造成循环衰竭，肾功能衰竭、最后导致患病动物死亡。所以在纠正体液平衡紊乱时，首先要注意维持血容量是非常重要的。

足够的血容量才能维持正常的血液循环和组织灌注。但单纯地输给丧失量，常不能满足机体需要，应大量输液，并超过正常的血容量为宜。最初输液应以胶体溶液为主。胶体溶液最好是全血、血浆、牛血清或白蛋白等，但目前兽医临床尚未能全面开展应用，主要以右旋糖酐来纠正血容量的不足，输一定量胶体溶液后，再补给电解质溶液，以补充电解质的不足。

临床实践中，大动物输液常应用中心静脉压（C、V、P）的测定，作为调节血容量与保持心脏功能的重要指标。根据 C、V、P 的变化，判断患病动物血容量与心脏功能状态，以便掌握输液量和速度。

三、补充电解质保持渗透压平衡

在输给电解质之前，首先要测定患病动物的血 K^+、血 Cl^- 和水的丧失量，同时还应考虑动物每日的需要量。然后根据机体所含电解质溶液的 mmol/L，考虑补给电解质溶液。正常动物血液电解质的变动范围是：钠 131.0～160.0mmol/L；钾 2.7～9.0mmol/L；氯 97.0～110.0mmol/L；碳酸氢根 17.0～29.0mmol/L。此外，必要时还应测定钙、镁与无机磷的丧失量，以便及时补给。

体液是有一定渗透压的，体液渗透压是影响机体组织中水分和可溶性物质分布的重要因素，而动物对渗透压的改变较为敏感。因此当补充水、电解质溶液时，首先必须确定体液是高渗性还是低渗性。是缺水还是缺盐，或为水、盐混合性缺乏（是缺水为主，还是缺盐为主），只有确定此问题后，才能正确的补充液体与电解质。一般有临床经验的从动物进水情况和水、电解质丢失情况可以判断。简单的化验方法是将测定的血氯和二氧化碳结合力两者的 mmol/L 相加，如超过 135 即为高渗，如少于 120 即为低渗。细胞外体液呈高渗时，即为盐多于水，应该用 5%～10% 葡萄糖液为主的溶液纠正。细胞外体液为低渗时，水多于盐，应补给等渗或高渗盐水进行纠正。

四、纠正酸碱平衡紊乱

临床上原发的酸碱平衡紊乱一般可分为代谢性酸中毒、呼吸性酸中毒、代谢性碱中毒、呼吸性碱中毒四大类，以酸中毒为常见。但在实际工作中，酸碱平衡紊乱的情况常常是复合的，同时还有生理代偿效应的参与，因而诊断仍是困难的。但就其重要性来说，这四大类的平衡紊乱是基本的。至于酸碱平衡紊乱的临床表现，已叙述在前，现就其纠正措施论述如下。

（一）酸中毒

需补给碱性溶液，以纠正酸碱平衡紊乱，常用的为 1.5%～4% 碳酸氢钠溶液或 1.9% 乳酸钠溶液。二者含钠分别约为 178～474mmol/L 及 167mmol/L，并具有相等量的碳酸氢盐。

计算补碱的剂量方法，是通过 CO_2 结合力的测定，来计算机体内碱的储备量，以推断酸碱平衡的情况，从而为治疗提供依据。在纠正马、骡酸中毒的补碱问题中，部队某军马防治研究所从实践中提出了以下经验算式：

（60 – 测定的 CO_2 结合力）× 体重（kg）× 0.5 = 所需补充的 5% $NaHCO_3$ 溶液量（ml）。

式中的 60 是指血浆正常 CO_2 结合力为 60% 容积，0.5 是指每 ml 血浆 CO_2 结合力 – 容积，按体重注入 5% $NaHCO_3$ 溶液量 0.9ml/kg。

补碱时应避免纠正过度，一般可用所测量的半量。如果不能测血浆二氧化碳结合力时，纠正酸碱平衡紊乱只有根据临床经验，但不能对所有患病动物都收到满意效果。临床经验证明，对中等度酸中毒的病马，可补给 50g 的 $NaHCO_3$。

严重的代谢性酸中毒合并呼吸性酸中毒病例时，应酌情补给 3.6 三羟基氨甲烷（THAM）溶液，是比较理想的。

酸中毒时，大量钾移出细胞之外，往往体内高度缺钾，但血钾浓度不低，临床上应特别注意给予补充。糖尿病或剧烈腹泻所致的酸中毒，钾的补充更为重要。但在肾上腺皮质功能不全或合并肾功能不全的代谢性酸中毒，给钾时必须谨慎以免发生高血钾症的危险。

（二）碱中毒

碱中毒时血氯很低，应补充含氯的药物进行纠正。林格尔氏液是纠正碱中毒比较好的药物，因它含有较多的氯，并含有生理的钾和一定量的钙。如在其中加入葡萄糖和维生素，则效果更好，也可应用生理盐水或葡萄糖生理盐水纠正。

严重碱中毒，有时发生抽搐，这是因为饲料中钙、镁缺乏引起的，可通过临床检验或试验性治疗进行鉴别。

纠正碱中毒过程应随时注意钾的补充。因补钾后，可用 3 个 K^+ 和进入细胞的 2 个

Na^+，1 个 H^+ 进行交换。H^+ 在细胞外体液中与碳酸氢盐结合形成 CO_2 和水，这样血浆内碳酸氢盐的浓度即可降低。

在调正水、电解质和酸碱平衡的过程中，如患病动物饮食欲废绝，应考虑适当补给热能和其他营养物质。补给一定量的葡萄糖，可补充热能，同时补糖也等于补水，所以有细胞内脱水时，补给葡萄糖较为适宜。

糖有对体内蓄积的有害物质，特别是对酮体有解毒的作用，并可预防产生酮体和利尿作用，抑制渗出和促进渗出液吸收作用，此外还可减少细胞内钾和细胞外钙的丧失。

所以当各种中毒症，营养不良和循环障碍的患病动物，应经常补给葡萄糖。

5% 葡萄糖为等渗液，10% 以上为高渗，注入后可被迅速利用，一般不引起利尿作用。但浓度越高，注射速度越快，糖的利用率就越低，而利尿作用则增强。

10% 以上的糖，对周围静脉有刺激性，长期输入应注意。钾离子缺乏的患病动物，补糖使钾降低，可能造成心跳停止。另外患病动物体液丧失时，开始不宜单纯或大量补给葡萄糖，可用小剂量高渗盐水或含钠离子溶液做试验性治疗为宜。

五、输液疗法的注意问题

（一）输液前必须正确的诊断判定是否存在体液不平衡的问题

应根据病史，临床检查及化验室检查等综合分析。当机体的体液平衡紊乱状态确定后，根据计算的已失量，在输液治疗程序上首先要用一定量的胶体溶液纠正血容量不足，维持有效的循环血容量是保证生命的主要条件；其次要补充适当的电解质溶液，以恢复破坏了的体液状态；最后是采取适当措施纠正体液酸碱平衡的紊乱。

（二）输液时机

体液的"已失量"可在 6～8h 内补完，在补完"已失量"后，对患病动物的"日失量"与"日需量"可于 16h 内用慢速点滴补给。如补完"已失量"后，病情好转，此时最好通过胃肠道补液。

（三）输液的途径

轻度脱水，且患病动物有饮欲消化道功能基本正常者，尽可能经口补液。如患病动物饮欲废绝，消化道功能紊乱，失水过多，需快速纠正时，应从静脉补充，如心脏衰竭，可从腹腔或皮下补充，有时也可通过直肠补液。

（四）输液的速度

根据输液的目的和心脏状况而定，如为了补充血容量，患病动物心脏较好，速度宜快些，每分钟可补给 20ml。如心衰或 1 次输入大量的液体，速度宜慢，每分钟约 10ml。以点滴输入为好。

复习思考题

1. 补液的基本原则是什么？根据哪些方法计算补液量？

2. 简述常用的输液方法。
3. 输液疗法的应用范围及操作要点是什么？
4. 临床上酸碱平衡紊乱常见类型及其病因有哪些？

佟亚双（黑龙江省铁路兽医卫生处）

第十四章　其他常用疗法

第一节　给氧疗法

兽医临床上给氧是为了抢救重危患病动物和进行某些手术时，所采取的重要急救治疗措施。

一、给氧疗法的目的

给氧疗法主要应用于缺氧时，而进行给氧的治疗手段。

（一）患病动物急剧缺氧

如急性贫血、呼吸困难、休克、窒息、新生畜窒息及麻醉过量等急剧缺氧时，可应用给氧进行急救。

（二）氧代谢功能障碍

如肺充血、肺水肿、支气管炎、肺炎、肺泡气肿及间质性肺气肿等肺部疾病，引起呼吸面积减少时，急、慢性心脏衰弱、心脏肥大、心脏瓣膜病及心脏丝状虫病、严重的贫血、急性出血、休克时所引起的缺氧，可应用给氧疗法。

（三）其他情况的缺氧

重度的热性病和某些中毒患病动物，常导致缺氧，须进行补氧。

二、氧缺乏症

氧的缺乏症，根据病因不同，可分为以下几种。

（一）缺氧性氧缺乏症

患病动物因病而不能利用大气中的空气，或肺的气体交换受阻，在动脉血中含氧量减少，而所出现的乏氧现象。例如肺气肿、支气管肺炎、肺炎、大叶性肺炎，特别是休克、过量的全身麻醉及心脏功能障碍等，常出现缺氧性氧缺乏症。

（二）贫血性氧缺乏症

在机体的气体代谢中，虽然能进行供氧，但血液的运氧功能不足甚至不能运氧时，而引起的状态。可见于严重的贫血、出血、休克等。

（三）淤血性氧缺乏症

肺能充分供氧，但由于心肺疾病（心脏衰弱、心脏肥大、瓣膜病等），引起血液的循环障碍，血液的循环异常缓慢，致使组织细胞得不到氧的利用。

（四）中毒性氧缺乏症

主要由于中毒使组织细胞丧失利用氧的机能，可见于组织细胞的水银、氰及氟化物的中毒。

三、缺氧的临床症状

缺氧的症状，由于缺氧程度及时间而不同，主要表现呼吸促迫或呼吸困难，有时出现潮式型呼吸，可视黏膜发绀，心搏增强，脉数增多，血压下降等。特别呼吸困难及发绀等状态，是表示血中缺氧的程度。缺氧时对妊畜的胎儿也同样有一定影响，易招致早产或死胎。牛缺氧甚至出现惊恐症状。猪则表现犬坐姿势等异常现象。

四、给氧疗法在临床上的应用

（一）给氧的装置

临床上利用氧气输给患病动物时，需备有供氧来源，常用的以下几种。

1. 氧气瓶给氧装置

备有氧气瓶、医用流量表、橡胶管、储水瓶等。先将氧气瓶固定于氧气瓶架里，再安装流量表，于流量表输出端装上胶管，胶管另端接于储水瓶中，再用一条胶管，一端接于储水瓶的输出端，另一端直接插入患病动物鼻孔内，以达鼻咽腔为宜，然后用卷轴绷带或胶布将胶管固定于鼻梁与下颌处，以防滑脱（图 14-1、图 14-2）。应用时先打开氧气瓶上的阀门（一般打开 3/4 圈即可）。再慢慢扭开流量表上的开关，观察每分钟的输出量（一般以 3～4L/min 为宜），此时，可看到储水瓶中连续不断的产生较大的水泡。无流量表时常以此水泡计算输出量，一般以每分钟出现 200～300 个水泡为宜。

为准确掌握氧气瓶中的含氧数量（L）与使用时间，常用的方法是：压力乘 3，再除以流出的数量（L），就可计算出瓶内的氧还能持续应用多少时间。例如：氧气瓶压力为 350 磅，以 6L/min 流出，则 $350 \times 3 \div 6 = 175min$，即尚可继续使用 175min。

2. 简易给氧装置

（1）取盐水吊瓶 1 个（广口瓶也可）、500～1 000ml 广口瓶 2 个，配上橡皮塞（或软木塞），并打 2 个孔（装胶管用）。

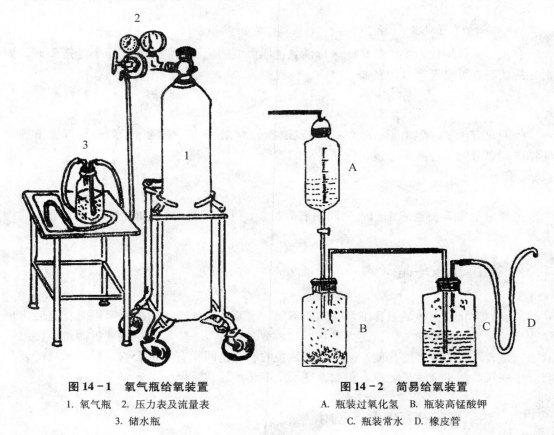

图 14-1　氧气瓶给氧装置

1. 氧气瓶　2. 压力表及流量表

3. 储水瓶

图 14-2　简易给氧装置

A. 瓶装过氧化氢　B. 瓶装高锰酸钾

C. 瓶装常水　D. 橡皮管

（2）A 瓶（盐水吊瓶）盛过氧化氢 300～500ml，B 瓶中盛高锰酸钾 30～50g，C 瓶中盛清净水 200～300ml，如图所示连接一起。

（3）于 A 瓶与 B 瓶之间连接的橡胶管上装 1 弹簧夹，以便控制过氧化氢流出的速度与数量，塞紧瓶塞并用蜡密封。

（4）将 A 瓶挂在盐水瓶架上，打开弹簧夹，使过氧化氢一滴一滴的流入 B 瓶，过氧化氢与高锰酸钾相遇起化学反应而产生氧气，氧气通过玻璃管进入 C 瓶，通过水而产生气泡，由此可知氧气的量。然后将由 C 瓶输出的胶管，插入患病动物的鼻腔，达鼻咽部即可吸入氧气。

3. 氧气袋或汽车内胎的给氧装置

氧气袋或汽车内胎先装入氧气，于开口处连接长橡胶管（中间用弹簧夹夹住），前端插入储水瓶中（储水瓶塞为两孔，分进入与输出），将由储水瓶的输出胶管插入患病动物的鼻咽部，打开弹簧夹，控制氧的输出量，即可吸入氧气。

（二）给氧的方法

1. 经导管给氧法

（1）鼻导管给氧法：即将由给氧装置输出导管插入患病动物鼻孔内，放出氧气，供患病动物吸入。此法氧的损失较大。

（2）导管插入咽头部给氧法；将导管插入患病动物咽头部给氧法。

（3）气管内插管法：将导管插入气管内，供患病动物吸氧的方法。

2. 经鼻直接吸氧法

采用活瓣面罩给氧法（图14-3）。在给氧装置输出导管的一端，连接特制的活瓣面罩，将面罩套在患病动物的面鼻上，并固定于头部和鼻梁上，打开氧气瓶，患病动物即可自由吸入氧气。

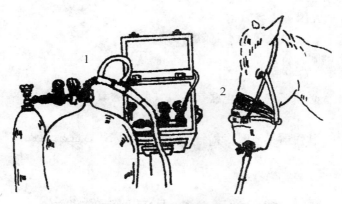

图 14-3　活瓣面罩给氧法
1. 给氧装置　2. 马氧气吸入法

3. 皮下给氧法

皮下给氧法是把氧气注入到肩后和两胁部皮下疏松结缔组织中，使氧气被皮下毛细血管内的红细胞逐渐吸收，而达到给氧的目的。

注入方法，先将局部剪毛消毒，再将针头刺入皮下，连接氧气输出管，打开流量表的旁栓（或氧气瓶上的阀门），即可见到皮下逐渐鼓起，到皮肤比较紧张时即可停止。如1处注射量不足时可另注1处。牛、马平均注射量为6～10L，分1～2处注入。注入速度每分钟1～1.5L。注入氧气一般于6h内逐渐被吸收。如患病动物症状尚未缓解，可反复注射。

4. 3%过氧化氢静脉内注射给氧法

应用过氧化氢（医用或化学试剂）静脉注射，根据临床实践证明，是一种较为满意的静脉输氧途径，对因肺部呼吸功能障碍和循环功能障碍的疾病，而引起机体缺氧时，最为适用。其使用方法及应用剂量如下。

（1）浓度：现在临床上常用浓度为0.3%，最高浓度以不超0.45%为宜。牛的最适浓度0.24%以内为宜。

（2）剂量；依动物种属而不同，家兔按体重最大耐受量6ml/kg，安全量为4ml/kg，马属动物安全有效量5ml/kg，牛的安全有效量2ml/kg。应用频度根据病情与需要灵活应用，一般1～2次/d。

（3）稀释液：以25%～50%葡萄糖溶液为最佳稀释液。

（4）用法：将3%过氧化氢溶液，用前稀释10倍，可采用静脉注射。注射速度：小动物控制在10ml/30s；大动物在70～100ml/min为宜；牛应控制在20ml/min。

五、给氧疗法的注意事项

（1）患病动物应妥善保定，氧气瓶要有专人看管，与患病动物保持一定距离，并注意观察输入量，保证安全。

（2）给氧的场地严禁吸烟点火、使用电炉等一切火种，以防发生氧气瓶爆炸。

（3）经鼻导管给氧时，用量的大小应根据患病动物呼吸困难程度及改善状况，随时进行调节，切勿过分加大用量。

（4）皮下给氧时，一次给氧量不宜过多。

（5）氧气瓶上的附件，严禁涂抹油类，不许用带油的手，去拧氧气瓶的阀门。搬运氧气瓶时应特别小心，严防震动。

（6）给氧导管，必须严密，防止漏气。氧气瓶内的氧气，不要用尽，保留量不应少于5L，以防杂质混入。

（7）过氧化氢静脉注射给氧时，稀释度尽可能要大些，注射速度要慢些，1次用量不宜过大，以免导致溶血。

第二节　普鲁卡因封闭疗法

普鲁卡因封闭疗法是近代医学病因疗法之一，以不同浓度、不同剂量的盐酸普鲁卡因溶液注入机体组织内，治疗各种疾病。在我国兽医临床早已广泛应用，多年来临床验证，对各种炎症性疾病的治疗，可取得较好的效果。

一、盐酸普鲁卡因封闭疗法的作用

机体的感受器和神经末梢，随时都在接受内在的和外界的各种刺激。炎症病灶内的刺激冲动通过神经系统传达到大脑皮层之后，立即改变大脑皮层的兴奋和抑制过程的相互关系，进而使整个神经系统都受到一定的影响，大脑皮层支配下的许多内脏和组织器官的生理功能遭到破坏，新陈代谢发生紊乱，炎症病理过程加剧。这又可成为新的内在强烈刺激。反过来，再通过神经系统传达到大脑皮层，形成恶性兴奋灶，这样就形成了一个恶性循环，使病情加重。应用盐酸普鲁卡因封闭后，能阻断恶性循环，阻断从病灶向中枢传导的强烈刺激，防止外来的病理性冲动，减弱或消除致病因子的作用，因而消除恶性兴奋灶，解除中枢神经系统的疲惫状态，在大脑皮层上形成良性兴奋灶，恢复大脑皮层对内脏器官和组织的正常调节功能，使疾病得到恢复。

当动物发生疾病时，由于神经受到强烈刺激的影响，使发病部位的组织产生负性营养反应，微生物有了良好的发育机会，因此，引起感染、组织坏死等现象。但盐酸普鲁卡因与神经系统有亲和力，对神经系统产生微弱良性的刺激作用，使神经恢复营养机能，产生阳性营养反应，为遭受强刺激的大脑和延脑的休息和功能恢复创造有利条件，使组织代谢旺盛，活力加强，微生物不能发育，因而使全身状况好转，逐渐促进局部病理过程的修复和治愈。

盐酸普鲁卡因能阻断由感觉经路到血管收缩神经的疼痛反射弧。当动物患外科疾病时，因疼痛可伴发血管痉挛，出现局部乏氧，疼痛加剧。在血管痉挛时，应用盐酸普鲁卡因封闭，不仅能消除疼痛，且有调节血管痉挛作用。

实践证明，当患急性浆液性炎症时，使用盐酸普鲁卡封闭疗法，可使局部血管收缩。减少或停止炎性渗出物的渗出，缓和炎症的发展，使化脓性感染过程局限化。当炎症缓和后，能促进和加强患部充血，改善某些亚急性和慢性炎症的局部营养，增强白细胞的吞噬作用，促进病理性产物的吸收。

二、盐酸普鲁卡因封闭疗法的应用与操作

（一）环状分层封闭

1. 操作技术

本法是在患肢病灶上方约 3～5cm 的健康组织上，前肢不超过前臂部，后肢不超过小腿部，分别在前、后、内、外从皮下到骨膜进行环状分层注射药液。剪毛消毒后，对皮肤成 45°角或垂直刺入皮下，先注射适量药液，再以横的方向推进针头，一面推一面注射药液，直达骨膜为止，则拔出针头，再以同样方法环绕患肢注射数点，注入所需量的药液。

2. 剂量及用法

一般用 0.25%～0.5% 盐酸普鲁卡因溶液。用量根据封闭部位的直径大小而决定，通常以 100～300ml 为宜，每日或隔日 1 次。

3. 注意事项

注射时应注意针头勿损伤较大的神经和血管。

4. 适应症

四肢和蹄部的炎症疾病及慢性溃疡等。

（二）病灶周围封闭

1. 操作技术

本法是将盐酸普鲁卡因溶液分数点注射到病灶周围健康组织内的皮下、肌肉或病灶基底部，包围整个病灶。注射方法，可根据封闭的不同要求，进行直线形、菱形、扇形或分层等封闭方法。

2. 剂量及用法

药液浓度通常为 0.5% 的盐酸普鲁卡因溶液，注射量随病变区域的大小而定，一般用 50～100ml，每日或隔日 1 次。

在盐酸普鲁卡因溶液中加入 40 万～80 万 IU 青霉素（大动物）进行局部封闭，则效果更好。称此为盐酸普鲁卡因青霉素封闭疗法。

3. 注意事项

勿将针头刺入脓腔内或血管中。

4. 适应症

创伤、溃疡、蜂窝织炎、乳房炎、淋巴管炎，各种急性、亚急性停留在浸润期的炎症

等均可用。

（三）颈下部交感神经节封闭

1. 操作技术

患病动物于柱栏内站立保定，固定头部，将封闭侧的前肢尽量向后牵引固定，充分露出第 7 颈椎横突。从横突前角引垂线与第 1 肋骨上 1/3 前缘所引水平线的交点，即为封闭注射点（实际上就是第 7 颈椎横突下 3.5～4.5cm 处或第 1 肋骨前缘的前方 3.5～4.5cm 处）。注射针向对侧后肢跗关节的方向刺入 2.5～4cm。

2. 剂量及用法

用 0.25%～0.5% 盐酸普鲁卡因溶液，每次用量 100～200ml，必要时隔 3～5 日再重复封闭 1 次。

3. 注意事项

保定要确实，定位要准确，勿伤害血管。

4. 适应症

急性型的卡他性肺炎、纤维素性肺炎，有较好效果。在胸腔或胸腔脏器手术时预防休克，解除胸腔器官损伤时的外伤性休克等。

（四）颈部迷走交感神经干封闭

1. 操作技术

患病动物站立保定，封闭点在颈中上部的颈静脉上方，刺入深度为 2～3cm。在封闭点下方 6～7cm 为第 2 封闭点，每次进行两点封闭。必要时经 1～2d 后于对侧颈部再进行封闭。

2. 剂量及用法

刺入准确后，可注入 0.25% 盐酸普鲁卡因溶液 50ml，第 2 封闭点相同。

3. 注意事项

刺针时注意不要损伤颈部脉管，刺入不宜过深，过深可能影响对侧神经，易使肺部疾病恶化。

4. 适应症

用于肺部及胸膜疾病的治疗。外科临床上常用于防治胸壁透创时的损伤性胸膜炎。

（五）交感神经干胸膜上封闭

本法是将盐酸普鲁卡因溶液注入到包围在交感神经干以及腹腔神经的胸膜外蜂窝组织中，阻断通向腹腔和盆腔脏器的交感神经通路，从而达到预防腹膜、腹腔及盆腔器官手术后炎症过程的发展，以及治疗这些器官的炎症。

1. 操作技术

患病动物站立保定，封闭部位：牛在 13 肋骨前缘，马在 18 肋骨前缘，以手指顺最后肋骨前缘向上触摸背最长肌与髂肋肌之间的凹沟，即为封闭点（图 14－4），一般距背中线约 10～13cm。剪毛消毒后，用 10～12cm 长的针头刺透皮肤，然后将针头与皮肤呈 30～35°角刺向椎体，抵椎体后，将针头稍稍退回，转向椎体下方再加大 5～10°角度，推进 1～2cm，使之平行于椎体的腹侧面，此时不见由针头流出血液，空气也不被吸入胸腔，证明针头位置正确。左手固定，右手连接注射器，即可轻轻注入药液。

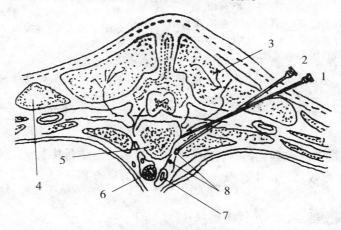

图 14 - 4　胸膜上封闭断面图
1. 穿刺时针的位置　2. 注射药液时针的位置　3. 背部上侧肌群
4. 髂肋肌　5. 椎体　6. 主动脉　7. 右奇动脉
8. 内脏神经及交感神经干的交感神经节

为了进一步判定针头位置是否正确，注入少量药液后，取下注射器，溶液可自动从针头端不断滴出，而且针头本身随着主动脉和呼吸运动而摆动起伏。若穿透胸膜时，注入药液不加压力可自然流入胸腔，同时也没有液体自针头滴出，空气经针头吸入胸腔发出特殊音响。

2. 剂量及用法

按体重 0.25% 盐酸普鲁卡因溶液用量，牛、马 1ml/kg；猪、羊 2ml/kg。总剂量分左右两侧各注一半。

急性病例只注射 1 次，慢性病例可在 7～8d 后重复 1 次。封闭后的药液向前可扩散至 3～7 胸椎，向后可到 3～4 腰椎处。

3. 注意事项

准确定位，进针不要穿透胸膜和损伤动脉，否则效果不佳。

4. 适应症

对胸膜炎、腹膜炎、胃肠炎、犊牛消化不良、前胃弛缓、子宫炎、膀胱炎、乳房炎、睾丸炎、肾炎、去势后并发症、风湿性蹄叶炎、胃扩张、痉挛疝、肠臌气等，都有明显的疗效。

（六）穴位注射封闭

本法是利用针灸的穴位，注射盐酸普鲁卡因溶液，进行治疗四肢带痛性疾病的一种疗法。

1. 操作技术

见表 14 - 1。

表 14-1　穴位注射封闭点

穴位名称	操 作 技 术	适 应 症
抢风穴	剪毛消毒，用适当的连接胶管的封闭针头与皮肤垂直刺入 4～9cm 深，回抽不见血液后，即可缓慢注入药液	前肢运动障碍，臂与前臂神经、肌肉炎症，神经痛，关节炎，关节扭伤，腱炎、蜂窝织炎，炎性肿胀、化脓性蹄冠炎，各部外伤、系部皮炎等
巴山穴	刺入 6～8cm 其他同抢风穴操作。	应用于后肢，同前肢的各种疾病。
汗沟穴	刺入深度 4～6cm，其他同上	同上

2. 剂量及用法

使用 0.5% 盐酸普鲁卡因溶液，用量 30～60ml。如注射量中加入 2% 的 0.1% 盐酸肾上腺素溶液可提高疗效。间隔 1 次/1～2d，3～5 次为 1 疗程。

3. 注意事项

定准穴位，深度适当，防止针头折断。

（七）血管内注射封闭

将盐酸普鲁卡因溶液注入血管内，直接作用于血管内感受器，阻断病理冲动向中枢神经的传导，消除对大脑皮层的刺激，因此，减弱或消除血管的病理性反射，使机体全身状态好转。此外，还能对任何部位的疼痛病灶产生止痛作用。静脉注射盐酸普鲁卡因，对许多外科疾病有较好的效果。动脉内注射盐酸普鲁卡因青霉素溶液，能促进大脑皮层的保护性抑制，因而可消除来自外周的疼痛性刺激和病理性反射，有利于抑制炎症扩散，促进修复。

1. 操作技术

分静脉与动脉内注射，静脉注射较常用，具体部位与方法，参照静脉内注射与动脉内注射法。静脉内注射封闭，急性炎 1 次/d，亚急性和慢性过程可隔 1～2d 重注 1 次，2～4 次，即可收到效果。

外科临床上，常将 40 万～80 万 IU 的青霉素溶于灭菌的 0.5% 盐酸普鲁卡因溶液内，然后添加 4% 的枸橼酸钠溶液（比例为 1:4），注入四肢的动脉内。对四肢下部急性化脓性炎症，可收到良好效果。每日注射 1～2 次。

2. 剂量及用法

静脉内注射 0.25～0.5% 盐酸普鲁卡因生理盐水溶液，大动物的剂量按体重为 1ml/kg，用时加温，注射速度不宜过快，以 30～40ml/min 注入为宜。动脉内注射用 0.5% 盐酸普鲁卡因青霉素溶液，用量为 30～50ml/次。

3. 注意事项

静脉内注射浓度不宜过高，速度不宜过快。个别患病动物静脉注射盐酸普鲁卡因，可出现过敏反应，如两耳竖起，全身振颤，兴奋，应停止注射。一般很快恢复，不需处理。

4. 适应症

对挫伤、烧伤、蹄叶炎、去势后水肿等急性无菌性炎症，能使渗出吸收，疼痛减轻，全身状态好转，对于新鲜创、污染创、化脓创或久不愈合的创伤，在外科治疗的同时，应用静脉内封闭，能抑制炎症发展，促进肉芽生长和上皮形成，加快愈合，对急性化脓性炎症、脓肿和坏死性炎症，能迅速局限化，抑制病理过程的发展。可使湿疹、皮肤炎，能减轻皮肤的充血和水肿，并可止痒。对于肌肉紧张度异常的疾病，如肌肉麻痹、不全麻痹，可增加其紧张度；如痉挛时，可缓解其紧张度。

第三节　血液疗法

血液疗法当前广泛应用于兽医临床的一种非特异性疗法，对某些外科疾病有良好作用。

一、自家血液疗法

（一）作用机理

自家血液疗法是一种多方面的鼓舞性或刺激性的一种自体蛋白疗法，它能增强全身的和局部的抵抗力，强化机体的生理功能和病理反应，有助于疾病的恢复。

自体血液注入患病动物的皮下或肌肉后，红细胞被破坏。该红细胞将被网状内皮系统的细胞吞噬，从而刺激与增强网状内皮系统吞噬细胞的吞噬作用活泼化，提高机体的抗病能力；同时在机体内形成和积累了抗体，因而增强了患病动物的防卫力量，此外由于神经的反射作用，刺激造血器官，使红细胞增多，因而能减少机体内的氧缺乏症，并能加强吸附血液内的毒素，而起到解毒作用。

（二）操作技术

1. 注射部位

常注射于颈部皮下或肌肉内，也可注射于胸部或臀部肌肉中。自家血液注射在病灶邻近的健康组织里，可获得较好的效果。如治疗眼病时，可将血液注射在眼睑的皮下，用量不宜超过 3ml；腹膜炎时可注入腹部皮下。注射部位剪毛消毒，防止感染化脓。

2. 注射方法

患病动物取站立保定，在无菌条件下，由患病动物的颈静脉（猪从耳静脉或前腔静脉）采取所需要量的血液，立即注射于事先听准备好的部位。但牛凝血很快，最好在注射器里先吸入抗凝剂。

3. 注射剂量

牛、马为 60～120ml；猪、羊为 10～30ml。开始注射量要少些，以后随次数继续增加用量。一般大动物第 1 次 60ml，以后每次增加 20ml，最多不能超过 120ml。隔 1 次/2d，4～5 次为 1 个疗程。注射部位可左右两侧交替进行。当患病动物全身状态严重时，可将其间隔时间延长到 96h，最初要使用最小剂量，以后每注射 1 次增加原有剂量的 10%～20%。

（三）注意事项

（1）操作过程中必须严密消毒，无菌操作，以防感染。

（2）操作要迅速熟练，防止发生血凝。

（3）注射血液后，有时体温稍稍升高，但对机体无何影响，很快恢复常温。

（4）注射2～3次血液后，如没有明显效果，应停止使用。如收到了预期效果，经1个疗程后，间隔1周，再进行第2个疗程。

（5）对体温高的患病动物，病情严重或机体衰竭者，须禁止使用。

（6）为增强疗效，自家血液疗法可与其他治疗方法配合应用，如并用普鲁卡因的自家血液疗法，可使用2%的盐酸普鲁卡因等渗氯化钠溶液与等量自家血液混合皮下注射。

（7）当注射大量血液时，为了减少组织损伤及发生脓肿的危险，可将血液分成数点注射。

（8）自家血液疗法在兽医临床上虽然应用很广，但它只能是对机体的一种鼓舞性疗法，因此，在应用时不能单纯的以自家血液疗法为主，更不能把它当作万能疗法。最好与其他疗法配合使用，或者作为临床上的辅助疗法，有助于患病动物的早期治愈。

（四）适应症

风湿病、皮肤病、某些眼病、鞍伤、创伤、营养性恶性溃疡、淋巴结炎、睾丸炎、精索炎及腺疫等疾病，均有较好效果。

二、血液绷带疗法

（一）作用机理

血液在伤面上有促进创伤愈合的作用，这主要因为红细胞内含有胶氨基硫、血红蛋白、胆素、尿囊素及血液中含有的酶，内分泌激素抗体及淋巴细胞的滋养素等，能促进组织呼吸及增强组织细胞的生长。因此，起抑制创伤内细菌的发育与繁殖，而使吞噬作用加强，改善组织的新陈代谢。所以血液绷带疗法能促使创内病理肉芽迅速转变为健康肉芽。在肉芽生长时期，可缩短创伤治愈时间，加速创伤愈合。

（二）操作技术

（1）首先对患病动物的创伤或溃疡面，进行一般的外科处置，清净创面。

（2）根据病变的大小，准备4～5层灭菌纱布，在无菌条件下由患病动物的颈静脉采血，将纱布层浸透，敷在创伤面上。如创腔深存在窦道的创伤，可直接将血液缓慢注入创面上或创腔内。对久不愈合的溃疡及窦道和瘘管，可取得良好效果。

（3）覆完血液绷带之后（或注入血液），上面覆以湿性防腐纱布，再敷一层油纸，而后包扎绷带。

（4）换绷带时间，根据伤面变化情况而定，如无化脓或过多炎性渗出物时，一般2～3d交换1次。生长良好的创伤，可延长换绷带时间。

（三）注意事项

（1）对创伤必须处理清净，无菌操作，以防感染。

（2）更换绷带如已干燥时，应以生理盐水湿润后取下，防止强力取扯绷带，以免损伤新生肉芽。

（四）适应症

对愈合迟缓的肉芽创、久不愈合的溃疡、瘘管、窦道、系部皮炎、化脓创、营养性溃疡等，均有良效。

三、干燥血粉疗法

干燥血粉疗法是用异种动物的血液，经加工干燥，应用于临床治疗各种外伤的一种疗法。

（一）作用机理

（1）干燥血粉能阻止炎性渗出，使创面或溃疡面干燥，形成痂皮，保护伤面，免受机械性刺激和再感染。

（2）血粉与创液、关节滑液结合，迅速凝固，闭合关节囊伤口，防止关节滑液流出，可加速关节透创的愈合。

（3）改善组织的营养与新陈代谢，增强嗜噬细胞的吞噬能力，促进肉芽组织再生和上皮形成，从而加速长期不愈的窦道、瘘管的愈合。

（4）干燥血粉的疗效作用，也可视为一种异种蛋白的刺激疗法。

（二）操作技术

1. 干燥血粉的制造

用灭菌代盖的搪瓷桶，无菌采取健康牛血，放置冰箱中2～4℃冷藏48h（或放置相当于2～4℃的条件下也可），取出后置于高压灭菌器内，以120℃，30min灭菌（也可在煮锅中蒸煮30min），尔后倒出上清液，将凝血块切成薄片，放在灭菌的磁盘内，置于干燥箱中，在35～40℃的温度下进行干燥（自然干燥或微温烘干也可）。然后压碎过筛成细血粉。在95g血粉中加普鲁卡因粉5g，混合均匀，分装于灭菌的青霉素瓶中，瓶口用硫酸纸包扎，最后高压120℃灭菌30min，保存备用。

2. 使用方法

伤面、窦道、瘘管作一般外科彻底处理清净后，根据伤面大小，撒布适量的干燥血粉覆盖正个伤面，或将血粉撒在纱布上敷在伤面，尔后包扎固定。每隔1～2d更换1次，随肉芽生长可延长更换时间。

（三）注意事项

（1）干燥血粉的制造过程和保存，一定无菌，防止污染。

（2）使用时伤面撒布均匀。如伤面愈合良好，不宜更换过勤，特别在上皮形成过程更应注意，以免损坏肉芽组织和上皮。

（四）适应症

关节透创、难愈合的窦道、瘘管、上皮形成缓慢的外伤，有显著疗效。对化脓创、肉芽创、溃疡，也可加速愈合。

第四节　蛋白疗法

以治疗为目的应用各种蛋白类物质注射于皮下、肌肉或静脉内的一种非特异性刺激疗法，称为蛋白疗法。

一、作用机理

蛋白质注入机体后，在其分解产物的影响下，使机体细胞和组织内物理化学特性发生改变，因而机体的反应性及其神经系统都发生变化。

当注入治疗剂量的任何一种蛋白制剂后，其作用可分为两个阶段。第一阶段为反应阶段，第二阶段为恢复或治疗阶段。

第一阶段的特点是全身和局部病灶反应加强，患病动物的全身状态可能暂时性恶化。体温升高，呼吸、脉搏增数。局部病灶的炎症过程加剧，注射部位呈现炎性反应。约经6～10h反应可达到最高潮，通常持续一昼夜。由于蛋白分解产物对神经系统的作用，血压升高，肾脏对含氮物质的排出增强，胃肠痉挛性收缩停止。

第二阶段的特点是体温、脉搏及呼吸等全身反应恢复正常，局部炎症反应迅速消散，并加速炎症产物的排除，注射局部的炎症反应也迅速消失。

二、剂量及用法

应用蛋白疗法时，必须慎重考虑患病动物机体状态、特点、反应性以及病理过程的性质等，合理选择蛋白疗法及其制剂的剂量和方法。如机体的反应在降低时，再应用过量的蛋白剂，在反应阶段可能对中枢神经系统产生抑制作用，呼吸和血液循环高度紊乱，最后可能引起患病动物死亡。

一般可用血清、脱脂乳、自家血液、同种或异种动物的血液等作为蛋白剂。临床上较常用的是血清（血清疗法），也可应用过期失效的各种免疫血清。

牛及马的应用剂量，每次于颈部皮下注射50～100ml，间隔2～3d注射1次，2～3次为1个疗程。一般开始时用最小剂量，以后每次注射增加10～15ml。

三、注意事项

当患病动物的机体极度衰竭、急性传染病、慢性传染病恶化时，心脏代偿机能紊乱、肾炎及妊娠等，不宜用蛋白疗法。临床上蛋白疗法，一般均应皮下或肌肉内注射，因静脉注射蛋白剂能引起机体的剧烈反应。

四、适应症

对疖病、蜂窝组炎、脓肿、胸膜炎、乳房炎、亚急性和慢性关节炎及皮肤病等，效果良好。对幼畜胃肠道疾病、营养不良、格鲁布性肺炎及卡性他肺炎等，也有一定疗效。

第五节　瘤胃内容物疗法

一、治疗意义

反刍动物瘤胃的消化机能，主要靠胃中大量微生物群的作用。饲料进到瘤胃后，由微生物群发酵，分解，引起各种各样的生物化学反应而完成的。

健康牛在正常饲养条件下，瘤胃内容物的微生物群具有高度活性，而完成消化作用。临床上当患消化障碍时，其微生物群减少，或作用力降低。此时将健康牛的具有高度活性微生物群的瘤胃内容物取出，注入病牛胃内，可增加病牛胃内微生物群的数量和活性，因此使病牛瘤胃发酵旺盛，促进各种饲料成分的分解、合成及吸收的功能，恢复瘤胃的消化功能，借此而达到治疗某些疾病的作用。

二、操作技术

（一）准备

横木开口器（见牛的经口给药法）、橡胶胃管（长2.5m、直径1.5～2.0cm，前端40cm长的部位，要有5mm的多数小孔）、吸引唧筒、3～5L的采液玻璃瓶等。

（二）采取法

健牛于柱栏内站立保定，装着鼻钳，使头部不要过高，而后装上横木开口器，将胃管前端涂润滑剂，通过横木开口器的圆孔插入胃内，到贲门时有抵抗感，进入瘤胃内后可排出胃内气体，然后接上吸引唧筒抽取，胃内容物可逆流入采液玻璃瓶中。抽取过程中如前端堵塞时，可用力吹入空气或前后抽动胃管。

（三）采取量

用以诊断时采取100～200ml，用于治疗可采取3～5L或更多一些。

投给病牛与健牛同样保定，投入胃管，当采出胃内容物后立即投入胃内，也可直接经口投给。根据病情1次/d，1次量可投给3～5L或更多一些。

三、注意事项

（1）供给胃液牛要选择同一环境，同一饲料的饲养条件的健康牛。因它的微生物群相同，到病牛胃内活性不减，继续增殖而发挥作用。

（2）有条件时对给胃液牛最好进行 pH 值、原虫数及活性度的检查。

（3）根据病情可并用其他药物疗法。投给胃内容物后，要给予优质的干草、青草或青贮饲料等，以增强瘤胃内微生物群的活性。

四、适应症

主要应用于前胃弛缓、瘤胃积食、瘤胃臌气、酮血症、乳热、乳酸过多症、瘤胃腐败症、饥饿等，此外也可用于由瘤胃微生物群的障碍而引起的疾病。

复习思考题

1. 普鲁卡因封闭疗法的作用有哪些？
2. 简述普鲁卡因封闭疗法的各种方法。
3. 自家血液疗法的作用机理是什么？

于洪波（黑龙江省铁路兽医卫生处）

第十五章　安乐死

安乐死是临床常用的技术之一，尤其是小动物临床应用较多。

第一节　安乐死的概念

所谓安乐死意为无痛苦的死亡，通常是指患有不治之症的病畜在危重濒死状态时，为了免除其躯体上的极端痛苦，在畜主的要求下，经兽医认可，用人为的方法使病畜在无痛苦情况下终结生命。

在人医临床上，安乐死的提出已经有多年，一直在国际上引起广泛讨论，生命神圣论者认为，生命是宝贵的，应该不惜一切代价去维持生命。而主张安乐死的人则坚持，无意义地延长一位饱受痛苦濒死病人的生命，本身就是一件不道德和残忍的，例如晚期恶性肿瘤患者和重要生命器官功能严重衰竭且不可逆转者，人们也应该有权选择死亡及其方式。但迄今为止仍有许多医学、社会和伦理问题尚未得到解决，绝大多数国家也未对安乐死进行立法或颁布有关的政策、法律或条文。

对各种动物探讨安乐死的方法，这些方法应具有科学根据，并建立在教育和人性之上。但目前尚无明确的方法和要求。肉用动物饲养的目的是提供人类食物，虽然无法避免被宰杀的命运，但人类有责任减轻他们在生命过程中所有的痛苦。考虑到动物的福利状况，应反对使用那些极端的生产手段和宰杀方式。宰杀动物时是否遭受痛苦，主要取决于宰杀的程序，包括宰杀的管理方式和屠宰手段。许多国家规定，屠杀动物时必须使用高压电，将动物击昏。这样既便于屠宰操作，又可减轻动物的痛苦，也避免了屠宰过程中动物的挣扎，从而避免皮下局部造成胴体品质下降，所以屠宰动物要迅速，使动物在没有什么感觉的情况下进行，并且这种无感觉状态一直保持到死亡，可以说在死亡过程中，如果有骚扰、苦闷、狂奔或苏醒等情况发生，这就不是安乐致死。但对于家庭饲养的宠物而言，在长期饲养环境下已经与人类建立了感情，对发生某种疾病而无法挽救生命的时候，在得到畜主同意的情况下可以考虑进行安乐死。

从广义的临床医学上讲，安乐死属于临终关怀的特殊形式。临终关怀，亦译为善终服务、安宁照顾等，意在为临终动物及其主人提供医疗、护理、心理、社会等方面进行全面照顾，使患病动物在较为舒适安逸的状态中走完生命最后旅程，这与安乐死本质上是终止痛苦而不是终止生命在理念上是完全一致的。

第二节　安乐死的适应症

人为地进行动物安乐致死的情况如下：

（1）动物供人食用，根据屠宰法进行屠杀。

（2）动物因意外事故而受伤，且又不能治愈的情况。

（3）动物病重，没有治疗价值，又不能治愈的情况。

（4）为防治动物传染病，根据传染病预防法，必须进行屠杀处理的情况。

（5）为医学和生物学研究的目的屠杀实验动物。

（6）为狩猎目的屠杀动物。

（7）在人的生活环境中屠杀危及人生命的狂暴动物。

第三节　安乐致死的方法

一、物理方法

（1）枪杀：对于一般动物，可以考虑伏特式屠杀用具或子弹式屠杀用具。对野生动物可用来复枪或手枪，这往往是在紧急情况下使用。即通过枪杀破坏其大脑是动物瞬间死亡而无感觉。

（2）扑杀：家畜用屠杀锤猛击前额，引起脑震荡和脑破坏。小动物及实验室可猛击后脑部。

（3）电杀：通过电脑是动物触电死亡，本法常用屠宰家畜。

（4）颈骨脱臼：常用于鸡、鸟和小白鼠。

用以上各种方法处死的动物，如作食用，必须在处死后，通过切断颈部大血管或心脏穿刺进行放血。

二、化学方法

（1）二氧化碳气体：对小动物提倡用二氧化碳气体，认为这是最好的安乐致死法。将二氧化碳气体填在容器内。把装动物的笼子放小室或乙醚袋中，通入该气体使动物死亡。

（2）氯仿吸入麻醉：可用于小动物安乐致死。本法所用的器械和装置与二氧化碳法相同。

（3）戊巴比妥钠：为了满足以致死小动物，可用戊巴比妥钠。通常使用麻醉剂量的3倍量腹腔注射。犬以每千克体重 1.5ml 或 75mg 的剂量快速静脉注射即可。动物因深度麻醉而引起意识丧失，呼吸中枢抑制及呼吸停止，导致心脏迅速停止搏动。这期间，犬由兴奋而变为嗜眠、死亡。

（4）硫酸镁饱和液：用于小动物，价格便宜，也可静脉注射。硫酸镁的使用浓度约为

400g/L，以 1ml/kg 体重的剂量快速静脉注射，可不出现挣扎而迅速死亡。这是因为镁离子具有抑制中枢神经系统使意识丧失和直接抑制延髓的呼吸及血管运动中枢的作用，同时还有阻断末梢神经与骨骼结合部的传导使骨骼及弛缓的作用。

（5）氯化钾法：用 10% 氯化钾以每千克体重 0.3～0.5ml 剂量快速静脉注射，即刻死亡。对于犬和猫等小动物可采用静脉滴注的方法，否则易引起死亡前挣扎等反应。钾离子在血中浓度增高，可导致心动过缓、传导阻滞及心肌收缩力减弱，最后抑制心肌使心脏突然停搏而致死。

（6）一氧化碳法：可用于成群动物的扑杀。把欲扑杀的动物集中到一个房间里，放入一氧化碳使动物窒息死亡。

第四节　死亡的定义

生命的本质是机体同化和异化不断运动演化的过程，死亡则是这一运动的终止，也是生命活动发展的必然结局。死亡从性质上分为生理性死亡和病理性死亡两种。生理性死亡是由于机体器官的自然老化所致，又称自然死亡、衰老死亡。病理性死亡原因大致有重要生命脏器，如脑、心、肝、肾、肺等严重不可复性功能损伤；慢性消耗性疾病，如重度营养不良等引起的机体极度衰竭；由于电击、中毒、窒息、出血等意外事故引起的严重急性功能失调。通常把 6h 或 24h 内的非暴力因素意外突然死亡称为猝死。近年来，各种动物发生猝死的病例报道明显增多。

多数情况下，死亡的发生是一个从健康的"活"的状态过渡到"死"的状态的渐进性过程，大致可分为以下几个阶段。

1. 濒死期是指死亡前出现的临终阶段，也称临终状态。此时机体各系统的功能、代谢、结构已发生严重障碍，脑干以上的中枢神经系统处于深度抑制。临床上表现为意识模糊或丧失，反射迟钝或减弱，血压降低，心跳和呼吸微弱。这一时期持续时间差别很大，猝死者可较短，而慢性病可持续数日，部分患者经抢救可延续生命。

2. 临床死亡期主要标志是自主呼吸和心跳的停止，瞳孔散大固定，对光反射消失。有人据此进一步按心脏停搏、呼吸停止、反射功能消失的先后顺序不同，分别称为"心脏死"和"呼吸死"。此时延髓处于极度抑制状态，但从整体而言，细胞和组织仍进行着极其微弱的代谢活动，声明并没有真正结束，若采取恰当的措施，尚有复苏成功的可能。

3. 生物学死亡期是死亡过程的最终不可逆阶段。此期中枢神经系统及其他各器官系统的新陈代谢相继停止，虽然在一定时间内某些组织仍有不同程度代谢功能，但整个机体已不能复活。随着生物学死亡的发展，尸体逐渐出现尸冷、尸斑、尸僵，直至腐败变质等死后变化。

第五节　死亡的标准

既然死亡是一个循序渐进、在时间上绝不可能等于零的病理过程，那么达到什么标准才可被认定是机体作为整体发生了永久性（即不可复性）停止了呢？许多国家设立了专门的机构，试图研究和确立一个为医学、法律学和伦理学都能接受的死亡标准。尽管至今仍然争论不休，但法国、美国、英国、瑞典、荷兰等国家都先后立法将脑死亡作为死亡的标准。所谓脑死亡是指包括大脑、间脑，特别是脑干各部分在内的全脑功能不可逆性丧失而导致的个体死亡。判断死亡可以依据以下标准：

（1）出现不可逆性昏迷和对外界刺激完全失去反应；

（2）颅神经反射消失，如瞳孔反射、角膜反射、吞咽反射等；

（3）无自主呼吸，施行人工呼吸 15min 后自主呼吸仍未恢复；

（4）脑电波包括诱发电位消失，出现等电位或零电位脑电图，即大脑电沉默；

（5）脑血管造影证明血液循环停止。

一般认为后两项是判断脑死亡最可靠的指标。

复习思考题

1. 安乐死在兽医临床上的应用应注意哪些问题？

2. 安乐死的方法主要有哪些？

3. 临床判定死亡的标准是什么？

罗国琦（河南周口职业技术学院）

第四篇

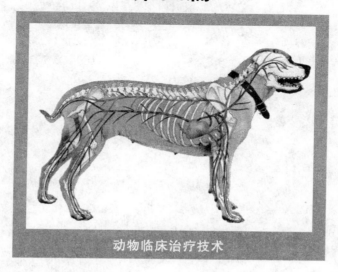

动物临床治疗技术

动物临床治疗实验实训指导

一、实训目的与任务

本指导是根据动物临床教学计划内容，结合本课程专业特点制定的。其目的是让学生掌握动物临床治疗的基本方法和技术，特别是常用治疗技术和治疗方法，并掌握常用穿刺技术和常用手术疗法，掌握常用治疗仪器的原理及使用，培养学生实践动手能力，提高学生临床治疗技术技能。

二、实训内容和要求

（一）实训内容

1. 动物的给药方法

掌握动物临床常用给药方法。

2. 动物临床灌肠法、导尿等

了解动物临床灌肠及导尿技术，重点掌握动物的穿肠术等必要的治疗方法。

3. 动物直肠检查

了解动物临床直肠检查技术，重点掌握动物直肠检查的顺序及各器官的检查特征。

4. 动物常用手术疗法

掌握必要的一些手术治疗方法。

5. 临床常用穿刺技术

了解临床常用穿刺技术的穿刺部位并熟练掌握各种穿刺技术。

6. 临床常用治疗方法

了解临床常用治疗方法的原理，熟练掌握各种治疗方法的操作及应用。

（二）实训的要求

1. 突出实践动手能力

在教学实训中按实训内容进行，注意发挥学生的主观能动性，让学生亲自动手操作。切实把培养学生的实践动手能力放在突出位置。

2. 实现学生自己参与意识

在实训中尊重客观规律，让学生自主参与实训活动，以学生为主体，注意多做，反复练习。

3. 理论联系实际、注意实践

学生在掌握必要的理论知识基础上，要强化实践动手能力，通过反复实践，熟练掌握各种治疗方法和技术。

4. 实践内容要精心设计，组织合理

教师在实训准备时，要紧密结合生产实际，对实训题目精心安排，实训目标明确，实训用品准备充分，实训方法得当，实训过程严谨。

5. 实训结束，填写实训报告

实训结束，必须有针对性地进行考核，并让学生认真填写实训报告。

（三）实训学时分配

根据动物治疗技术的实训内容合理安排实训课时见实训表1。

实训表1　实训学时分配

序号	实训内容	学时
1	动物的给药方法	4
2	动物的灌肠与导尿	4
3	动物的直肠检查	2
4	动物的常用穿刺技术	4
5	宠物的输血及输液方法	4
6	宠物的物理疗法	4
7	宠物的给氧方法	2
8	宠物的普鲁卡因封闭疗法	2
9	石蜡疗法	2
10	技能考核	2
合计		30

三、实训技能考核

根据实训的内容，结合本院校的实际情况选其中任何一项的1～2个内容进行考核，未入实训考核中的实训内容，在理论考试内容中予以考试。

（一）操作技术

操作技术实训技能考核见实训表2。

实训表2　操作技术实训技能考核

考核内容	评分标准		考核方法	熟练程度	时限
	分值	扣分标准			
动物静脉给药	20	部位不对扣10分，不消毒扣5分方法不当扣5分	操作考核	掌握	30min
动物直肠检查	20	操作不当扣5分，操作不正确扣5分	操作考核	掌握	30min
动物肠腔穿刺	20	部位不对扣10分，不消毒扣5分，方法不当扣5分	操作考核	掌握	30min
动物输血疗法	10	操作不当扣5分，操作不正确扣5分	操作考核	掌握	30min
动物输液疗法	10	操作不当扣5分，操作不正确扣5分	操作考核	掌握	30min
动物输氧疗法	10	操作不当扣5分，操作不正确扣5分	操作考核	掌握	30min
动物封闭疗法	10	操作不当扣5分，操作不正确扣5分	操作考核	掌握	30min

（二）常用治疗仪器的使用及常用治疗方法

常用治疗仪器的使用及常用治疗方法掌握情况见实训表3。

实训表 3　常用治疗仪器的使用考核

考核内容	评分标准		考核方法	熟练程度	时限
	分值	扣分标准			
激光疗法	25	不会使用扣 15 分　操作不当扣 10 分	操作考核	掌握	40min
TDP 疗法	25	不会使用扣 15 分　操作不当扣 10 分	操作考核	掌握	40min
光疗法	25	不会使用扣 15 分　操作不当扣 10 分	操作考核	掌握	40min
石蜡疗法	25	不会操作 0 分　操作不当扣 10 分	操作考核	掌握	40min

实训一　动物给药的基本方法

【目的要求】

通过本次实训，熟悉给药的基本方法，熟练地掌握动物各种给药方法的操作，为治疗动物疾病奠定坚实的实践基础。

【实训材料】

犬、牛、犬开口器、犬用胃导管、牛用胃管。结核菌素注射器械，注射用 10、20、50ml 注射器、连有乳胶管及针头的输液瓶、人用点滴管。结核菌素，消毒用碘酒棉球、酒精棉球、剪毛剪子等。注射药液（生理盐水 500.0ml×1 瓶）。

【方法步骤】

（一）经口投药法

1. 固体药剂的给药
（1）由犬的口角处打开口腔；
（2）将药送至舌根部；
（3）刺激犬的咽部，促使犬吞咽；
（4）粉剂、散剂可以用犬爱吃的肉块、馒头、包子等食物包好喂服。

2. 液体药物给药法
（1）牛经口胃管给药
①牛站立保定；
②打开口腔，装着开口器；
③将胃管经开口器送至咽部，刺激咽部，随咽下动作将胃管插入食道；
④检查是否插入食道（参见表 3 - 1）；
⑤以水代药灌入少许后，慢慢抽出胃管，再解下开口器。

（2）犬经口药勺给药

适用于投入少量液体药物。

操作时将犬口张开，右手持勺将药灌入。

（3）犬经口胃管给药

适用于投入大量液体药物。

①用犬开口器打开犬口腔；

②将犬用胃导管经开口器送至咽部，待犬做吞咽动作时，顺势将胃导管插入食管至胃内；

③以水代药液经外接漏斗灌入，完毕后缓慢拔出胃导管。

（二）注射给药法

1. 皮内注射

（1）在颈侧中部剪毛消毒；

（2）捏起皮肤，将注射器针头以与皮肤呈30°角的方向刺入皮内约0.5cm；

（3）注射药液之后，拔出针头；

（4）术部轻轻消毒。

2. 皮下注射

（1）选择犬的颈侧或股内侧进行剪毛消毒；

（2）捏起皮肤，将吸有药液的注射器针头刺入皮下2～3cm；

（3）推注完药液后，拔出针头；

（4）术部轻轻消毒。

3. 肌肉注射

（1）选择牛或犬的颈侧或臀部进行剪毛消毒；

（2）将吸有药液的注射器针头迅速垂直刺入肌肉内，一般刺入2～4cm（如果给牛注射，则先将针头单独刺入肌肉内，再接注射器）；

（3）推注药液完毕，迅速拔出针头；

（4）术部轻轻消毒。

4. 静脉内注射

（1）牛的颈静脉内注射

①牛做站立保定；

②用橡胶管或保定绳等将颈部的中1/3下方缠紧，使颈静脉怒张；

③在颈静脉的上1/3与中1/3的交界处剪毛消毒；

④将注射针头准确刺入颈静脉，要注意应有血液从针头滴出；

⑤连接输液瓶并提举，使药液徐徐流入血管中；

⑥注毕，降落输液瓶，待有血液回流后，迅速拔出针头；

⑦术部轻按消毒并按压一会儿。

（2）犬的后肢外侧隐静脉前支及前肢的挠侧皮静脉注射

①犬做横卧保定；

②注射部位剪毛消毒；

③用止血带扎住近心端，使静脉怒张；

④将连有输液瓶并排尽空气的点滴管针头以与皮肤呈15°～20°角刺入血管，解开止血带，打开控制阀，检查有回血后用橡皮膏固定针头，缓慢注入药液；

⑤注毕，迅速拔出针头；

⑥术部轻按消毒并按压一会儿。

5. 腹膜腔注射

（1）犬做前躯侧卧、后躯仰卧保定；

（2）在下腹部耻骨前缘前方3～5cm腹白线的侧方剪毛消毒；

（3）将注射器针头垂直刺入腹膜腔2～3cm；

（4）回抽无气泡、血及脏器内容物后，推注药液；

（5）完毕后拔出针头，局部涂以碘酊。

6. 气管内注射

（1）动物行站立保定，抬高头部；

（2）在颈腹侧上1/3下界的正中线第4、5气管环之间剪毛消毒；

（3）将吸有药液的注射器针头垂直刺入气管内1～1.5cm；

（4）慢慢注入药物，完毕，拔出针头，局部涂以碘酊。

7. 心脏内注射

（1）犬行站立保定；

（2）在胸左侧3、4肋间与肩关节水平线交会处剪毛消毒；

（3）将吸有药液的注射器针头垂直刺入6～8cm，当回抽有血液时说明刺入心腔；

（4）缓慢注入药物，完毕后涂入碘酊压迫片刻。

实训二　动物的灌肠与导尿

【目的要求】

通过本次实训，了解不同动物的灌肠及导尿的基本方法，熟练掌握为马属动物灌肠及为犬导尿的操作，为治疗动物相关疾病奠定基础。

【实训材料】

马、犬。灌肠器、塞肠器（分木质塞肠器与球胆塞肠器）、投药唧筒、吊桶，灌肠溶液（微温水、微温肥皂水、1%温盐水）。直径1.3～3.3mm的导尿管、注射器、润滑剂、照明光源、0.1%新洁尔灭、0.5%盐酸普鲁卡因溶液、医用乳胶手套、收集尿液的容器。

【方法步骤】

（一）灌肠法

（1）将马于柱栏内站立保定，用绳子吊起尾巴。

（2）一般方法：①将灌肠液盛于漏斗（或吊桶）内；②将灌肠器胶管另端缓缓插入肛门直肠深部；③提举漏斗（或吊桶），使溶液徐徐注入直肠内，并随时补充溶液（注意时时刺激肛门周围使其紧缩，以防溶液流出），直至灌完；④灌完后拉出胶管，放下尾巴。

（3）大量压力深部灌肠：①用1%～2%盐酸普鲁卡因10～20ml进行后海穴封闭；②将塞肠器插入肛门固定；③将灌肠器的胶管经塞肠器小孔插至直肠内；④用压力唧筒注入溶液；⑤塞肠器保留15～20min（以防溶液逆流）后取出。

（二）导尿法

1. 公犬导尿法

（1）导尿管浸入0.1%新洁尔灭溶液中消毒备用；

（2）侧卧保定，前上后肢拉向前方固定；

（3）将导尿管经尿道外口徐徐插入尿道内至膀胱内（见尿液流出）；

（4）导尿完毕，向膀胱内注入生理盐水或适量抗生素溶液，然后拔出导尿管。

2. 母犬导尿法

（1）仰卧保定，后肢向前转位；

（2）用0.1%新洁尔灭溶液清洗阴门及阴道，用0.5%盐酸普鲁卡因溶液滴注到阴道穹隆内，对阴道黏膜进行表面麻醉；

（3）将导尿管经尿道外口徐徐插入尿道内至膀胱内（见尿液流出）；

（4）导尿完毕，向膀胱内注入0.1%新洁尔灭溶液或适量抗生素溶液，然后拔出导尿管。

实训三　动物的直肠检查

【目的要求】

通过本实训，使学生掌握直肠检查的基本操作方法，并了解不同动物腹腔脏器，特别是骨盆腔器官的自然位置及状态。

【实训材料】

牛、犬、手套等。

【方法步骤】

（一）牛直肠检查

（1）术者剪短指甲磨光，充分露出手臂，穿好胶靴与操作服，并穿上胶围裙，清洗手臂涂上润滑剂；

（2）柱栏内站立保定；

（3）术者站在患病动物左后方，左手放于髋结节作支点，用右手伸入直肠；

（4）检查时，注意脏器位置、大小、形状、硬度、有无纵带、移动性及肠系膜状态等。

（二）犬直肠检查

（1）术者剪短指甲磨光，将戴手套的食指和中指涂上润滑剂；

（2）犬采用站立或斜卧保定；

（3）用戴手套的食指或中指伸入直肠，另一手轻轻捧着动物尾侧腹部以支撑动物；

（4）从颅侧到尾侧系统地触摸骨盆沟和会阴处，食指在直肠黏膜上轻轻滑动以触摸整个内壁，分别触摸相应结构的位置、大小、坚固性和形状；

（5）手指从直肠内取出后，检查手套上的血迹、黏膜、异物或寄生虫。

实训四　动物的穿刺术

【目的要求】

本次实训的目的，是让学生掌握几种最常用的穿刺技术，使学生了解不同部位穿刺术的操作要领，并能够应用于诊断和治疗。

【实训材料】

牛、犬，20ml 灭菌注射器连接 18～20 号针头、直径 1mm 的聚乙烯导管 8～10cm，大套管针，外科刀、剪毛剪子、缝合器材，消毒棉球，0.5% 盐酸普鲁卡因溶液，治疗药液（可用生理盐水代替）等。

【方法步骤】

（一）胸腔穿刺术

（1）动物站立或左侧横卧保定；

（2）在右侧第 6 肋间（犬在右侧第 7 肋间）与肩关节水平线相交点的下方约 2～3cm

处，胸外静脉上方约2cm处剪毛消毒；

（3）术部皮肤稍向上方移动1～2cm，将套管针或针头垂直刺入，直至胸腔；

（4）注入药液（或生理盐水）；

（5）操作完毕，拔出针头，使局部皮肤复位，术部涂碘酊。

（二）心包穿刺术

（1）犬右侧横卧保定，使左前肢向左前伸半步，充分暴露心区；

（2）于胸腔左侧，胸廓下1/3与中1/3交界处的水平线与第4肋间隙交点处剪毛、消毒；

（3）用0.5%盐酸普鲁卡因局部浸润麻醉；

（4）用20ml的玻璃注射器连接16号针头，于术部的肋骨前缘皮肤垂直刺入针头至心包内液体进入注射器内为止；

（5）取下注射器，将聚乙烯导管经针头插入心包腔5～6cm，拔出针头，导管用胶布固定在胸壁上，通过导管进行抽吸心包液或注入药物，也可进行冲洗引流等；

（6）完毕后，取出导管，局部消毒。

（三）腹腔穿刺术

（1）动物施以侧卧保定；

（2）在耻骨前缘与脐之间的腹正中或右侧3～7cm剪毛消毒；

（3）用12～16号针头垂直刺入腹壁直至腹腔（可看到腹水流出），刺入深度2～3cm；

（4）用注射器抽吸腹水；

（5）术毕，拔下针头，局部碘酊消毒。

（四）瘤胃穿刺

（1）在左侧肷窝部（或瘤胃隆起最高点）剪毛消毒；

（2）先在穿刺点旁1cm作一小的皮肤切口（有时也可不切口），术者再以左手将皮肤切口移向穿刺点，将套管针由皮肤切口向对侧肘头方向迅速刺入10～12cm，拔出内针，用手指不断堵住管口，间歇放气；

（3）放气结束后插入内针，同时用力压住皮肤切口，拔出套管针，消毒创口，对皮肤切口行1针结节缝合，涂碘酊，以碘仿火棉胶封闭穿刺孔。

（五）膀胱穿刺术

（1）犬取仰卧保定姿势；

（2）在耻骨前缘3～5cm处，腹白线一侧腹底壁上剪毛消毒；

（3）用0.5%盐酸普鲁卡因浸润麻醉；

（4）左手隔着腹壁固定膀胱，右手持16～18号针头，与皮肤呈45°角向骨盆方向刺入，直至有尿液从针头喷射出来；

（5）穿刺完毕，拔出针头，消毒术部。

实训五　动物的输血、输液

【目的要求】

通过本次实训，让学生重点掌握输血和输液的基本操作方法，以及动物血型相合性判定方法，使学生了解输血和输液对动物疾病的治疗意义，并熟悉给不同动物进行输血和输液操作要领。

【实训材料】

犬、采血针头、注射器、装血用的试管、3.8%枸橼酸钠溶液500ml、离心机，玻片、滴管、剪毛消毒具、贮血瓶、1m左右长的输血胶管、1.5cm长的盐水针头。

【方法步骤】

（一）输血

1. 血型及血液相合性的测定
（1）玻片凝集试验法
①由受血犬静脉采血10ml，放室温下静置，分离血清（或先于试管内装入3.8%枸橼酸钠溶液，然后向其中采血，分离血浆）；
②由供血动物采血2ml，分离出红细胞，以生理盐水稀释10倍；
③用吸管吸取受血动物的血清滴加2滴到载玻片，立即用清洁吸管吸取供血动物的红细胞稀释液滴加到血片上的血清中1滴；
④手持玻片做水平运动使血液充分混合，经15min，观察血细胞的凝集反应；
⑤判定标准：阴性反应（即为相合性血液），玻片上的液体呈均匀红色，无任何红细胞凝集现象，显微镜下观察，每个红细胞轮廓清楚；阳性反应（即为不相合血液），红细胞呈砂粒状凝集块，液体透明，显微镜下观察红细胞堆集在一起，界限不清。
（2）三滴试验法
①取1滴抗凝剂于玻片上；
②加供血动物和受血动物血各1滴；
③混合，肉眼观察有无凝集或溶血；
④判定标准：阴性反应（即为相合性血液），无凝集或溶血；阳性反应（即为不相合血液），出现凝集或溶血。
2. 输血方法及剂量
①采集供血动物的静脉血适量，加入放有抗凝剂（抗凝剂1∶血液9）的贮血瓶（注意摇动混合）；

②每次采血最大量为全血的 10%～20%，立即按 10～15ml/min 速度输给受血动物。

3. 输血反应的处理

①立即停止输血；

②肌肉或静脉注射氨茶碱 10mg/kg，或用泼尼松 5～8mg/kg 肌注；

③为防止肾功能障碍，可早期静脉注射速尿。

（二）输液

1. 输液量计算

补充量（L）＝体重（kg）×脱水量（%，占体重的百分比）。

维持量（ml）按体重为 40～60ml/（kg·d）。

患病动物一天的输液量＝维持量＋补充量。

2. 输液途径

最常用的是静脉输液，口服补液，在静脉口服补液有困难时，也可采用皮下输液和腹腔输液。严重、大量脱水应首选静脉输液和腹腔输液。病情较轻者可皮下输液，但等渗、高能量的可采取口服输液。严重呕吐、腹泻及突然大量脱水时，不宜通过口服补液。

3. 输液速度

当机体脱水严重，心脏功能正常时，输液速度应快，大型成年动物静脉等渗溶液输液的最大速度可达 80～100ml/（kg·h）；慢性较轻微的脱水，在计算好补液量后，可先补失液量的一半，然后进行维持输液，一天内输够即可。若是初生仔犬输液可按 4ml/（kg·h），同时监护心、肾功能，并注意观察尿量变化。通常情况下，静脉输液速度以 10～16ml/（kg·h）为宜。

实训六　动物的物理疗法

【目的要求】

本次实训的目的主要是让学生熟悉几种常用的物理疗法，重点掌握水疗法和 TDP 疗法的操作方法，为临床治疗相关疾病打下基础。

【实训材料】

实验动物，水盆、水桶、电炉、毛巾，肥皂、绷带、木桶，95% 酒精，纱布、棉花、塑料布、棉布等；TDP 治疗机。

【方法步骤】

（一）水疗法

水疗应用的水温分为冰冷水 5℃ 以下；冷水 10～15℃ 以下；凉水 23℃；温水 28～

30℃；温热水 33～40℃；热水 40～42℃；高热水 42℃以上。

1. 泼浇法

根据治疗目的使用冷水或温水。将水盛入容器内，连接一软橡胶管，使水流向体表的治疗部位，时行泼浇治疗。

2. 局部冷水疗法

（1）冷敷法

①将毛巾叠成两层，用冷水浸湿；

②将浸湿的毛巾敷于患部，再包扎绷带固定，并保持敷料低温。

（2）冷脚浴法

①将冷水注入水桶；

②将患部浸入水中。

3. 局部温热疗法

（1）水温敷法

①温敷用 4 层敷料：第 1 层为温润层，可直接敷于患处，可用叠成 4 层的纱布、2 层的毛巾等；第 2 层为不透水层，可用塑料布；第 3 层为不良导热层（保温层），可用棉花、毛垫等；第 4 层为固定层可用纱布绷带、棉布带等；

②将患部用温肥皂水洗净，擦干；

③用温水（15～20℃）浸湿湿润层；

④轻轻压挤出过多的水后敷于患部，外面包以不透明水层、保温层，最后用绷带固定。

（2）酒精温敷法 用 95% 或 70% 的酒精进行温敷。酒精度数越高，炎症产物消散吸收也越快。

（3）热敷法（棉花热敷法）

①用热水将脱脂棉浸湿，轻轻压挤出多余的水后敷于患部；

②浸水的脱脂棉外包裹不透水层及保温层，再用绷带固定。

（4）热脚浴法 与冷脚浴法作用相同，只是把冷水换成热。

（二）TDP 疗法

（1）动物行横卧或站立保定，充分暴露患部；

（2）将 TDP 治疗机预热 10min；

（3）将 TDP 治疗机磁板调整到与患部距离 20cm 并平行对准患部的位置，固定好磁板；

（4）持续照射 20～30min；

（5）照射完毕，关闭电源，撤出 TDP 治疗机。

实训七　动物的给氧方法

【目的要求】

通过本次实训，使学生熟练掌握如何为动物给氧，让学生掌握给氧的基本操作方法，学会几种常用的给氧方法。

【实训材料】

实验动物，氧气瓶给氧装置（或简易给氧装置），活瓣面罩。

【方法步骤】

（一）经导管给氧法

（1）经鼻导管给氧法：将给氧装置输出导管插入动物鼻孔内，放出氧气，供动物吸入。

（2）导管插入咽头部给氧法：将导管插入动物咽头部给氧。

（3）气管内插管法：将导管插入气管内，供动物吸氧。

（二）经鼻直接给氧法（活瓣面罩给氧法）

（1）在给氧装置输出导管的一端，连接特制的活瓣面罩；

（2）将面罩套在动物的鼻上，并固定于头部；

（3）打开氧气瓶，动物即可自由吸入氧气。

（三）3%过氧化氢静脉内注射给氧法

（1）将3%过氧化氢用25%～50%葡萄糖溶液稀释成10倍；

（2）按2～3ml/kg体重剂量，以10ml/30s速度缓慢静脉注射。

实训八　动物普鲁卡因封闭疗法

【目的要求】

通过本次实训，让学生了解封闭疗法的主要内容，掌握不同部位的封闭方法。

【实训材料】

口笼、颈钳、剪毛剪子、20m注射器、消毒棉球、0.5%的盐酸普鲁卡因。

【方法步骤】

（一）血管内封闭法

将0.25%的盐酸普鲁卡因溶液按体重1ml/kg的剂量，缓慢静脉注射。

（二）四肢环状封闭法

一般应于病灶上方 3～5cm 处的健康组织内注射 0.5% 的盐酸普鲁卡因溶液，分 4 点注射，用量应根据部位的粗细而定。

（三）病灶局部周围封闭法

在患部周围健康的组织内，注入 0.5% 盐的普鲁卡因溶液。

（四）穴位封闭法

用 0.5% 盐酸普鲁卡因溶液注入抢风穴或百会穴。

（五）肾区封闭法

将盐酸普鲁卡因溶液注入肾脏周围脂肪囊中，封闭肾区神经丛。

（六）交感神经干胸膜上封闭法

把普鲁卡因溶液注入到胸膜外，胸椎下的蜂窝组织内，这样可使所有通向腹腔脏器的交感神经通路发生阻断。

实训九 石蜡疗法

【目的要求】

通过本次实训，让学生进一步理解石蜡疗法的基本原理和主要内容，使学生掌握不同石蜡疗法的基本操作方法。

【实训材料】

犬，熔点 50～60℃ 的白石蜡，水浴锅，100℃ 的温度计，排笔刷，绷带、脱脂棉，胶布。

【方法步骤】

（一）准备

（1）将石蜡放入水浴锅内溶化加温至 65℃；
（2）将犬术部剪毛，洗净，擦干；
（3）做"防烫层"：
①局部包扎一层螺旋绷带；

②用排笔蘸融化石蜡，涂于绷带上，连续涂刷至形成 0.5cm 厚的石蜡层为止。

（4）将石蜡继续加温至 70～80℃。

（二）石蜡热敷法

（1）在做完"防烫层"后迅速涂布厚层热石蜡达 1～1.5cm 厚；

（2）外面包上胶布，再包以保温层，最后用绷带固定。

（三）石蜡棉纱热敷法

（1）做好"防烫层"以后，将纱布按患部大小叠成 8 层并浸于液化的石蜡中；

（2）取出纱布，压挤出多余的石蜡，迅速敷于患部；

（3）外面包以胶布和保温层并加以固定。

（四）石蜡热洗法

（1）做好"防烫层"后，从蹄子下面套上 1 个胶布套，形成距皮肤表面直径 2～2.5cm 的空囊；

（2）用绷带将空囊的下部扎紧，然后将石蜡从上口注入空囊中，让石蜡包围在四肢游离端的周围，将上口扎紧；

（3）外面包上保温层并加以固定。

郭洪梅（山东畜牧兽医职业学院）

主要参考文献

［1］ 汪世昌，刘振忠. 兽医临床治疗学. 哈尔滨：黑龙江科学技术出版社，1990

［2］ 汪世昌等. 家畜外科学. 北京：中国农业出版社，1999

［3］ 东北农学院. 临床诊疗基础. 北京：中国农业出版社，1979

［4］ 梁礼成. 犬猫兔临床诊疗操作技术手册. 北京：中国农业出版社，2004

［5］ 王立光. 新编犬病临床指南. 长春：吉林科学技术出版社，2000

［6］ 丁岚峰等. 临床家畜内科治疗学. 哈尔滨：黑龙江人民出版社，1987

［7］ 侯加法. 小动物外科学. 北京：中国农业出版社，2000

［8］ 林德贵. 狗病防治手册. 北京：金盾出版社，2002

［9］ 崔中林. 实用犬、猫疾病防治与急救大全. 北京：中国农业出版社，2001

［10］ 郭新娜等. 实用理疗技术手册. 北京：人民军医出版社，2000

［11］ 李毓义等. 动物群体病症状鉴别诊断学. 北京：中国农业出版社，2003

［12］ 丁岚峰等. 宠物临床诊断及治疗学. 哈尔滨：东北林业大学出版社，2006

［13］ 王洪斌. 家畜外科学. 北京：中国农业出版社，2002

［14］ 高利等. 宠物外科及产科学. 哈尔滨：东北林业大学出版社，2006

［15］ 施振声（译）. 小动物临床手册（第四版）. 北京：中国农业出版社，2005